图书在版编目（CIP）数据
智慧城市：数据增强设计 / 黄勇，孙旭阳，田炜主编.
上海：同济大学出版社，2016.8
（理想空间；73 辑）
ISBN 978-7-5608-6508-9
Ⅰ.①智… Ⅱ.①黄… ②孙… ③田… Ⅲ.①城市规划—研究 Ⅳ.①TU984
中国版本图书馆 CIP 数据核字（2016）第 200229 号

理想空间
2016-08（73）

主办单位　上海同济城市规划设计研究院
承办单位　上海怡立建筑设计事务所
地　　址　上海市杨浦区中山北二路 1111 号同济规划大厦 1107 室
邮　　编　200092
征订电话　021-65988891
传　　真　021-65988891
邮　　箱　idealspace2008@163.com
售 书 QQ　575093669
淘 宝 网　http://shop35410173.taobao.com/
网站地址　http://idspace.com.cn
广告代理　上海旁其文化传播有限公司

出版发行　同济大学出版社
策划制作　《理想空间》编辑部
印　　刷　上海锦佳印刷有限公司
开　　本　635mm x 1000mm　1/8
印　　张　16
字　　数　320 000
印　　数　1-10 000
版　　次　2016 年 8 月第 1 版　2016 年 8 月第 1 次印刷
书　　号　ISBN 978-7-5608-6508-9
定　　价　55.00 元

编者按

当前，智慧城市作为新型的城市发展理念与范式，迅速成为全球城市发展与规划领域关注的焦点。智慧城市发展对城市规划领域产生了显著的影响，包括对城市规划决策支持，传统城市规划内容的补正与革新，对城市规划类型的创新，对城市规划体系的扩充与完善等方面。

本书内容编排上，重点突出智慧城市与城市规划的关系，除了借鉴传统的智慧城市顶层设计、智慧市政、智慧旅游、智慧社区等主题来划分文章板块，还将国内学者提出的数据增强设计（Data Augmented Design，DAD）这一规划设计新方法论所涉及的城市研究分析、规划设计方案评价、规划决策过程支持、规划成果评价、城市规划管理支持等主题也作为一个独立板块来组织内容编排。

上期封面：

CONTENTS
目录

主题论文

专题案例

他山之石

Top Article

Subject Case

Voice from Abroad

主题论文
Top Article

数据增强设计最新研究进展及其教学实践
Research Progresses on Data Augmented Design and its Practice in Graduate Education

龙 瀛
Long Ying

[摘　要]　新数据环境的快速发展及城市研究方法和手段的进步，促进了计算机辅助规划设计的方法由系统支持转向数据驱动，为此龙瀛和沈尧率先提出了数据增强设计（Data Augmented Design、DAD）这一规划设计新方法论。本文对DAD的最新研究和工作进展进行了概述，并重点以面向清华大学城乡规划设计专业研究生（含硕士生与直读博士生）的"总体城市设计"这一设计课的教学为例，介绍了课程中数据增强设计的嵌入过程和思路、积累的经验和收获的教训，并对将要开设的"大数据与城市规划"这一理论课贯彻DAD思想的具体思路进行了介绍。最后进行总结和展望。

[关键词]　数据增强设计；总体城市设计；大数据

[Abstract]　With the booming development of new data environment and methodologies & techniques for urban studies, the form of computer aided planning and design is under the transition from system support to data driven. In such a background, Long and Shen (2015) has proposed the methodological framework Data Augmented Design (DAD). This paper addresses the latest progresses of DAD in aspects of academic research, planning and design applications and community development. I then pay more texts on DAD's applications in two courses, Structural Urban Design and Big Data & Urban Planning, that are available for urban planning & design graduate students in Tsinghua University. The experiences gained in the education procedure have been summarized to share with the researchers and planners & designers in the field.

[Keywords]　Data Augmented; Structural Urban Design; Big Data

[文章编号]　2016-73-A-004

1.建筑物和兴趣点的三维表达
2.建筑物与街道的三维表达

一、数据增强设计及其最新研究进展概述

新数据环境的快速发展及城市研究方法和手段的进步，促进了计算机辅助规划设计的方法由系统支持转向数据驱动。为此龙瀛和沈尧率先提出了数据增强设计（Data Augmented Design、DAD）这一规划设计新方法论，成果发表在《上海城市规划》2015年第2期"数据增强设计（DAD）是以定量城市分析为驱动的规划设计方法，通过数据分析、建模、预测等手段，为规划设计的全过程提供调研、分析、方案设计、评价、追踪等支持工具，以数据实证提高设计的科学性，并激发规划设计人员的创造力。DAD借助简单直接的方法，充分利用传统数据和新数据，强化规划设计中方案生成或评估的某个环节，易于推广到大量场地，同时兼顾场地的独特性。DAD的定位是现有规划设计体系下的一种新的规划设计方法论，是强调定量分析的启发式作用的一种设计方法，致力于减轻设计师的负担而使其专注于创造本身，同时增强结果的可预测性和可评估性。"其应用涵盖了规划设计的全过程。

DAD已经得到国内多位学者的认可，在其提出一年多的时间内，取得了诸多进展。

2015年12月在第一届空间句法学术研讨会上组织了DAD专场，六位发言人从数据增强设计的理念和未来发展、支持平台、教育及应用等多个维度进行了深入探讨。

依托论坛发言并召集了多篇稿件，最后经过遴选和评审，2016年6月在《上海城市规划》组织了数据增强设计专辑，共八篇文章纳入该专辑，总体上，该专辑从多个维度如城市主体、规划设计支持、量化城市研究和数据平台等回应了数据增强设计这一方法论，希望能够引发同行的思考和数据增强设计领域的更多实践。

2016年初，在清华大学恒隆房地产研究中心成立了数据增强设计研究室，清华大学建筑学院博士生成立了清华大学大数据与城市研究兴趣小组。

在DAD方法论支持下，龙瀛还提出了街道城市主义（Street Urbanism）的概念，它在认识论层面上是认识城市的一种方式，在方法论上是建立以街道为个体的城市空间分析、统计、模拟和评价的框架体系，致力于发展相应的城市理论、支撑街道尺度的实证研究及实践层面的规划设计支持，成果受邀发表在《时代建筑》2016年第2期，在其指导下，开展了若干关于街道活力等方面的研究工作。

同样在DAD方法论支持下，考虑到目前图片数据的可获得性日益提高和图片技术处理技术的日趋成熟，笔者认为目前是利用图片研究城市特别是人的尺度的城市形态的最好时机，为此提出了图片城市主义（Picture Urbanism）的概念，图片城市主义高度认可基于体现客观世界和主观认知的大规模图片进行量化城市研究，认为图片是一种在短期的未来将得到高度重视的城市数据源，是对已有多源城市数据的重要补充（具体详见北京城市实验室微信公众号beijingcitylab）。

北京城市实验室（Beijing City Lab、BCL）2016年会的主题是"新数据环境下的城市：品质、活力与设计"，共计十四个紧密围绕主题的发言，是对数据增强设计方法论的进一步应用。

考虑到大尺度城市设计中对场地的时间、空间和人三个维度的认识，长期存在尺度与粒度的折中，即难以实现大尺度与细粒度的完美认识及对设计客体人的充分认知，因而限制了"以人为本"的城市设计的具体实践。在DAD方法论的直接指导下，龙瀛和

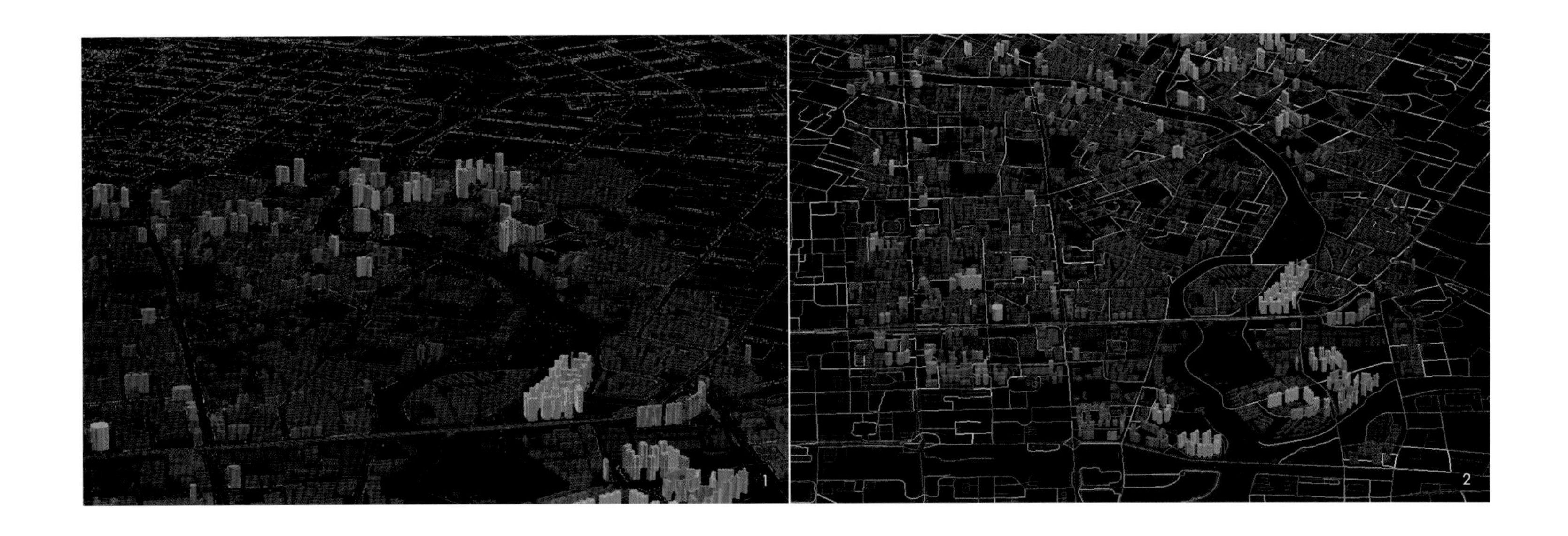

表1 基于新数据支持总体城市设计的框架体系

尺度/维度	区域/城区/片区/乡镇街道办事处	街区/地块	街区/地块内部	街道	街道内部
开发：遥感解译的土地利用、用地现状图（规划）、土地利用图（国土）	城镇用地面积、建设强度、生态安全格局、适宜开发土地[城市扩张速度、城市扩张规模]	开发年代、是否适宜开发	肌理变化	角度变化	—
形态：分等级路网、道路交叉口、建筑物、土地出让/规划许可、街景	基于道路交叉口的城乡判断、建筑面积、路网密度、交叉口密度、开放空间比例[再开发比例、扩张比例]	尺度、经凑度、基于建筑的城市形象类型、建筑密度、容积率、是否为开放空间、开放空间类型、可达性[再开发与否、扩张与否]	是否有小路、建筑分布规律、是否有内部围墙[历史道路构成]	长度、区位、直线率、建筑贴线率、界面密度、橱窗比、宽高比、可达性、铺装、建筑色彩[历史上是否存在]	建筑分布特征
功能：兴趣点、用地现状图（规划）、土地利用图（国土）、街景	各功能总量及比例、（城镇建设用地内）各种公共服务覆盖率/服务水平、职住平衡水平、产业结构\优势\潜力	用地性质、（各种）功能密度、功能多样性、主导功能、第二功能、各种公共服务设施可达性、市井生活相关的功能密度	（各种）功能分布特征（单面、双面、三面还是四面）、内部功能相比总共能（内部+临街）占比、界面连续性	（各种）功能密度、功能多样性、主导功能、第二功能、各种公共服务设施可达性、市井生活相关的功能密度、步行指数、绿化、等级	（各种）功能分布特征（交叉口附近还是中间）
活动：普查人口、企业、手机、微博、点评、签到、公交卡、位置照片、百度热力图、高分辨航拍图	总体分布特征、（城镇建设用地内）各等级活动所占面积比例、人口/就业密度体现的多中心性、联系所反映的多中心性'、平均通勤时间/距离、各种出行方式比例	（不同时段的）活动密度、微博密度、点评密度、签到密度、与之产业联系的地块、人口密度、就业密度、热点时段、通勤时间/距离	活动分布特征（内部还是边缘）、内部联系特征	（不同时段的）活动密度、与之产生联系的街道、点评密度、热点时段、（各类型）交通流量、选择读与整合度、限速	活动分布特征（交叉口附近还是中间）
活力：街景、点评、手机、位置照片、微博和房价等	平均心情、整体意向、整体活力、幸福感	平均心情、平均消费价格、好评率、意象、市井活动、平均房价、居住隔离程度	—	平均消费价格、好评率、设计品质、风貌特色、活力、意象、平均房价	—

注：表中[ ]特别给出了简单指标变化之外的指标；此表也适用于城市规划与设计方案的评价

沈尧构建了大尺度城市设计的时间、空间与人的TSP模型，重点阐述了新数据环境支持下针对时间、空间和人三个维度的数据增强城市设计框架（表1给出了数据与不同研究对象的对应关系）。

此外，DAD理念还在北京副中心的总体城市设计、北京东四历史街区社会综合调研及上海城市设计挑战赛中进行了充分体现，这将在未来的发表物中进行详细阐述。未来还将组织更多DAD方面的学术发表（如专辑）、学术会议、培训和竞赛等。

二、“总体城市设计”教学环节的尝试

笔者参与了2016春季学期研究生的“总体城市设计”和2016年夏季学期本科生的“城乡社会综合调研”，在这两个课程中，都结合了数据增强设计理念，本文以“总体城市设计”课程为例，对教学环节的具体过程、经验及教训进行总结，该本课程针对城乡规划学研究生（含硕士生与直读博士生）的专题设计课程，在研究生现有学科理论知识、本科城市设计和研究生空间战略规划专题训练的基础上，重点针对特定城市或大尺度城市综合性片区的总体城市设计训练。深化对城市设计理论和方法的掌握与运用，对总体城市设计范围内具有代表性和热点关注特征的城市现象和城市环境进行详细研究，并针对特定地段进行深化设计。

1. 教学环节

在全员集中讲授、集中阶段评图基础上，6位教师分为两个教学大组进行设计辅导，课程共31名学生，三人一组共十组（其中一组四名学生），每三名教师负责五组学生。教学周期共14周，共16次课，58学时，另包括师生共同调研3~4天。

在这个教学环节中，笔者的参与方式主要如下：

第一周：集中授课阶段，介绍了大数据和开放数据用于总体城市设计的总体思路（“数据增强城市设计概论”），并提供给学生第一版本的成都市域的共享数据。

第二周：赴成都现场调研（成都的四个地段，位于市区的不同位置），期间更新并提供给学生第二版本的数据，制作了课程网站，后续持续讲课程相关的资料、课件和共享在网站上数据的使用。

第三周：提供第三版本数据，并在课外额外向学生们介绍了“大数据与城市设计的若干思考”，并展示了所共享的基础数据的情况和可能的使用方法。

第五周：基于建筑数据生成三维SketchUp模

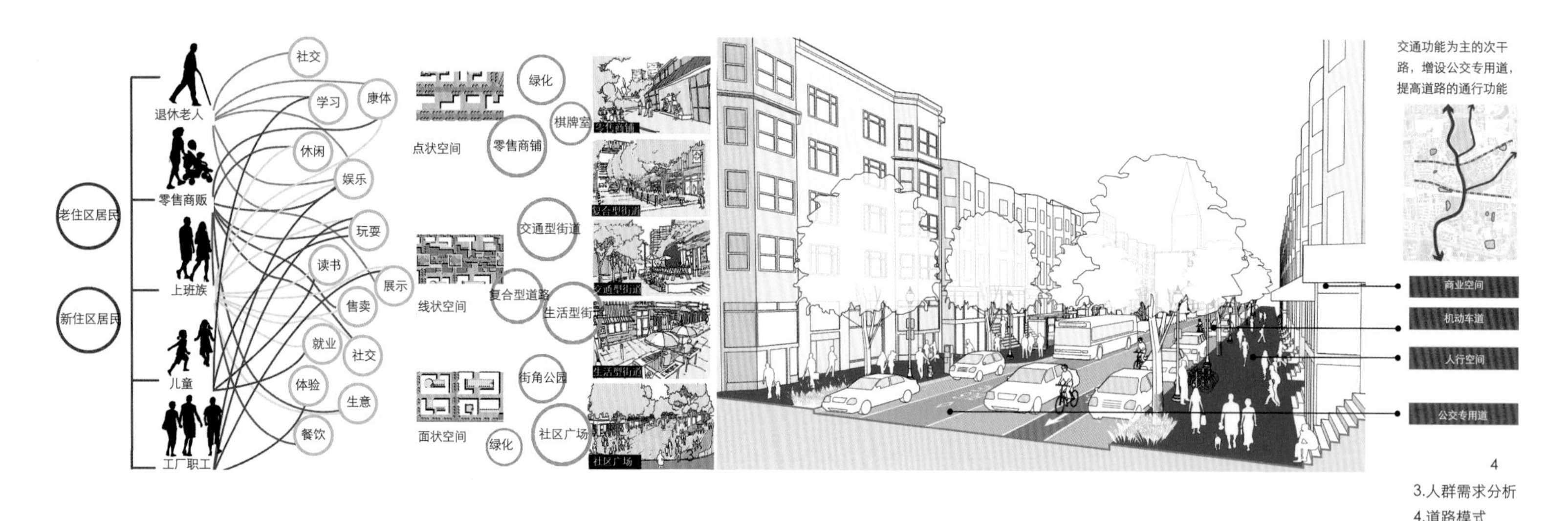

3.人群需求分析
4.道路模式

型，提供给学生（由一名学生负责将ESRI ArcScene数据转为SketchUp）。

第七周：公开答疑，介绍GIS的操作和数据分析的方法，提供了基于建筑物的城市形态分析结果。

其他全过程，笔者参与了课程的教学工作。所提供的基础数据涵盖不同历史阶段的土地开发，包括2009年和2014年道路网所体现的城市形态；2009年和2014年兴趣点所反映的城市功能；2014年大众点评网、微博签到、位置微博和手机基站不同时段接入人数等所反映的城市活动；建筑物（含基底和层数，并生成了SketchUp模型和城市形态的类型）及不同级别的城市边界所反映城市范围等数据。

2. 经验

经过为期十四周的课堂教学和课后讨论，笔者一直在对学生们基于数据量化分析方法来支持大尺度城市设计的过程进行观察，涵盖现状、问题、手法、设计、评价等多个环节，因此也归纳了若干经验。对于更多思考，建议参考龙瀛和沈尧关于大尺度城市设计的时间、空间与人的TSP模型。

（1）每组保证一个学生熟练操作GIS软件

设计背景的学生不是每个都熟练掌握GIS软件，为此有必要分组的时候将每组保证一个同学熟练掌握ArcGIS作为一个原则，以避免因为无人会用而全盘放弃。本次授课已经遇到这样的组。

（2）新数据环境助力远程调研并促进场地认知和问题诊断

本次设计地段都在成都，与北京距离遥远，在成都调研的四天之前，学生们利用街景和所提供的新数据对地段进行了初步判断。现场调研完毕后续的设计过程中，学生们也多次利用街景地图、谷歌地图和互联网搜索等手段，补充对场地的认知，对机会地块和核心设计地块的识别提供了支持。

（3）所提供的街道数据得到了学生们的重视

街道作为城市设计的重要关注对象，本课程开课之初所提供的街道基础数据，涵盖了设计地段的街道的空间分布及街道的形态、功能和活力方面的指标。在学生设计中，使用较多，其中一组直接将街道作为设计的核心要素之一进行突出，在所提供的数据分析基础上，做了更为深入的量化分析，并提出了设计策略和具体方案。

（4）建筑数据的提供减轻了学生大量的工作量

开课之初并没有提供建筑物数据，部分组的学生基于网络地图手动勾勒了部分建筑物的轮廓，并根据阴影长度等估算了建筑高度。之后笔者提供给学生四个地段的建筑物的轮廓和层数，节省了大量的基础数据准备，特别是尺度较大、建筑较多、设计改变比例不大的设计地段。所提供的建筑数据极大地支持了城市设计的核心平台SketchUp模型的生成效率（ESRI ArcScene文件可以利用Maya转为OBJ格式的文件，进而读入SketchUp）。此外，建筑数据还有助于设计地段现状，进行了城市形态的分类（如基于SpaceMatrix）。

（5）数据稀缺场地的数据增强新模式

本次课程的三个地段是已经城市化地区，而另一个地段科学城地处成都天府新区，基本属于乡村地域，已有的城市开发、形态、功能和活动方面的数据基础非常匮乏。针对这类相对空白的场地（如新区），一种模式是可以采用地理设计（GeoDesign）、基于过程建模（Procedural Urban modeling）、生成式设计（Generative design）等方法进行设计支持，这一过程中传统的空间分析仍旧具有较大作用（如用地适宜性评价），另一种模式是借鉴相似规划目标的已建成的优秀案例，关注其体现的开发—形态—功能—活动—活力的关系，识别不同类型城市形态的优秀基因，提取模式，支持新区设计方案的评价和优选。本次课程中，科学城地段部分参考了基于新数据所识别出的苏州工业园的优秀基因（提供了苏州的数据），川大片区则借鉴了清华科技园和同济大学周边地区的优秀基因。

（6）大尺度的设计地段需要强化类型的观念

大尺度城市设计的地段多较大，超过人的认知尺度，因此无论是对现状的评价、问题的识别还是设计策略都需要进行类型化（或模式化）。例如现状的城市形态的类型，滨水开发策略的类型，不同坡度的开发策略的类型，这些在几个小组中都有所体现。考虑到设计方案多体现在形态维度，因此也建议重视不同类型的城市形态，与城市功能和城市活动的对照关系（即评价形态的效应 Performance），这将有助于方案的评价和优选。

（7）案例对比在未来将走向数量化

城市设计过程中多涉及大量的案例对比，其侧重于偏质性的方式，一旦精细化的数据环境覆盖了全国乃至全球，并对应多年，则有望将案例对比进行数量化，获得案例地区在开发、形态、功能、活动的特色，并将这些基因引入设计场地。

3. 教训

通过本次授课，虽然积累了上述经验，但所得到的教训则更为广泛，这些教训涵盖了数据、方法、时间安排和设计与研究关系等多个方面，期望对这些教训的总结，能够推进在下一次课程中的改进。

（1）开放数据丰富但核心数据稀缺

本次提供给学生的数据多为体现空间分布和密度的数据，而少有体现空间联系和人的移动性方面的数据，学生在后半程表达了对这类数据的需求。设计场地的大规模街景图片如果能够提供给学生，则应能促进对人的尺度的现状城市形态的认知。此外，学生们对谷歌遥感影像认识地段历史变迁比较重视，每组都人工进行了抓取、对比和判读，瑕疵课程可以考虑对这类数据（还包括多年的夜光影像等）事先准备好并进行发放。

（2）学生热情高涨但掌握的技术方法有限

课程的学生多上过地理信息系统方面的课程，但对所提供的数据的基本操作还多不很熟悉，最多用的是兴趣点的核密度分析，这也制约着对数据的深入使用。为此，一方面可以由任课教师直接利用ArcGIS将所有新数据都整合在地块、街区或街道尺度，并对图层进行符号化，学生打开ArcMap后可以直接进行浏览和对场地进行判断。另一方面，建议开设专门的大数据与城市规划方面的理论课，提高学生的大数据动手能力和培养学生的大数据分析思维。

（3）有提高工作效率的预期但最终陷入方案冲刺

在大尺度城市设计中，本来应该是可以通过量化分析强化对现状的认识，如类型的判断，进而提高设计的效率。但由于这属于中国规划设计教学方面的第一次尝试，最近几周学生们多处于赶方案阶段，没有额外时间进行方案的情景分析和量化评估。

（4）研究成果丰富但支持设计仍需桥梁

数据增强城市设计几乎是全新的领域，没有已有的方法论和软件工具支持，研究方面进展的局限，也制约着在教学中推进DAD思想，这也造成了数据和量化方法的应用多处于现状评价，即问题与策略脱节，现状分析与未来设计的脱节（两张皮），而在方案生成和方案评价方面仍然进展缓慢，从研究到设计的难度尚未有效解决。为此，有必要开发生成式城市设计平台及设计方案量化评价平台进行支持，这也有待于对形态—功能—活动的类型学方面的深入研究。

三、“大数据与城市规划”课程的开设

随着城市规划由建筑学一级学科下设的二级学科，上升为城乡规划一级学科，高等学校城乡规划学科专业指导委员会编制的《高等学校城乡规划本科指导性专业规范》指出，城乡规划的本科生的培养计划将纳入城市发展模型、城市系统工程、地理信息系统、城乡规划公众参与等诸多课程或知识点，相较原有培养计划增设了较多定量城市研究的相关基础课程，这些相应的课程多是候选人的研究领域。随着我国城市化进程的转型，复杂性和综合性的增加，迫切需要提高这一领域的专业教育水平。

经过调查，随着大数据在城乡规划中的广泛应用，英美部分知名高校（如麻省理工学院、伦敦大学学院和纽约大学等）已经开设了“城市模型”“大数据与城市规划”及“智慧城市”等相关课程，所使用的教材多是授课教师的专著或最新研究论文的合集。考虑到大数据相对还是较新的概念，虽然在我国城乡规划中反响较大、应用较多，但国内尚未开设大数据用于城市规划（或数据增强设计）相关的课程。前期笔者在北京城市实验室（Beijing City Lab）发布了《城市模型及其规划设计响应》网络课程（中英文，详见http://www.beijingcitylab.com/projects-1/21-urban-model-course/），涵盖大量将大数据用于城市规划领域的内容，在线课件得到了数千人的下载和阅读。此外，经过笔者的调研，清华大学多个专业的学生都反映了对大数据与城市规划课程的广泛期待（清华学生发起的大数据兴趣小组也是一个证明）。在这样的背景下，顺应我国城乡规划编制的特点和国内对城乡规划教育变革的需求，集成笔者的已有研究经历和大量学界和业界同行的诸多积累，笔者将于2016年秋季学期在清华大学开设面向研究生的“大数据与城市规划”理论课程。作为城乡规划教学的必要知识点，这将是国内城乡规划专业在这一方面的较早尝试，面对的对象预计包括城乡规划、人文地理、地理信息系统、城市经济和公共管理等专业。

授课过程中，笔者将秉承技术方法与规划设计并重的原则，第一部分侧重大数据技术方法的讲解，以便于学生掌握技术，第二部分则侧重规划设计领域的应用（如规划设计方案的制定与评价）。此外，除了介绍经典的研究方法外，还将对当前国际的研究前沿与热点进行介绍。 本课程的所有课程文件、数据和扩展阅读将放到指定网站上供选课学生下载。此外，还将结合微信群、邮件群等方式，建立选课学生和任课教师间多个渠道的直接联系，促进学生对大数据支持城市规划的理解。

通过课程学习，学生应该可以更好地理解实际的规划问题，并且利用大数据来进行研究设计和解决这些问题，同时能够了解这些规划策略所带来的政策启示及政策反馈。此外，学生可以利用实证数据来支持规划决策，并且从数据分析中得到理性结论。最后，通过课程学习，还可以增进学生在对社会和空间复杂系统认识中的理性思考，替代传统规划中直觉和“拍脑袋”的决策方式，同时也将提升他们应用大数据方法来分析和处理动态复杂系统中问题的能力。

四、结论与展望

数据增强设计自2015年初我和伦敦大学学院（UCL）沈尧一同提出至今才一年有余，期间我们与合作者进行了科学研究、学术交流、规划设计实践及课堂教学等多个方面的推进，本文对这些进展进行了概要性的介绍，并重点介绍了在清华大学“总体城市设计”课程中数据增强设计思想的应用过程，以及所取得的经验和教训。回过头总结下来，这次的教训大于经验，还存在大量需要改进之处。但作为在中国规划教育界较早的一次尝试，无论是经验还是教训，都对日后在清华大学以及兄弟院校的相关教学工作，以及中国规划设计界的实践，提供了第一手的参考。也希望这些参考，能够促进数据增强设计在规划设计教学和实践中的应用不断深入。

城市研究致力于认识（Understand）我们的城市，而数据增强设计，则是致力于创造（Create）更加美好的城市，因此无疑具有更大的难度。期寄在清华大学“大数据与城市规划”理论课的开设，能够与设计课中运用数据增强设计的思想一同，推进从研究到设计的华丽异或艰难的转变。也更期待与学界和业界同行进行更多交流和可能的合作，共同推进数据增强设计在多个维度的持续发展。

参考文献

[1] 郝新华，龙瀛，石淼，王鹏．北京街道活力：测度、影响因素与规划设计[J]．上海城市规划，2016（3）：44－52．

[2] 刘伦，龙瀛，麦克·巴蒂．城市模型的回顾与展望——访谈麦克·巴蒂之后的新思考[J]．城市规划，2014，38（8）：63－70．

[3] 龙瀛，数据增强城市设计专刊卷首语[J]．上海城市规划，2016．4．

[4] 龙瀛．街道城市主义，新数据环境下城市研究与规划设计的新思路[J]．时代建筑，2016（2）：128－132．

[5] 龙瀛，高炳绪．“互联网＋”时代城市街道空间面临的挑战与研究机遇[J]．规划师，2016，32（4），23－30．

[6] 龙瀛，沈尧．数据增强设计——新数据环境下的规划设计回应与改变[J]．上海城市规划，2015（2）：81－87．

[7] 龙瀛，沈尧．大尺度城市设计的时间、空间与人（TSP）模型：突破尺度与粒度的折中[J]．城市建筑，2016（6）：33－37．

[8] 龙瀛，周垠．街道活力的量化评价及影响因素分析——以成都为例[J]．新建筑，2016（1）：52－57．

作者简介

龙　瀛，博士，清华大学建筑学院，副研究员，北京城市实验室，创始人与执行主任。

致　谢：在整理《总体城市设计》授课过程的经验与教训时，再次想起我在第一次集中授课的一开始，提及那是我来到高校后上的第一次课时学生们给予的掌声，谢谢2016春季这批学生们，让我有机会探索在总体城市设计中运用数据增强设计的思想。也同样感谢教学组的其他五位老师给予的大力支持。

从智能到智慧：城市交通的全面提升

From Intelligent to Smart: The Comprehensive Promotion of Urban Transport System

陈小鸿 张 华
Chen Xiaohong Zhang Hua

[摘　要]　依托于计算机和信息技术发展，起源于20世纪60至70年代的智能交通系统获得了长足发展，其系统功能从发展之初的驾驶导航服务、缓解交通拥堵衍生至出行者信息服务、交通安全与应急管理、管理决策支持等功能。随着车联网、物联网和移动互联等技术发展应用，智慧交通系统涵盖了从设施管理、系统运行到对人和物移动过程的全面、主动服务，重点在于出行服务、拥挤管理、主动安全和环境友好等方面的提升。从智能交通系统到智慧交通系统是从技术系统到社会—技术系统的转变，是从交通网络运行管理系统向交通服务、生活方式与城市发展模式引导的全面转型过程。

[关键词]　智能交通系统；智慧交通系统

[Abstract]　Depending on computer and information technology, intelligent transportation system, originated in the 20th century 60-70's, had gained rapid development. The system functions has transform from the driver navigation service, diminishing traffic congestion in the early stage of development, to derived traveler information services, traffic safety and emergency management, decision support and other functions. With the Car Networking, Internet of Things and mobile Internet technology development and application, smart transportation systems ranging from facility management to the process of moving people and things comprehensive, proactive services, with emphasis on travel services, congestion management, active safety and enhance the environmentally friendly aspects. The transformation from intelligent transportation system to smart transportation system is the conversion from a technology system to the social - technology systems, from the transport network management system to a comprehensive restructuring process integrated transport services, lifestyle changing and urban development modelling.

[Keywords]　Intelligent Transport System; Smart Transport System
[文章编号]　2016-73-A-008

中国城市交通面临严峻挑战。交通拥堵、能源消耗、污染排放等问题不仅在大城市和特大城市呈“常态”，中小城市也不能幸免。公共交通大力建设，却未能显著减少个体机动化交通需求。以上海为例，交通拥堵不断加剧，早高峰快速路饱和度从2006年的0.61到2013年的0.83，2015年早晚高峰各3h的外排限行只维持一年就不得不继续延长。交通能源消耗呈现快速增长趋势，2004—2012年上海社会客车能源消耗增加了163%，由此也带来交通碳排放总量、人均碳排放均大幅增长，机动车交通成为本地PM2.5首位排放源。

城市交通问题的解决，仅仅依赖建设手段难以为继。从智能交通到智慧交通，期望将先进技术融入传统系统，寻求新的解决路径与方案。智能交通与智慧交通的区别，在于前者关注以新技术管理设施、完善系统以提升效率，是基于信息技术的系统能力“硬件提升”，而后者关注对“人”的活动，试图以全方位的服务改变城市活动、交通系统乃至流动行为，支持经济社会的可持续发展。

一、智能交通发展回顾

智能交通系统（ITS）将先进的信息技术、通信技术、传感技术、控制技术及计算机技术等有效地集成运用于整个交通运输管理体系，建立起一种大范围、全方位发挥作用的，实时、准确、高效的综合运输管理系统。其关键技术包括：传感检测技术、信息与通信技术、系统控制技术、计算机技术、基于信息技术的集成服务。

智能交通系统研究始于1960—1970年代，最初目的是在道路基础设施网络基本完备且难以大规模扩容的情况下，利用信息技术引导车流、平衡道路网络交通量分布，以缓解交通拥堵。美国致力于发展电子道路导航系统（EGRS），运用道路与车辆间的双向通信来提供道路导航。1989年，美国提出智能交通系统（Intelligent Vehicle-Highway Systems, IVHS），1994年IVHS更名为ITS。1991年，冰茶法案（ISTEA）将IVHS作为国策并给予充足的财力支持。1995年3月制定“国家智能交通系统项目规划”，明确规定了智能交通系统的7大领域和30个用户服务功能：出行和交通管理系统、出行需求管理系统、公交运营系统、商务车辆运营系统、电子收费系统、应急管理系统、先进的车辆控制和安全系统。

20世纪70年代，日本丰田汽车公司研发Mac技术和自动驾驶实验，开发了汽车控制系统CACS（Comprehensive Automobile Control Systems），具有路线引导、提供行驶信息、紧急信息、道路状况信息等功能。80年代设置全国交通管制中心，开展汽车交通信息化系统（ATICS）。80年代后期，开展路车间通信系统RACS和新汽车交通信息通信系统研究。进入90年代，日本设立警察厅、通产省、运输省、邮政省、建设省（现为国土交通省）负责人参加的联络会议。1994年1月，设立ITS促进机构—车辆、道路、交通智能化推进协会（VERTIS）。进入21世纪，日本的ETC、VICS（车辆信息通信系统）等项目得到大力发展。

与美国、日本的自上而下机制不同，早期欧洲ITS研发分散、自下而上。德国1985年实施利用红外线引导的情报提供系统ALL－SCOUT研究计划。1991年“欧洲智能运输系统协会”成为欧洲区主要

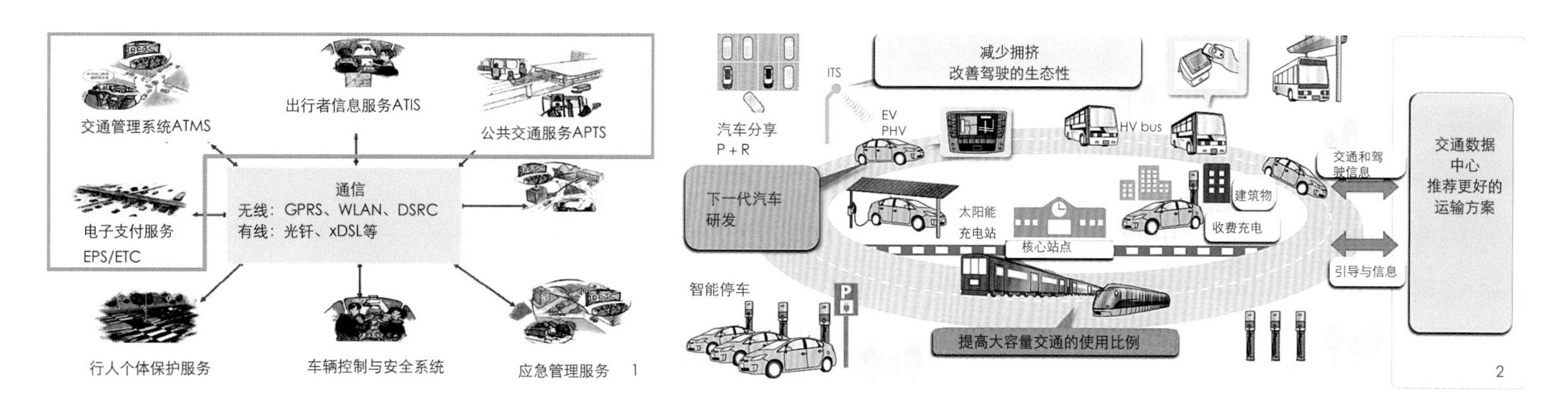

1.现代智能交通系统服务应用

2.智慧交通系统概念体系

推动ITS的主要组织。1993年欧盟成立后，ITS也列入欧盟执行委员会，欧洲ITS有了共通的合作平台。具有代表性的是欧洲汽车安全专用道路设施（DRIVE 1 ,Dedicated Road Infrastructure for Vehicle Safety in Europe）、DRIVE 2、TELEMATICS等研究计划。

我国智能交通系统研究从“十五”开始，始于交通信号控制和车流引导，同样采用自上而下的研究计划与城市各类应用的示范建设来推进ITS的发展。与发达国家不同的是，由于我国城市道路交通系统具有运行拥堵和设施不完备双重特征，对ITS赋予更多的功能目标：既要求支持系统运行状况的研判和优化管理，也要求支持规划与建设管理的决策：基于自动数据采集及分析的服务、管理、安全、决策的全方位支持。

综上，智能交通系统最初主要针对车辆与道路，旨在通行条件改善和交通拥堵缓解。随着交通信息实时检测系统和移动互联网的普及，逐渐具备动态信息诱导和多模式发布功能。极大地推动了道路交通检测技术发展，包括数据采集、处理、存储技术；推动了基于车辆环境感知能力和移动互联的驾驶辅助技术发展。智能车路技术的积累，也推动了一系列革命性的变革：物联网、车—车通讯、车—路通讯等，支持了车辆自动驾驶技术的演进。2005年日本明确提出建设“实现智能型移动信息社会”的第二代 ITS。各国从技术标准及系统开发转向更注重多元数据采集、实时分析与管理决策、智能车—路系统和安全性能优化、用户优质服务等。

表1　我国智能交通系统建设进展

年代	技术研究	应用进展
20世纪70年代—80年代初期	交通流理论、交通工程学、城市路口自动控制数学模型	点线面控计算机软件，前三门线控，天津线控系统试验，北京面控系统试验，信号机和检测器的开发
20世纪80年代—90年代初期	高速公路监控系统数学模型、道路通行能力、交通堵塞自动判断模型、标志标线视认性模型、驾驶心理学	广佛高速公路监控系统，交通和气象数据采集设备研制，天津疏港公路交通工程技术（通信、监控、安全设施），可变情报、可变限速标志、通信设配器、控制器、紧急救援电话，电子收费系统、不停车收费试验，城市交通控制系统
20世纪90年代—2000年	动态交通分配、自动识别、仿真模型、数字通讯、GIS、GPS、车辆诱导、交通枢纽、物流管理、网络信息技术、ITS发展战略、框架、标准	视频检测，电子警察，紧急事件处理，ic卡管理，杭州，北京公交智能调度系统，北京二三环交通控制系统，高速公路电子收费一卡通，铁路、民航联网售票
2000年至今	地方ITS发展战略规划、部分城市纳入国家ITS示范城市	上海、北京、深圳、杭州等城市综合性、一体化ITS系统和信息平台建设

二、智慧交通：基于出行行为的“人性关怀”

1. 基本概念与关键技术

智慧交通的概念出自智慧城市。“智慧”的理念被解读为不仅仅是智能，更在于人体智慧的充分参与，即新一代信息技术的应用，在技术和社会两方面创新集成。其基础是以物联网、云计算、移动互联网为代表的新一代信息技术，其目标是对人和物移动过程的全方位主动服务，使交通系统更加便利、高效、安全、清洁。智慧交通涵盖从设施管理到交通对人与物流动的全面服务，通过感知技术、共享服务、众智研发，重点在出行服务、拥挤管理、公交运行、主动安全、环境友好等方面的提升应用。如果说智能交通系统是一个技术系统，智慧交通则是一个社会—技术系统，关注重点从交通网络运行到交通服务、生活方式与城市发展模式的引导。

智慧交通的关键技术包括以下四个方面

（1）信息感知与通信技术

如智能检测与无线通信、视频检测与识别、车—路通信与车—车通信。

（2）智能电网＋无线充电技术

随着高性能电动汽车的快速市场化，智能电网技术标准、无线充电技术研发。

（3）存储与分析技术

以规模、快速、多样为典型特征大数据分析；实时数据的采集、扫描、查询、共享和预测分析；跨区域分布式计算。

（4）自动驾驶技术应用

包括检测与避碰等主动安全技术，支持共享的使用模式创新，既有通行能力的提高，以及能耗与排放控制。

2. 智慧交通的解决方案与应用方向

（1）交通拥堵缓解

智慧交通的拥堵缓解方案，是基于多模式交通网络、涵盖需求管理与精准供给的系统整体优化，包括对系统规划、建设、运行；对政府管理及决策、专业领域的技术分析、公众出行服务的全方位支持，对系统正常运行和风险的全方位管理。首先是基于人的移动性数据发掘道路现状拥堵原因，评价对策方案的有效性。许多城市实现了基于实时多源数据的实现实时拥挤地图和拥挤指数发布，不仅可以了解交通拥堵发生和消散的时空规律，通过手机信令等人的移动性数据挖掘，还为拥堵成因提供新的解析途径，避免采取不恰当的管理与建设方案。

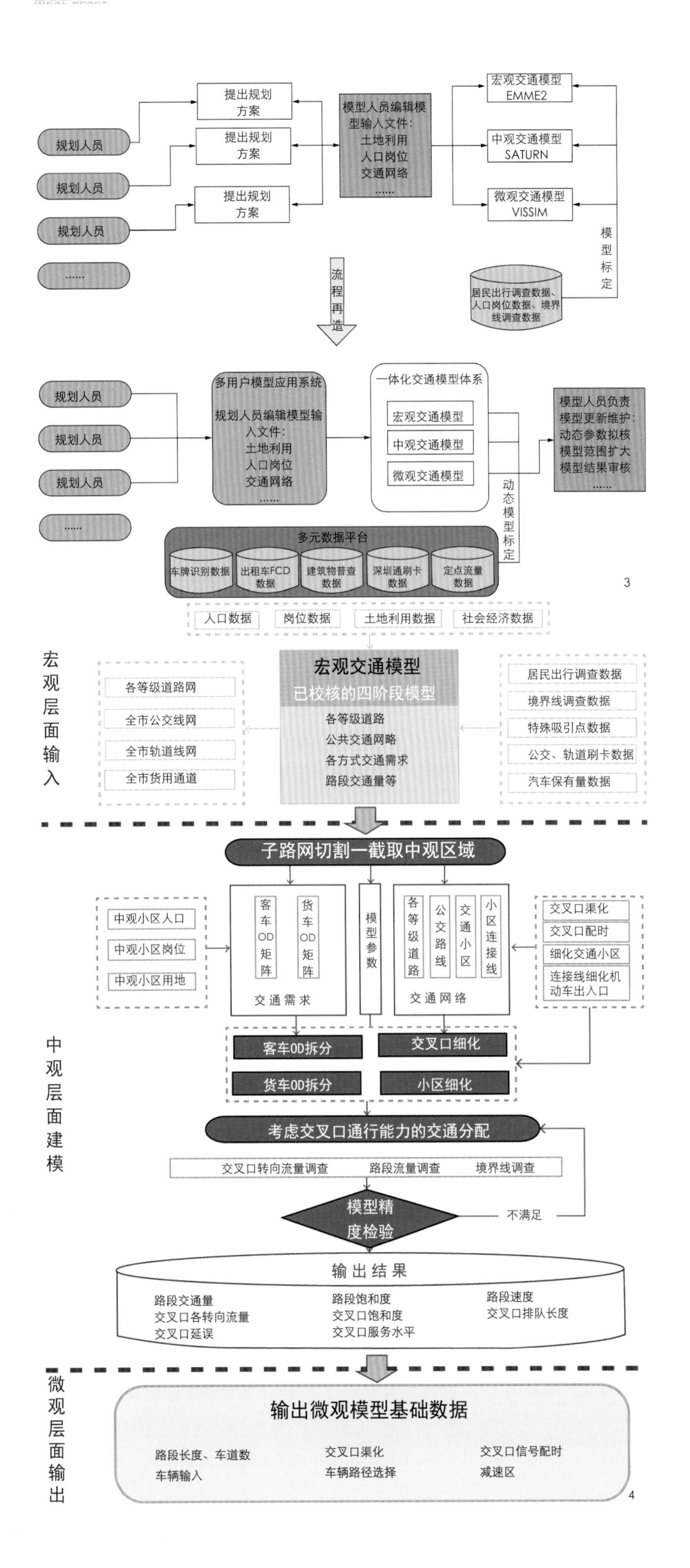

如果采用公交优先策略作为拥堵缓解的对策，智慧交通的解决方案不仅是通过自动驾驶与辅助驾驶、线路与车辆的自动调度系统、路口通行优先与安全防护实现公共交通运行优先控制，并且可以通过电子付费便利地实现换乘优惠、通过公交电子站牌和手机端实时车辆运行图的普及实现乘车的便利与可靠，从而大大增加公共交通的吸引力。

对于拥挤区域的机动车使用管理，则实现了动态费率、不停车电子道路收费系统。以新加坡为例，从最初的区域通行证制度，到可设定每类道路预期运行速度为调控目标、采用基准费率+浮动费率模式，划分车型、排量、道路类型等属性，以确保道路和机动车使用的精细化管理。基准费用依据过去3个月的交通网络状态、每3个月调整1次；浮动费率基于实时检测数据、每30min调整一次。

（2）交通安全提升和异常事件管理

智慧交通对于交通安全的提升，不仅大量体现在车联网支持下的车辆避碰、安全风险提示、对行人及自行车的辨识等机动车安全防护，在交通异常事件如交通事故、恶劣天气、灾害等的对策选择方面，有能力依据地理网络、天气环境、交通需求、运行状态等预估异常事件的影响，获得较优的安全解决方案。

例如，对于节假日的大型活动，用手机数据可以预测未来一个小时将会有多少人到达、从哪里来到那里去；根据活动地点及其邻近区域的实时人流，以及预测到的未来将要到来和离开这些区域的人流，做风险等级的评估，确定高密度的区域、时间范围和严重等级；根据事态等级的不同，调度增加离岸地铁和公交的频度，选择正确的疏导方向，避免出现不同方向人流的逆向交汇等，管理高密度。

（3）基于数据分享的出行者实时信息服务

智慧交通的信息服务不仅在于提升出行的便利性，更重要的是通过信息实时、准确地提供，引导出行者行为的改变；出行者不仅仅是信息服务的受惠者，在获得服务的同时，也成为活动信息的提供方。移动互联服务对生活在线化、出行共享化、供需响应实时化，正在改变并将更多地降低、优化交通需求。

以美国匹兹堡为例，建立的数据检测与信息分享平台，是一个应用开发的开放体系。利用共同累积的信息库、分享各类数据，开发停车管理、公交站牌等各类应用系统。

三、国内智慧交通路径探索：深圳案例

深圳与我国大城市、特大城市一样，经过三十年的快速发展已进入存量发展的精细化管理阶段，要求以智慧交通支持智慧城市建设。不仅在综合交通系统的运行要求智慧化管理，还要求在城市规划与交通规划技术、建设过程中，实现智慧化决策支持，形成面向规划编制、规划评估和规划审查的多用户决策支持应用系统；通过建立开放的交通模型，促

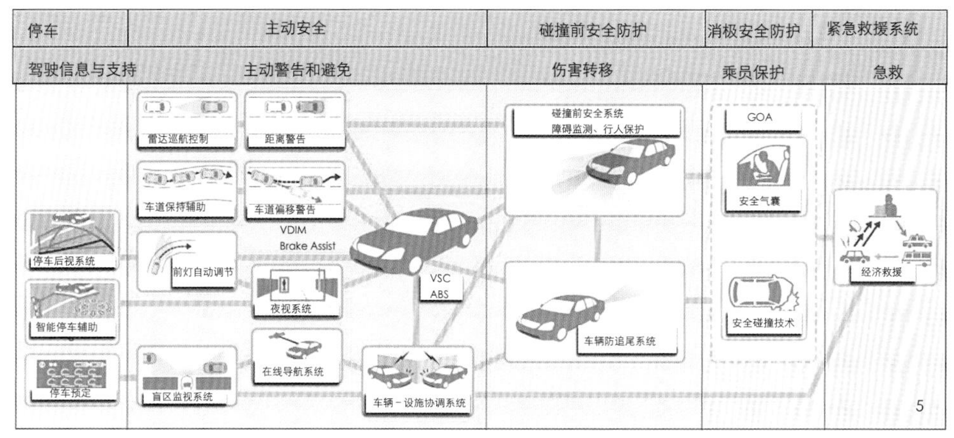

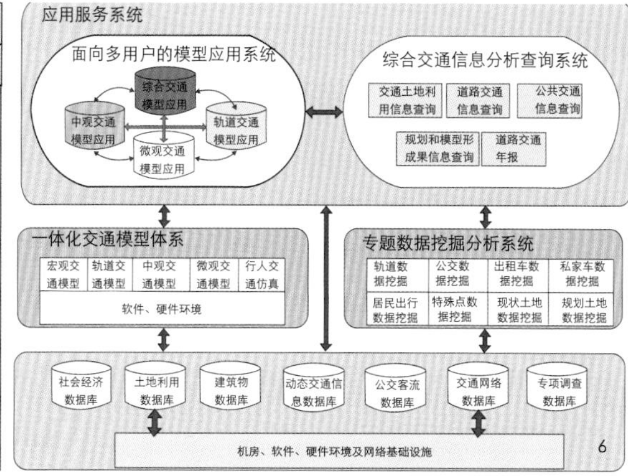

3.交通系统规划流程再造
4.智慧交通系统概念体系
5.智慧交通对交通安全的提升技术
6.深圳交通大数据规划决策支持系统

进土地利用规划与交通规划的技术融合；通过面向应用的多源数据挖掘，促进政府部门之间数据的共建共享。

在2007年完成深圳智能交通建设一期工程、实现动态交通信息采集、存储、分析、发布基础上，2012年启动二期工程作为深圳建设智慧城市的重要建设内容。项目与智能交通动态数据、地理信息空间静态数据、社会经济发展数据等大数据分析相结合，依托数字深圳空间地理信息平台，收集了200多项交通和土地利用数据。包括从行政区到法定图则的基础GIS数据，道路、公共交通的交通网络和站点数据，四次居民出行调查及历年境界线、交叉口流量调查数据，2008至今的建筑物普查数据和每三个月更新一次的规划一张图数据，以及8类17 477个兴趣点数据，多个年份的人口普查和经济普查数据。还融入了大量社会经济、土地利用、建筑物、交通网络和设施等静态数据。

通过交通仿真技术、GIS技术、网络技术、组件技术、数据库技术等计算机技术，建立深圳市智慧交通“1+2+2”的定量化规划决策支持应用系统：可动态更新的多源交通、土地利用大数据平台；可持续的多维数据挖掘系统；交通与土地利用一体化的交通仿真模型系统；面向现状评估的可视化综合交通查询系统；面向规划预测的可视化多用户模型应用系统。

“1+2+2”的体系架构分为数据层、中间分析层和应用服务层三个层次。建立了特大城市复杂交通系统背景下，利用大数据对交通系统演变过程建立动态监测、过程追踪和系统调控技术方法。

通过动态交通数据和城市土地利用数据的结合和监测反馈，实现城市规划和交通规划决策支持流程再造。通过客户端—中间层—服务器三层逻辑构架，进行规划业务的统一组织与管理；通过仿真模型平台和接口开发，实现典型规划业务案例的标准化评估，促进城市空间结构与交通系统的协同优化。面向时间维度的挖掘更加精细、面向空间维度的挖掘更加多元，包括基于区域、基于路段和基于位置的评价算法。

引入动态交通和土地利用数据，重构宏观、中观、微观交通模型，实现了大数据环境下交通规划决策支持应用系统开发。建立各层次模型与运算集成一体的交通仿真平台。一体化交通模型包括宏观模型、中观模型、微观模型。一体化交通模型实现了路网拓扑结构一体化、软件一体化、方法一体化、数据一体化以及表现形式一体化。模型包括85 478个路段，869条常规公交线路，10 016个公交站点。采用刷卡数据、公交GPS数据、出租车FCD数据、车牌识别数据等动态大数据标定和校核模型。与深圳市城市仿真模型相结合，增加可视化效果。

四、结语：智慧交通的发展挑战

智慧交通为城市交通的全面提升提供了目前尚无法预估的空间，为一系列交通系统规划、管理难题，如大规模复杂系统运行如何调节；网络如何及时、有效地调整；公共交通集约化运输导致的公共安全风险，如何检测、预防、缓解；公共财政的投入效益如何评估以支持持续、有效的投入等等，提供了新的途径，比智能交通更广泛、更长远地影响城市、交通和出行者。

但是，作为智慧交通最重要的资源之一的数据，首先需要建立数据开放与共享机制，实现不同系统与部门之间的交通信息共享和整合；其次，是数据规模与数据样本的完整性考量；以及信息与数据安全风险监管。更重要的，是技术发展、市场创新与制度更新的综合协调。对于技术变革产生的新业态，不仅需要预见其与传统行业的潜在冲突、进行风险管控，更要通过新规制建立，支持智慧交通的健康发展。

作者简介

陈小鸿，博士，同济大学交通运输工程学院教授、博导，国家磁浮交通工程技术研究中心主任；

张　华，博士，同济大学国家磁浮交通工程技术研究中心助理教授。

用数据认识世界
——专访城市数据团联合发起人高路拓

World Cognition via Big Data
— Interviewing Metrodata Team Co-founder Gao Lutuo

一、数据团的成立和使命

记者（以下简称“记”）：能谈谈成立数据团的初衷吗?

高路拓（以下简称“高”）：数据团的初衷很简单，就是组织一群志同道合的数据爱好者，共同去理解和认知这个时代，然后一起做这个时代最值得去做的事情，同时，也是我们喜欢的事情——用数据阅读城市、用数据认识世界。

记：您多次提到“时代”这个词，您觉得这是一个什么样的时代，有什么独特之处?

高：回望人类文明历程，我们正从农耕时代、工业时代、信息时代一路走来，快速演进。曾经的农耕时代，人们只能依靠自然和土地的产出来维持生存；到了工业时代，人们可以依靠机器和科技来生产物资，改善生活；今天的信息时代，人们已经可以用数据和人工智能来创造新的价值。从自然崇拜、机器崇拜一直到数据崇拜，人们改变的不仅仅是信仰，还有我们自己的生存方式和思考方式。如果说早期的自然崇拜（泛神崇拜）停止了人类的追问，今天的数据崇拜则全面开启了人类的追问。我们怀疑一切，重新评估和认识一切，这就是我们今天的生存方式、思考方式，这就是信息时代的变革。创新是这个时代的信仰，数据是这个时代的力量。

记：那么，数据团的愿景和使命是什么?

高：我们最初的口号是，用数据阅读城市。为此，我们一群数据爱好者建立了数据团这个组织，并做了很多关于城市，尤其是关于上海的研究。但我们后来发现，数据可以做的事情远远不止于城市研究，数据早已渗透到衣食住行、娱乐、时事政治等无数个方面。于是，我们又丰富了数据团的内涵，增加了一句新的口号：用数据认识世界。这也是数据团的愿景和使命。

记：数据团将“用数据认识世界”作为追求与使命，是否意味着数据团不再局限于用数据来研究城市了?

高：是的，关注过我们微信公众号“城市数据团”的小伙伴们就会知道，我们关注的话题是非常多元的。除了城市研究，我们还关注“双十一”假打折、高富帅白富美、高考等热点话题，关注餐馆起名、养猪创业等趣味话题，关注学区房、水源安全等民生话题，我们甚至还关注反腐败。我们就是稍微懂一点数据的普通人。普通人关心的，就是我们关心的。这些话题不是我们发明的，而是本来就存在于那里。我们只是用自己擅长的工具来重新认识它。也希望阅读我们文章的人，会因为我们独特的文风而喜欢上看似晦涩的数据分析。

记：所以说，数据团不是走专家路线，而是走亲民路线的吗?

高：这两条路线并不矛盾。数据可以为政府和企业服务，当然也可以为普通民众服务、而且应该为普通民众服务。只是政府企业的需求与普通民众的需求不同，我们给他们的东西也不一样。

记：您刚刚说到这个微信公众号，其实公众号里对于数据团的介绍并不多，好像是个很神秘的组织。

高：其实很早的时候《解放日报》就对我们进行过专访，我们也在很多线下场合都有露面，参与数据应用的推广。曾在2015年TEDx宁波站、2015年全球大数据峰会、第九届规划信息化实务论坛、2016年的SEA-HI上海论坛等场合受邀进行主题演讲或参加圆桌论坛，还在2016年4月上海电视台“夜线约见”栏目介绍了“大数据里的上海生活”。

二、大数据在城市研究领域的应用探索

记：大数据是现今的热点话题之一，大数据在城市研究领域的探索与应用也越来越多。数据团在这方面有什么特点或者优势吗?

高：我们有两个主要特点，一是数据维度多，二是通过自媒体平台、通过各种研究机会做了很多新的尝试。

从数据来源来说，目前，可以应用于城市规划和城市研究的数据大致分为三类：基础数据、互联网开源数据、商业级数据。

传统城市研究中的数据分析大多依靠基础数据，也就是政府口径的人口和经济普查数据、交通普查数据、城市用地数据等。而数据团的城市研究则会在传统数据的基础上，结合互联网开源数据和商业级数据，交叉分析，相互验证，从而能够从更多的角度、更全面地反映城市的发展状况。

记：大家都比较关心数据团的数据都是怎么获得的?

高：互联网开源数据主要是通过爬虫技术，获得公开网页上的数据。而商业级数据主要通过媒体合作、项目合作、数据交换、商业购买、网络众筹等方法获取。数据团的自媒体创作，给我们带来了初创时期意想不到合作机会和数据资源，对我们来说也是一大惊喜。也促使我们更努力地运营好这个平台，进行更多的数据应用探索与数据分析创作，让更多普通人通过数据团的文章阅读城市，认识世界。

记：那么，数据团是怎么把这些来之不易且价值很高的数据，应用到城市研究领域的?

高：我们大概做了四方面的事情。

第一类是基于传统数据的城市功能、城市空间关系研究。我们利用经济普查和人口普查数据，对上海市不同产业的空间分布、不同年龄人口的空间分布进行分析，并对产业空间分布和人口空间分布进行对比研究，寻找产业分布于人口分布的相互关系、各个地区之间的联系强度。这一类算是比较传统的研究。

另外，同样是研究人口分布和人口通勤，我们也可以利用个人移动设备数据。由于移动数据具有实时性、动态性、微观采样、采样成本低、记录客观真实等特点，其蕴含的信息量更大、更精准，对市民活

1.生产性服务业企业分布

动的微观表征效果和应用拓展性都要好很多。但是，移动设备数据也具有一些缺陷，可以与传统数据互为补充。

个人移动设备数据的另一种拓展应用是与智能监测硬件相结合。这种做法可以对特定人群的信息进行收集和分析。比如说，我们曾经抽取了南京东路公共WiFi在2015—2016年跨年夜探测到的部分移动设备的数据，并通过第三方移动数据公司匹配个人标签特征（不涉及个人隐私）。根据近5万个有效样本，对南京路上跨年的人群的性别、年龄、属地等特征进行了分析，发现了一些有意思的结论。

最后是基于个人消费数据进行的城市商圈研究。我们利用个人消费数据对上海市中心城区范围内的13个市级商业中心的消费情况进行了横向的比较。比较内容包括人流量、消费金额、消费类型、高频商业活动的时间区段等，并根据这些指标对商业中心进行分类。

后三类都是我们基于新数据、设计新方法，探索着用一种全新的方式来认识城市、创造性地回答城市规划和城市研究中关注的问题。

我感觉我们还有很多事情可以做，心有多大，探索空间就有多大。

记：据悉，数据团是2015年2月成立的，到今天也就15个月。15个月居然可以做这么多事情！数据团的发展是不是一直都很顺利，还是也遇到了一些困难？

高：总体还算顺利，我们一路发展过来得到了资本的助力，一年内先后完成了天使轮和A轮融资，累积融资数千万元，为我们可以专注地研发数据产品、持续扩大影响力、获取更多数据源奠定了基础。

当然，同时也面临很多困难，比如，整合更广阔的数据源就非常困难。

首先是数据流通不畅的问题。在城市发展的过程中，产业发展、交通出行、住房、医疗保障、日常消费等沉淀了大量的数据，但是，这些数据归属于不同的机构，一个个去跟这些机构沟通并获取数据是非常困难的。即使获取了这些数据，也会发现各类数据采用的统计口径和分类标准并不统一，给多维数据之间的交叉分析增加了困难。

其次，政府数据公开程度不够。美国“数据开放工程”提出了七大原则：开放性、易得性、易视性、可重复使用、完整性、及时性、发布相应管理岗位。我认为其中最重要的是开放数据的“易得性”，尤其是要“可机读”。我们比一比就知道，上海的数据开放工作虽然走在全国先列，但离我们的理想状态还差得很远。

此外，很多传统城市研究领域，数据处理能力不足也是很常见的。在传统城市研究教育中，较少涉及数学、统计学、计算机和相关工具软件的学习。因此，在刚开始接触大数据时，往往缺少相应的基础知识和软件使用技能，只能“望数兴叹”。好在现在有一些优质的网络教育平台和线下培训活动，充分利用这些资源可以弥补学校课程的短板。

三、数据团未来的发展方向

记：数据团是一个有深度又很好玩的组织，一方面深耕城市数据研究，一方面也涉足了很多其他的领域。那么数据团的未来规划是什么样的呢？

高：我们这15个月来都在不同领域进行数据应用的探索。随着我们对各个领域的认识逐渐深刻，及技术力量的提升，我们会做一些更“酷”的事，比如，在垂直领域中用机器学习的方法训练人工智能，提供行业解决方案。目前，数据团正在参与研发的AI主要是在金融、地产、城市规划的细分业务领域中。

记：果然听上去就很酷。可惜我作为一个普通人，不一定能享受到你们的AI服务了。那么，在数据团面向普通人的这块，也就是微信自媒体，将来会有什么比较酷的动作吗？

高：除了持续推送文章，我们一直在思考怎么把数据“玩”起来。可能受到我们的城市规划教育背景的影响，我们首先想到的就是把地图玩起来。

在一般意义的地图上，我们可以找到街道、公园、学校、机关、企业，但是，找不到人，更找不到人的所思所想，找不到人的喜怒哀乐。没有人的地图，都是没有生命的地图。而我们想要一张有生命的地图。

我们将会推出“认知地图”系列活动，其形式可能是嵌入到微信的小游戏。玩家可以上传他的照片、心情、体重、吐槽，而我们将把这些信息呈现在地图上，为城市地图增加一些人性的色彩。里面还会设计一些竞争和激励机制，让游戏更好玩、地图更容易传播。当然，最有情怀的是我们希望能够开源我们众筹的数据。

记：好期待这个地图！在最后，《理想空间》编辑部感谢高老师给我们带来的干货分享，也感谢数据团给我们带来的精彩文章和游戏。

受访者简介

高路拓，城市数据团联合发起人，脉策数据创始人。

专题案例
Subject Case
智慧城市顶层设计
Top-level Design of Smart City

智慧城市建设的困境与挑战
The Dilemma and Challenges in the Building of Smart City

乐 巍
Yue Wei

[摘　要]　目前我国智慧城市建设存在“千城一面，缺乏特色”“重项目、重建设”“模仿多、功能堆叠多”等问题，很多智慧城市的建设项目依然以部门为单位，整体设计规划主要还是依托传统的IT公司，自然方案是自己主导产品为核心的解决方案堆叠，缺乏数据视角的统一规划，后期的资源整合难度大等问题。另外，相比各部委出台的智慧城市发展的促进政策，国内应该尽快关注数据整合后凸显的公民隐私问题。规范数据资产安全分级，数据需要在清晰、合理的框架指导下，对处在生命周期各个阶段的、不同类别和安全等级的数据，落实其安全控制策略，各关系人按照有关制度提出的安全管理要求，在其权限范围内对数据进行访问和利用可见。

虽然目前比较有名的是以银川为代表的“智慧城市2.0”的模式，以笔者过往的经验，2.0版相对1.0版已经开始关注数据建设的整合问题，但是缺乏数据长期自更新的能力，未来城市数据的维护依然是难题。文章建议，智慧城市建设应高度重视差异定位，注重数据整合及整合后的规范及范围定义；充分理解智慧城市、数字城市的关系，关注服务而非系统，以市场需求引导项目建设，推进智慧城市建设，破解“信息孤岛”问题。

[关键词]　智慧城市；数字城市；数据资产安全分级；资源整合

[Abstract]　At present the building of smart city tends to be similar, lacks of characteristic condition and innovation. Such projects are still designed by traditional IT corporations whose design schemes are just stacked by their own products, leading to the difficulty of post resources integration for lack of overall and comprehensive plans. Besides, compared with the promotion policy of the development of smart city, much attention should be payed to the citizens' privacy and security gradation of data assets. The data at different stages with different category and security gradation can only be available when all safety management requirements based on relevant policy and regulations are met in the legible and reasonable frame.

Referring the representative YinChuan mode with 2.0 version, I hold the opinion that it concerns more issues on data construction but lack the ability of data self-renewal, bring about challenge of data maintenance in the future. In this paper, it is proposed that the construction of smart city should be focused on different positioning and the standardization of data integration. With fully understanding of the relation between smart city and digital city, the solving of isolated information problem and the efficient advancing of smart city is believed to be realized when market demand are respected and profession services get improvements.

[Keywords]　Smart City; Digital City; Security Gradation of Data Assets; Resources Integration
[文章编号]　2016-73-P-014

一、国内智慧城市的建设背景

对于智慧城市，官方通用的标准解释是：运用信息和通信技术手段，感测、分析、整合城市运行核心系统的各项关键信息，从而对包括民生、环保、公共安全、城市服务、工商业活动在内的各种需求做出智能响应。其实质是利用先进的信息技术，实现城市智慧式管理和运行，进而为城市中的人创造更美好的生活，促进城市的和谐、可持续成长。

从2013年1月公布首批90个智慧城市试点开始，我国各大部委先后推出智慧城市、信息消费、信息惠民、宽带中国等多种类型试点。目前的试点已达到409个，其中住建部智慧城市试点两批202个，科技部智慧城市试点20个，工信部信息消费试点68个，发改委信息惠民试点80个，工信部和发展委“宽带中国”示范城市39个。在《国家新型城镇化规划2014—2020年》中专门拿出一章来规划智慧城市，标志着智慧城市形式上升为国家级战略规划，成为新型城镇化的必由之路。由此各地政府也出台了相应的规划，2014年上报的计划投资规模就超过1万亿元。从不少地区的实际效果来看，智慧城市在城市交通、医疗、政务管理等领域已经取得了广泛性的成果。

二、目前国内智慧城市建设的困境

火热的概念、广泛的试点反映了城市管理者对智慧城市建设的热情，截至2015年底，已经宣布建设的154个城市合计投入保守统计至少1.5万亿元资金，但是，交通拥堵、空气污染、城市内涝等“城市病”依旧困扰着许多城市。

1. 缺乏专业的智慧城市顶层设计的主体

2014年8月专门由八部委联合出台了《关于促进智慧城市健康发展的指导意见》，在八部委指导意见的开篇第一段，就明确指出了当前智慧城市四类主要问题，摆在第一位的就是缺乏顶层设计和统筹规划。（其他三个问题是：体制机制创新滞后，网络安全隐患和风险突出，一些地方思路不清、盲目建设。）

智慧城市的顶层设计是智慧城市建设的行动指南，也是检验智慧城市成果的工具。根据中国城市科学研究会发布的《国家智慧城市试点2014年度工作总结报告》的不完全统计，截至2014年年底，已有65%的试点城市完成智慧城市顶层设计，为什么还是强调缺乏顶层设计和统筹规划？真顶层与假顶层之争，最重要的是缺乏专业的智慧城市顶层设计的主体。目前的顶层设计政府经常选择传统的IT集成商或IT相关的设计院（主要为电信运营商、运营商的设计院及国内知名的一级、特一级IT集成商等），甚至是IBM、HP等大型跨国公司。智慧城市涉及经济社会的方方面面，这些企业一般仅专长于某一领域或产品，设计基本都是以围绕自己擅长的领域然后整合其他厂

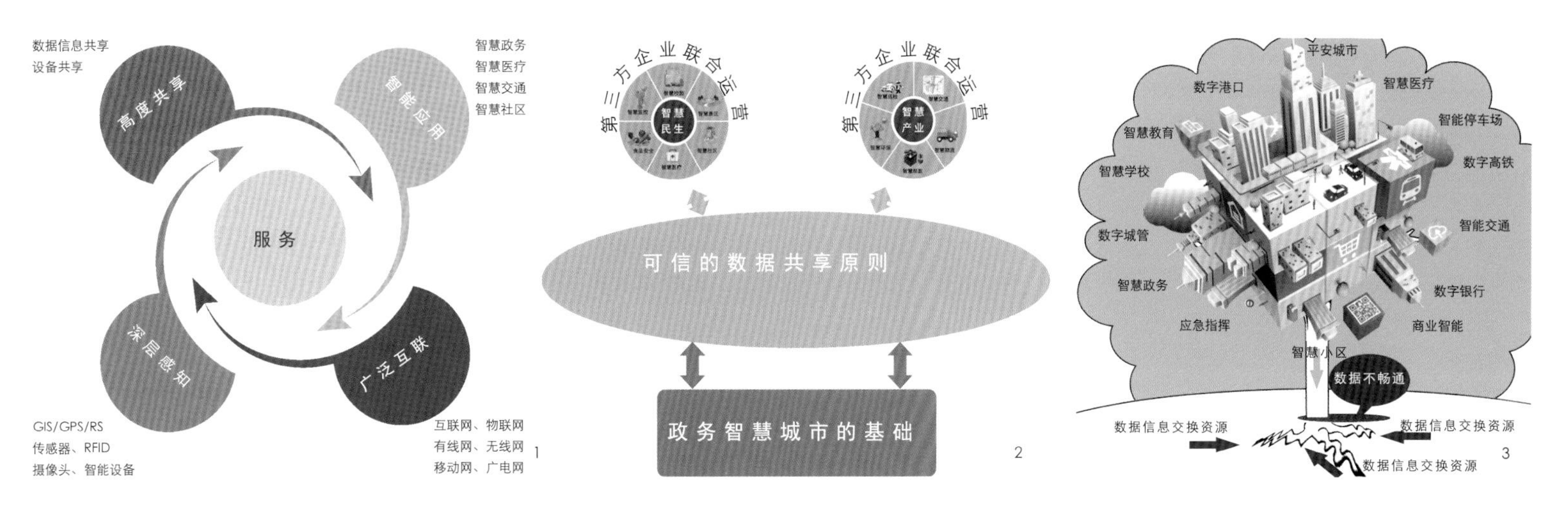

1-3.智慧城市

商的产业链上下游资源，碎片式的堆叠“智慧项目”的“拼图游戏”。

这样的顶层设计主要表现为“千城一面”，城市规划定位不清晰，重项目不深入考虑城市自身的地理位置、历史文化、产业结构、经济状况、人口因素和城市特点，直接套用一些国际或国内知名企业的“智慧项目”解决方案，更有都不知道智慧城市应用最终有多大规模，反正大数据、云计算是需要的，而且大型硬件IT公司还提供BT、PPP等模式并承诺落地，引诱政府。“智慧城市”因此就演变成一股脑地购买设备、建设机房、建云中心、铺宽带网、搞产业园、建设体验中心，场面热烈、内容精彩，但与城市和公众的真正需求却并不匹配，变成形式主义。这些智慧城市的“云海”规模加起来比百度的规模还大，但是收益呢？计算机技术更新非常快，提早堆叠就是被厂商忽悠了。这几年我们常常在很多城市遇到方案改个城市名称就是另一个智慧城市，文字、用图都是一样的。更有些地方，直接落地标准方案的智慧建设与城市需求存在严重脱节，可想而知这样的系统建好之日就是废弃之时。

2. 智慧城市至今尚未有统一的定义

中共中央、国务院2014年印发的《国家新型城镇化规划（2014—2020年）》中明确提出推进智慧城市建设，指明信息网络宽带化、规划管理信息化、基础设施智能化、公共服务便捷化、产业发展现代化、社会治理精细化6个建设方向。

目标是明确的，那么为什么智慧城市还会落地难？还是要回到什么是智慧城市、智慧城市和平安城市、数字城市的区别是什么的问题上。

数字城市和智慧城市是城市的不同阶段，数字城市主要是以计算机技术、多媒体技术和大规模存储技术为基础，利用信息技术手段把城市的过去、现状和未来的全部内容在网络上进行数字化虚拟实现，数字城市的建设涉及城市建设、规划、运行、管理、服务等各个方面。平安城市是数字城市的一个功能单元，项目最初起源于公安部开展的一系列科技强警示范城市建设工程及后续的3111工程，是目前公认的作为智慧城市建设的最成熟单元。但是我们认为它只是数字城市的前期建设之一，从功能上讲平安城市正在逐渐演进成为一个大集中管理的综合系统，集成道路视频、治安卡口、电子警察、公安视频会议等子系统。展望未来，随着物联网技术的发展，平安城市将与城市应急、水体与气体检测、垃圾处理、数字城管、智能建筑、工业与自动化控制、城市一卡通等各个方面集成，届时，平安城市也将涵盖并将全面服务居民的生活，这也是智慧城市。

所以，我个人认为“智慧城市是多个垂直行业的数字化系统智能联动形成的大系统”比较贴切。顶层设计首先就要搞清楚，哪些是公共产品，哪些是非公共产品；哪些是政府应该做的，哪些是企业可以参与并运营的；哪些项目费用该由政府承担，哪些由消费者承担。智慧城市不是政府的一揽子工作。另外，哪些项目可以开展增值服务，开展何种增值服务，盈利点如何设计，这些问题需要根据当地的实际情况进一步思考与探索。对于涉及信息安全、个人隐私的增值服务项目，主体该选择国有企业还是民营企业需要规范和约定限制。

三、智慧城市关乎服务，而非系统

基于系统成功的商业，我们简单地分析一下苹果公司和亚马逊公司的成功，2001年，苹果iPod的推出，颠覆了索尼在全球数字音乐市场的霸主地位。亚马逊的Kindle也不仅仅是硬件设备，而是一种服务，这一点跟苹果的理念十分相似。继iPod后众所周知，苹果公司继续将硬件与内容融合的理念在后来的iPhone、iPad产品线上继续发扬，如今，苹果公司通过iTunes、App Store、iBooks向用户提供包括音乐、流媒体视频、游戏、电子书等一系列数字娱乐服务，并通过iCloud将用户消费的服务在各个设备间进行同步。

因此，智慧城市不简简单单是一个项目更不是一个数字系统或程序，它主要是一个运营的体系，支付宝和微信支付目前在城市生活的各个支付领域逐步普及，它们显示出了非常强大的竞争及更新性，而在民众中有非常大的便民及公益性。因此，只要智慧城市功能有运营的基础，在市场中能不断地获取需求自然而也就获得了好的规划及设计。

智慧城市只是通过技术要实现两大最基本的革命：一是生产方式、生活方式、流动方式和公共服务的巨大变革；二是政府决策，社会管理，公共服务和社会民生的革命性进展。

四、推进智慧城市建设的挑战

1. 让有用的数据得以使用，隐私保护确实是一个不得不解决的问题

伴随信息化的普及，越来越多的信息泄露事件，而且数据已经成为一些不法分子的灰色产业链，也从另一个方面说明了数据的价值。智慧城市一定也必须伴随着数据的使用，中国目前缺乏对数据使用的规定和使用范围的界定，所以隐私是智慧城市建设中最大的挑战。

智慧城市的建设已经成为国家战略，在国家层面上智慧城市、大数据产业的推进，个人认为已经不需要各大部委的促进建设文件，而是各个部委真正的坐在一起围绕智慧城市的数据整合后的价值，讨论一

下国民数据究竟什么是隐私，什么条件下数据可以被哪些部门和团体使用，什么数据不能被特定部门和团体使用的立法。

举个数据价值例子，近期国家鼓励双创，创业就需要资金，商业银行非常想参与国家的“双创”行动但又怕风险。银行知道国税部门通常根据客户的实际纳税情况，将客户的纳税信用等级分为A、B、C、D四个等级。企业申请贷款时，银行就想到了国税局的数据，信用等级为A、B的纳税客户可以申请“税银通”服务，企业提交贷款申请后，国税系统把它的纳税纪录等通过后台传递给银行，经核实后企业将快速地得到无抵押无担保的贷款或授信。这一举措有助于实现税银企三方共赢的良性循环。对银行来说，根据企业纳税情况和信用给予贷款，可筛选成长性强且风险较低的优质客户。对税务部门而言，试点的成功将促使更多的企业重视纳税信用，企业可以以此来获得更多的金融支持。对企业而言，只要符合条件，就能在线获得免抵押、免担保、免服务费的贷款，解决了企业融资难融资慢的燃眉之急。

2015年上半年，江苏银行与江苏省国税局首先联合发布了首款税银产品——“税e融”，通过税银合作，将企业纳税等级、纳税数据与金融服务结合，实现了小微企业融资模式的创新，这一款“纯信用无担保”的信贷产品为小微企业融资提供了更便捷的渠道，以“全线上、无纸化、实时审批”的高效流程设计获得了客户、市场及众多金融同行的肯定。经过8个多月的市场见证，“税e融”业务在常州实现了重大突破，江苏银行常州分行共向近759户小微企业授信3.53亿元，可供企业随时提款，截至2016年1月22日，已有611户客户提款2.51亿元。“税e融”改变了以往繁琐的贷款流程，融入“互联网+”理念，将纳税大数据引入融资领域，不再需要企业提供担保抵押，只要符合正常缴税两年以上且前12个月缴税总额大于2万元、纳税信用等级B级以上、无不良征信记录，即可申请“税e融”产品服务。在纯信用方式下，小微企业最高可享受200万元，最长用款时间6个月，额度有效最长可达一年，实现了“在线申请、网上用款、随借随还”。

但是，我在西北的某些省份却遇到了国税局的答复是“纳税人信息是涉密的，不可以给商业机构提供”。“为什么其他税务局可以提供？”“我没有收到相关的明确文件，我的辖区不可以，其他区域我不了解。”在数据价值的加载和创新成为一种个人的觉悟和胆量的尝试，这是不正常的，也是无法正常的大面积推广的。

开放与不开放都没有错，现在确实有不少部门想开放数据，但是不知道怎么开放。因为大数据是一把双刃剑，开放的同时意味着社会的风险。怎么样在数据开放的同时尽可能的保护隐私，保护社会的公共安全？这就是政府在数据开放中面临的一个问题。目前，国家没有规范的规定，数据的力量在目前的政务系统建设中完全取决于“一把手”的重视程度。正如“税e融”的例子，不同的领导决策就会有不同的结果。有些城市提出智慧城市的第三方运营是个好思路，但是实践过程中，政务数据未定义数据安全和隐私，一个企业第三方根本没有权利协调政府的部门，更无法保证如何规范的使用数据，也没有权利约束谁来保证数据的安全使用，谁来承担责任。

2. 智慧城市的模式运营及数据长期更新

2016年4月，银川市携手中兴通讯在深发布智慧城市“银川模式”建设成果，银川市政府副市长郭柏春说，银川是全国首个且唯一以城市为单位进行顶层设计的智慧城市，这一模式打破了国内常见的部门垂直项目运作模式和信息孤岛现状，打造了国内首个城市级数据运营中心。同时，银川首次将PPP模式引入国内智慧城市建设，联手中兴通讯进行智慧银川设计实施，成立了银川智慧城市产业集团，解决了智慧城市建设资金和运营资金的来源问题，实现了政府企业互利共赢，提升了公共服务水平和效率。作为宁夏内陆开放型经济试验区的核心区，智慧城市“银川模式”为银川迈向国际化现代化进程提供了强大的信息化支撑。银川市积极运用互联网思维，立足于“惠及民生、城市管理、产业衍生和投资迭代”四个核心目标，通过“商业模式、管理模式、技术架构”三大创新，能够点对点解决智慧城市建设、推进过程中所遇到的各种难题，已经形成了可复制、可推广的智慧城市“银川模式”。

我们已经看到了“智慧银川”是以城市为单位的注重顶层设计，推出一个网、一个云、一张图，在这个设计下推出10大系统13个子模块，并且已经开始引入独立的运营单位。这将成为在下一阶段各地智慧城市建设的方向。

3年前经过多年的宣传和努力我也完成了基于“数据一个库，安全一把锁、一个平台、N个APP”的智慧城市落地实践，验收的时候我很幸福。但是今天看智慧城市的建设还只成功了一半。每个季度城市的数据更新就是真正要面对的问题，从系统的功能看的确打破了信息孤岛，但是由于体制的问题数据获得是按照权限是非入侵方式的，所以还是需要授权和管理方的协调才可以不断地更新。项目建设期有协调会和各种人员的重视，随着项目进入维护期数据的日常协调就是问题了。

互联网企业强调模式，互联网模式最主要的就是信息的闭环，他们以免费满足用户某一个需求的服务而获取商业数据。在目前的智慧城市建设中存在“过度重视项目、建设、模仿，轻视规划与模式”问题，智慧城市“信息孤岛”要想能够实现整合，存在较大的难度，单纯地通过技术手段来进行城市治理难以实现。所以，好的智慧城市的建设也要学习互联网企业的服务模式。

五、智慧城市发展措施

社会经济系统之所以复杂，源于它由多种具有不同利益追求和行为方式的主体组成。社会经济系统的和谐与健康发展，依赖于组成主体各得其所、有效合作。智慧城市的建立，首先不是技术的改进或名称的变革，而是对客观现实的深入分析和了解，对相关各方情况和诉求的切实掌握。

智慧城市发展包括两个方面。

（1）对于城市管理，智慧城市是政府在城市管理理念和模式上的改革，是一个只有起点没有终点的长期持续的系统工程，政府最关键的就是统筹部门利益，利用智慧城市的梳理形成部门间的配合及协调的体制，防止各自为政局面的出现，并做出合理的安排。智慧城市的系统只是利用技术最大限度地将梳理的统筹部门职能和社会资源整合起来，保证畅通资源流动的渠道，使人才、资金、技术等要素和资源高效融合，释放发展的潜力。

（2）要能够确定政府在智慧城市建设及发展中的定位，哪些是政府要做的，哪些是市场可以解决的，以市场需求作为推动智慧城市实现可持续发展的基础和动力源泉。有关部门要能够充分重视市场对资源配置的作用，利用自由竞争、价格杠杆等方式来创造个性化、多样化的应用市场，并且推动新兴产业的可持续发展。政府大包大揽地建设就只有落入“形象工程、政绩工程”的圈子。

因此，只有在明确智慧城市建设的意义、存在的问题基础之上，选择有效的发展措施，才能够保证智慧城市建设工作的顺利进行，为培育新的经济增长点奠定坚实的基础。

作者简介

乐　巍，北京乾元大通软件有限公司，市场总监。

1.南汇大型居住社区

智慧城市的浦东路径：发展模式与规划实效

On the Pudong Path for Smart City: Development Model and Planning Effectiveness

盛雪锋 罗 翔 曹慧霆

Sheng Xuefeng Luo Xiang Cao Huiting

[摘 要] 浦东新区作为国内智慧城市发展战略的先行区域，在政府平台化创新、城市立体化管理、民生精细化服务、产业融合化发展等领域，初步形成了具有示范引领效应的智慧城市建设“浦东模式”，本文从发展现状、发展模式、规划实效及空间发展路径等方面进行解析。

[关键词] 智慧城市；发展模式；规划实效；浦东新区

[Abstract] As a pioneer area of smart city in China, Shanghai Pudong has practiced in the fields of government platform, urban management, livelihood services and industry development, initially formed a "Pudong model" for smart-city building. In this paper, the present situation, development patterns, planning effectiveness and development paths of Pudong are analyzed.

[Keywords] Smart City; Development Model; Planning Effectiveness; Shanghai Pudong

[文章编号] 2016-73-P-017

一、引言

智慧城市作为我国推进新型城镇化建设、实施互联网＋战略及大数据提升政府治理能力的核心内容之一，受到了国家和各地政府高度重视。上海浦东新区作为国内智慧城市发展战略的先行区域，借助中国（上海）自由贸易试验区、国家综合配套改革试点的政策优势，以智慧引领模式变革为主线，突出以民为本，在政府平台化创新、城市立体化管理、民生精细化服务、产业融合化发展等方面先行先试，有力提升了浦东新区政府治理能力、城市承载能力、信息惠民能力和产业创新能力，初步形成了具有示范引领效应的智慧城市建设“浦东模式”。

聚焦创新驱动转型发展、加快政府转职能效和破解城乡二元结构，是浦东新区智慧城市建设的三个着力点，以期建成“数字化、网络化、智能化、互动化、融合化、开放化”的城市运行体系，培育信息化与工业化高度融合、战略性新兴产业快速发展、企业发展环境健康和谐的产业支撑氛围，达到“基础设施高度覆盖、产业发展高度生态、应用体系高度发达、民众生活高度和谐”的智慧城市发展新阶段。

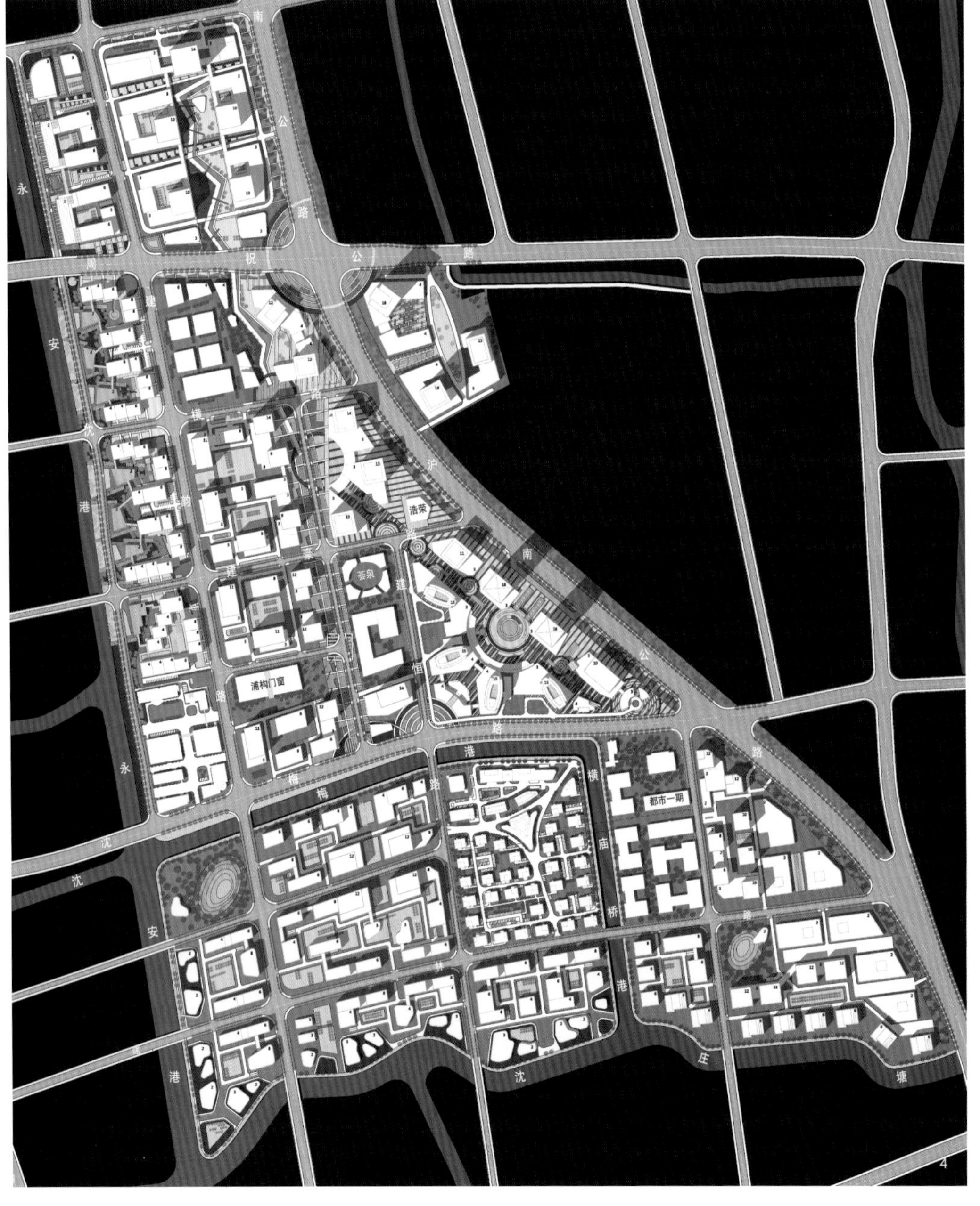

二、发展现状

2009年，浦东新区提出建设“智慧城市”初步构想，2011年，在上海率先推出《智慧浦东建设纲要（iPudong2015）》《推进智慧浦东建设2011—2013年行动计划》，聚焦推进适度超前的基础设施建设、惠民利民的应用体系建设、智慧产业化和产业智慧化，形成了较为完善的智慧城市建设顶层设计。

1. 信息基础设施建设较为领先

近年来，浦东新区通过着力推进城市光网升级、无线城市完善和配合市推进三网融合等三大计划，逐步形成了以“光网+无线”为主的城市网络体系，逐步形成“无处不在的网络”，智慧的信息基础设施架构基本形成。光网覆盖水平已达到185万户，实际固定带宽已达13M，基本建成覆盖全区的3G网络，基站总数6 339个，建成公共区域WiFi场所2 508个，并推动在浦东68个公共区域（医院、公园、图书馆、文化中心等）向公众开放“iShanghai”免费WiFi。有线电视数字化改造用户数97万户，NGB用户数97万户，IPTV为34万户，移动用户数为441万。

2. 智慧应用体系建设初具特色

通过在电子政务、智慧城管、智能交通等方面实施的一批信息化项目，逐步构建起较为完善的智慧应用体系，探索形成了以高效、惠民为特征的管理和服务模式。电子政务体系进一步丰满，平台化政府建设初显雏形；城市管理更加精准高效，城市自我管理运行能力不断提升；公共服务更加贴近百姓诉求，行政管理和为民服务效率进一步提升。智慧浦东建设成效已经被最广泛、最基层的市民所感知、体验和应用。

3. 智慧产业助推产业发展转型升级

目前，软件和信息服务业已成为新区新的支柱产业和上海市举足轻重的重要产业基地。2013年实现营收约1 950亿元；电子信息制造业继续成为支柱产业，2013年电子信息产品制造业实现产值约2 500亿

2.周浦智慧园空间肌理
3.浦东新区公共中心规划图
4.周浦智慧园城市设计
5.张江技术创新区

元；电子商务、云计算、物联网等一批新兴融合创新产业呈现快速发展态势，正成为支撑和引领产业未来发展的重要领域。

4. 保障体系日臻完善

在国内率先发布了《智慧城市评价指标体系》，率先启动智慧社区试点，在10家街镇开展社区服务、城市管理、居家养老等领域的应用试点。从组织领导、共享协同、投入模式、研究咨询、宣传推广等方面基本形成了有效的智慧城市环境保障体系。

三、发展模式和规划实效

1. 向以公众为中心转变的智慧政务服务模式

（1）基于中台构架的协同化电子政府

形成了前台受理、中台交换、后台协同办理的“前、中、后”政务协同机制，目前已实现202个部门应用单点登录整合，34个应用系统数据集中交换，为25个部门部署了办公自动化系统，并提供了统一邮件、统一短信服务、统一用户目录服务等基础应用。

（2）政务信息资源共享调度中心

通过集约化建设、共享化应用，形成新区政务信息资源的核心中枢。目前，浦东新区公共基础数据库已建成完善的人口、法人和地理信息基础数据库。三大数据库涵盖530多万人信息，覆盖率户籍人口99%以上，常住人口90%左右；涵盖20余万法人信息，覆盖率98%以上；涵盖120多个新区地理信息。目前，三大数据库正在全区推广应用。

（3）行政审批一体化电子平台

通过政府内部的信息协同，尽量让企业“少跑一次路、少填一张表、少进一道门”，变“让企业跑”为“让数据跑”。如企业登记“三联动”实现了营业执照、组织机构代码证及税务登记证的“一口受理，一表登记，一次审查，一网流转，一次发证”，审批流程从原来的23天缩短至最快只需要4~5天。

2. 向立体化转变的智慧城市管理模式

（1）智慧化公交调度

在综合交通信息系统平台的基础上，通过建设包含公交地理信息系统和公交智能调度管理系统的智慧公交项目，逐步构建起立体互动公共交通管理系统。目前，浦东新区已实现将所有区属3 000多辆公交车纳入到集群调度系统，建成300多个太阳能智能公交站杆，通过GPS、RFID、GPRS等对数据的实时采集和传输，实现以信息化平台为核心的公交车辆远程调度，实现公交实时运营数据的多渠道、多平台服务，为百姓出行提供便利精准的信息化服务，为公共交通运营体系的改善和指挥决策提供了可视化依据，也对及时处置突发事件、增强社会治安防控能力提供了有力的技术支撑。

（2）能耗在线监测

浦东新区从2012年底启动区级能耗监测平台建设工作：采集存储浦东新区范围内机关办公建筑与大型公共建筑的能耗数据，并对数据进行处理、分析，为浦东新区楼宇能耗统计、审计等提供准确数据。目前，浦东已有数十幢楼宇数据接入该平台中，未来几年将涵盖500幢楼宇。平台可对楼宇能耗（用电）进行实时监测，并对其进行分析处理，如数据对比、能耗组成分析、传输状态查询、建筑分部、能耗排名等，使用户可以直观地从不同角度查看本区建筑的用能水平、特点及变化趋势。

3. 向多方互动转变的智慧民生服务模式

（1）智慧医疗

推进以居民健康档案、电子病历应用、实时医疗影像等信息整合和共享为核心的数字健康工程。2013年，浦东新区在前期建成的社区卫生服务信息系统、公共卫生信息系统等的基础上，进一步扩容升级，全区63家公立医疗机构实现了信息互联互通及与市卫生信息平台的对接，开通了智能提示、健康档案调阅等功能，通过医生工作站可进行居民健康档案的调阅及重复用药、重复检验检查的智能提醒。同时，居民也可通过登录浦东卫生外网，查阅自己的卫生服务记录和健康信息。智慧医疗的推出，有效缓解了就医难、医患关系紧张等问题。

（2）智慧养老

启动了区级科技助老信息平台建设，针对以居家养老的老年人为主要服务对象，并向全区所有老年人口覆盖，建立了多层次专业服务团队和加盟商服务团队，将新区各街道、社区和社会组织及其他社会资源纳入服务体系，为老年人提供紧急类救援服务及日常生活服务等，致力于打造“没有围墙的养老院”。据统计，目前浦东新区“安康通”、“阳光”两类紧急呼叫装置已达2万台。同时，浦东新区积极推进智慧养老的市场化合作机制，依托科技助老新产品的免费推广项目，加快推进“智慧养老”工程、老年居民远程应急救助系统、智能化为老服务管理平台和智慧养老体验馆等项目。

（3）智慧社区

率先在上海市推出了智慧社区试点，编制发布《浦东新区智慧社区建设指导意见》。经过两年多的探索，涌现出一批可供推广的成功应用案例并正在全区推广。例如，通过制定标准统一的智慧城市卡，将支付功能与社区应用功能融合，实现各种“卡”功能合一，方便居民使用，助力社区整体信息化消费网络的架构及建设。又如在陆家嘴金融贸易区发布停车诱导APP，可实时报送区域内停车场信息，可实时提供停车场的位置、收费、实时状态等信息查询互动，从而达到指引停车和缓解交通的目的。再如智能自助式快递箱，利用创新的物品暂存、凭密取件模式，方便居民不出社区即可体验到人性化的自助服务，也保护了居民的个人隐私。上述智慧化应用，根据区域实际需求，目的在于提升社区管理、服务民生，促进智慧社区服务渗透到生活的方方面面，提高智慧城市建设体验度。

4. 以产用联动、融合创新为核心的产业融合发展模式

（1）政府投入引导产业融合发展

为传统优势产业（如航运、金融、贸易、先进制造等）注入新的发展基因，并催生更多新业态和新模式，浦东新区逐步扩大了对产业融合发展的政府性资金投入力度，每年仅支持企业开展信息化建设的引导性资金就达到2 000万元，近年来已引导企业增加企业信息化投入数亿元，有效地支撑了企业进行以信息化为核心的生产和经营模式变革。同时，2014年初还推出了促进软件和集成电路设计业发展的专项政策，鼓励和支持软件与集成电路设计向“高端又高效”发展。

（2）拓展新增长空间承载新兴产业

围绕先进制造、航运、金融、贸易等浦东新区的重点产业领域，在浦东原有的陆家嘴软件园、浦东软件园空间基本饱和基础上，进一步打造以智慧产业（主要是移动互联网、云计算、电子商务等新兴服务业态）为核心的临港软件园、川沙软件园、周浦智慧园，形成浦东新区推进智慧产业发展的新空间载体。

四、可复制可推广的建设路径

1. 创新信息资源共享统筹机制

促进信息共享协同是智慧城市建设的核心任务之一。浦东新区以基于政务资源共享调度中心的“城市公共信息平台”建设为核心，构建起“1+N”的两层城市公共信息协同的平台，既突出“城市公共信息平台”对智慧城市运营的核心支撑功能，也尽量考虑到不同领域信息平台（如交通、教育、电子政务等）存在现状和发展需求，以此迅速实现整个区域信息资源、应用体系的全面协同。

2. 打造政社合作PPP模式

据《推进智慧浦东建设2011—2013年行动计划》，浦东新区以不到20亿元的政府引导性投入撬动了近300亿元的社会资本投入。同时，梳理智慧浦东建设的优秀案例，遴选政府、民生、社会应用优秀示范项目，鼓励和发动企事业单位、优秀领军人才参与智慧浦东建设，形成多方共同建设的智慧城市建设模式。

3. 激发市民参与

浦东新区以试点创建为契机，突出“GOV2.0”理念，积极推动以智慧社区为核心的智慧城区样板工程建设，重点在陆家嘴、塘桥、周浦等街镇推动与民生密切相关的智能交通、城市管理、民生服务等各类公共服务应用示范工程，形成一批最贴近民众生活感知的智慧城市单元载体，激发市民参与智慧城市建设的积极性。

4. 推进产用联动、协同发展

以“智慧产业化、产业智慧化”为目标，实现智慧化应用和产业转型升级间的联动发展，将智慧城市建设和发展引导成企业创新发展的重要机遇，不仅吸引更多和智慧城市建设相关的项目和企业关注浦东，更以智慧化的理念促进浦东新区相关企业实现转型升级。

参考文献

[1] 上海市浦东新区经济和信息化委员会，上海浦东智慧城市发展研究院. 智慧浦东建设纲要（iPudong2015）[R]. 2011.

[2] 上海市浦东新区经济和信息化委员会，上海浦东智慧城市发展研究院. 推进智慧浦东建设2011—2013年行动计划[R]. 2011.

[3] 上海市浦东新区规划设计研究院. 二十周年作品集[R]. 2013.

作者简介

盛雪锋，上海浦东智慧城市发展研究院，执行院长；

罗　翔，上海市浦东新区规划设计研究院，高级工程师；

曹慧霆，上海市浦东新区规划设计研究院，助理工程师。

6.周浦智慧商业中心
7.周浦智慧园总部办公

6
7

“知识杨浦”建设中的智慧支撑探索

Exploration of Wisdom Support in the Construction of "Innovative Yangpu"

赵力生
Zhao Lisheng

[摘　要]　智慧技术、方法的运用，是支撑城市发展的热点方向。本文结合“知识杨浦”建设中对创新创意三大要素——人才、企业、基础设施和服务供给的智慧化支撑，提出以创新型城区建设为目标的城市发展中智慧支撑手段运用的若干探索。

[关键词]　“知识杨浦”；人才、企业、基础设施和服务供给；智慧支撑

[Abstract]　Intelligence technology is a hot direction about the development of the city. Based on the three main factors - talent, enterprises, infrastructure and services supply support, this passage put forward a number of exploration according to the construction of innovative city as the goal of urban development.

[Keywords]　"Innovative Yangpu"; Talent,Nterprises,Infrastructure and Services Supply; Wisdom Support

[文章编号]　2016-73-P-022

1.2003年编制《杨浦知识创新区发展规划纲要》空间结构规划图

2.2014年编制《杨浦区总体规划实施评估研究报告》五大功能区分布示意图

一、“知识杨浦”建设历程及核心战略选择

上海市杨浦区拥有复旦、同济、上海理工、第二军医大学等十余所高校，自“十一五”以来，树立了以大学资源为基础的“知识杨浦”发展理念，提出了建设创新型城区的发展目标。从2004年编制《杨浦知识创新区发展规划纲要》到2010年编制的《杨浦国家创新型试点城区发展规划纲要》，再到2014年编制的《杨浦区总体规划实施评估研究报告》，一直延续知识创新、文化创意、科技创业的发展理念。

二、激活三大创新要素——“知识杨浦”建设的核心问题

在新一轮的杨浦区发展研究中，基于建设具有全球影响力的创新型城区的整体功能定位，为缓解杨浦区对创新创意人才、企业吸引能力不足；基础设施与服务供给难以满足发展需求的问题，提出激活创新创意人才、企业和基础设施与服务三大创新要素的战略。

1. 人才吸引问题

“知识杨浦”建设面临若干重大问题，其中核心是人才吸引的问题。从现状来看，城区吸引创新创意人才的能力不足，人口结构与知识创新发展诉求差距较大，整体人口结构难以支撑“知识杨浦”的建设。

（1）素质结构

比较上海市中心城九区人口学历结构，黄浦、卢湾、长宁、静安等传统意识上的核心区，呈现高学历向低学历占比逐渐减少的分布情况；传统北四区中的普陀、闸北、虹口，则呈现高学历向低学历比例逐渐增大的分布情况，唯有杨浦区呈现“两头大、中间小”，即高学历从业人口、初中以下学历从业人口占比都很高。这说明杨浦区高校的高等学历人才拉高了杨浦区的人口学历结构。但另一方面，经过调研，杨浦区高校高学历人口毕业之后选择继续留在杨浦区就业的占比却很低，较大比例的人才选择静安、黄浦等更近中心的城区。杨浦区的高校培养了人才，却留不住人才，对人才的吸引能力需要加强。

（2）境外人口比重

2012年，杨浦区境外人口比重占全市境外人口的2.8%，在中心城八区中排名第六，而杨浦区常住人口规模在中心城八区中排名第一。同时，杨浦每年国际交流学生近万名，每年短期国际专家讲学达千余名，吸引境外人才的机会很多，这从侧面反映了杨浦区人才吸引能力亟待提高。

（3）年龄及就业人口

杨浦区老龄化现象突出，从户籍口径统计，老龄人口比重增加，为26.31%，高于全市平均水平，位于中心城各区第二。从人口百岁图看，杨浦区有明显的两个波峰，即大学生人口和老龄化人口，也从侧面印证了大部分大学生毕业之后离开杨浦的现象。

（4）小结

从以上的分析可以看出，高校对杨浦区人口年龄结构、素质结构及境外人口比重有较大影响，但同时，大学生毕业之后离开的现象，又反映了杨浦在人才吸引能力上的不足，而人才对创新型城区的建设至关重要，因此杨浦应着力提升自身的人才吸引能力，留住创新创意人才。

2. 创新企业的再认识

吴晓波说过：“一个喜欢大资本的城市，和一个必须以破坏、创新为主的互联网公司有一种天然的冲突。”这句话说明，创新型企业并非是大资本、大规模的超大型企业，而具有很强的更替性，有很强的技术敏感性和转型速度，同时，创新型城区以数量巨大的中小型企业为主，才会带来更大的创新活力。因此，建立面向创新企业的生态网络是集聚创新企业的关键。

中小企业的成长环境需要政府供给更多的倾斜政策，也更需要政府与市场共同提供包括资本、场所、人才、商务支撑等在内的方面多层次多元化创新基础设施。

3. 创新基础设施与服务供给再认识

对于服务于创新型城区的基础设施和服务供给，应不仅是面向生活的配套设施。创新人群的公共配套服务设施不仅关注生活服务本身，更包括对创新

活动的服务，强调多元化、网络化、现代化、开放化的设施和服务配置。正如理查德·弗洛里达在《创意阶层的崛起》一书中提到的，创新创意人才追求的是多元的文化和价值导向；低成本的生活和商务空间；高品质、开放、高密度的服务设施；及城市对失败的包容性。对标波士顿对创新创意人群的服务供给，在人才创业支持策略上，提供相对较低的办公场所租金支持，并提供较好的服务项目；人才安居支持上，结合现有的居住社区，多元化地为各类人才提供安居支持；人才服务支持上，由相关的政府机构，按照人才的实际需要专门提供切实的服务。

三、运用智慧化手段，激活创新三大要素

在“知识杨浦”建设过程中，提出运用智慧城市发展理念为指导，通过将智慧城市的理念融入环境提升、设施配套、建筑功能置换等方面，提升杨浦对创新人才、企业的服务能力。

1. 智慧化改造存量资源，控制年轻创业者的生活成本和商务成本，留住创新创业人才

在新一轮“知识杨浦”的战略中，提出“20~40”人才吸引战略，即未来杨浦既要留住处于20岁创业初期，以创建中小型企业为主的创业群体，又要留住40岁创业成功，以旗舰型创业为主的精英群体。通过对杨浦区现有老公房、老工厂等存量空间资源的智慧化改造，为各层级创业人群提供各类型的服务。

杨浦区分布有大量的20世纪八九十年代修建的老公房及大量闲置的工业厂房资源，在老龄化及产业转型升级的形式下，需重新审视老公房和老厂房的资源。结合居改非等政策制度的创新，通过智慧化改造，一方面将以居住功能的设施改造为适宜居住和办公的混合功能空间，提供智慧、便捷、周到的服务，节省时间成本，例如，依托远程服务等信息化设施，提供云端物业管理、智能监控、云端社区服务、网络社交平台等服务设施；另一方面，利用老公房社区和老厂房的改造，将大大降低初期创业者的商务和生活成本，适应创业人才的需求。

2. 打造智慧环境，激励多样化创新创意企业集聚的生态网络

（1）构建创新创意企业的生态网络

引用环境学的生态网络概念，在建设“知识杨浦”的目标下，提出建立创新企业生态网络的目标，指既要有规模大、影响力较大的大型企业，又要有大批的处于生态链底部的中小型企业。在市场机制的作用下，通过中小型企业不断的优胜劣汰，才能实现创新企业生态网络的不断强化。在市场作用的同时，政府应当提供非营利性孵化机构、中介交易机构、提供政策支撑和基础设施支撑，满足创新企业各发展阶段的需求。

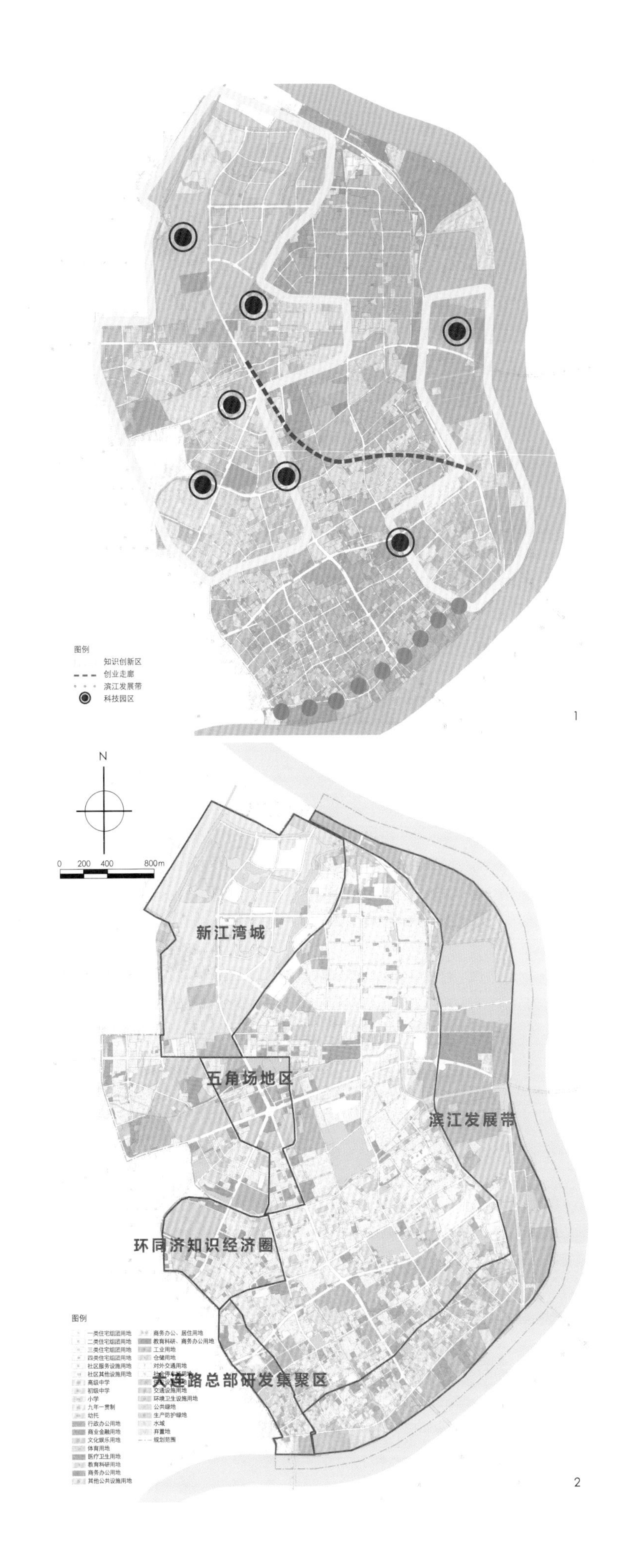

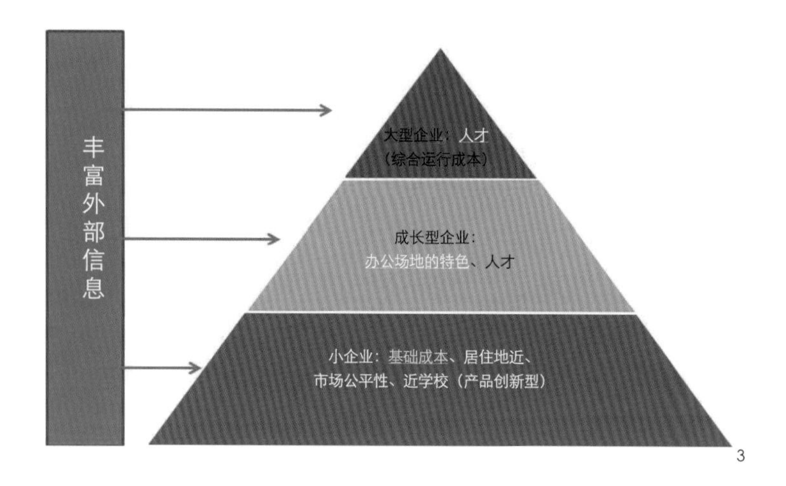

3

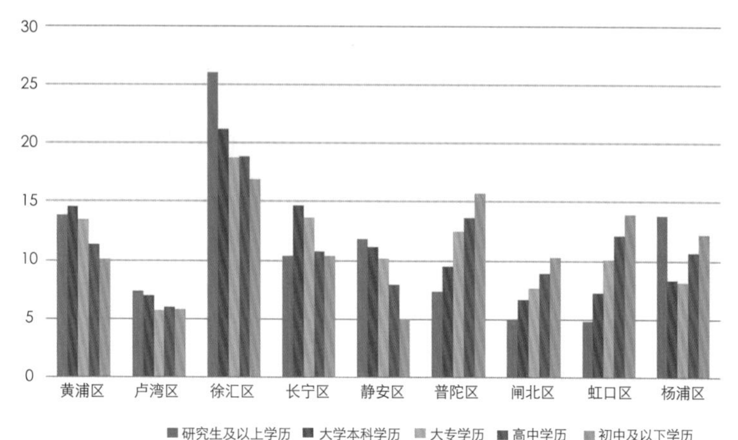

4

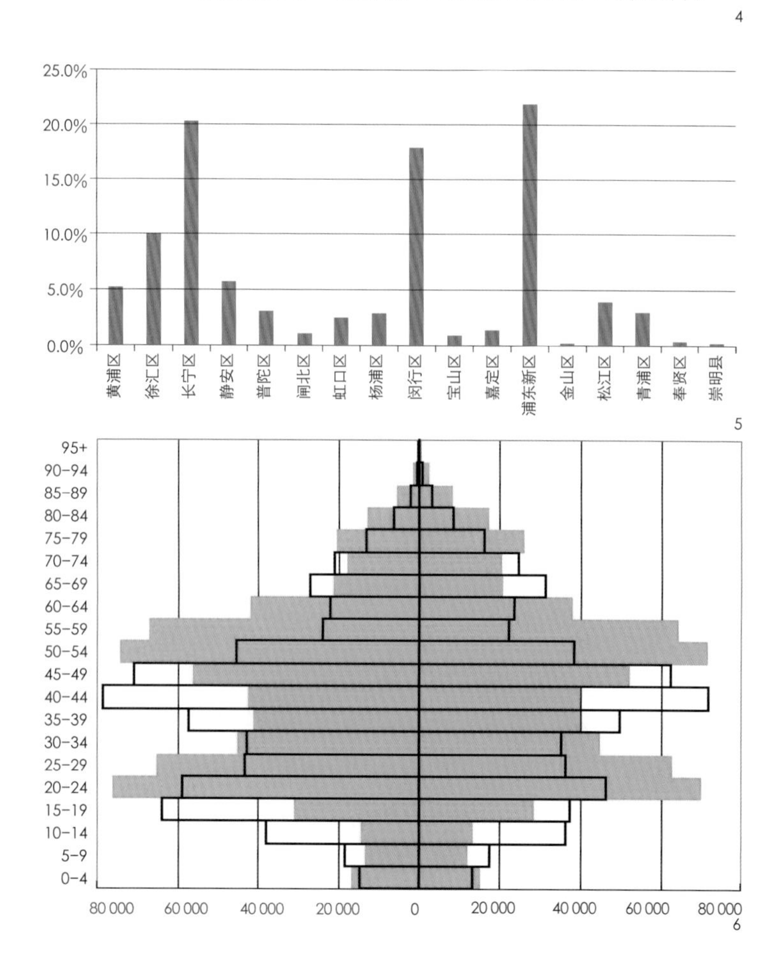

5

6

（2）创造更多的非正式沟通空间和交流场所

萨克森宁（Saxenian,1994）对硅谷非正式交往空间的作用有如下描述："由准家族式关系中所诞生的非正式社会关系维护着当地生产者之间无处不在的广泛合作与信息共享。维尔山的马车轮酒吧，工程师们常在那里相互交换意见，传播信息，马车轮酒吧由此被喻为'半导体工业'的源泉。"因此，应以促进创新和创意活动发生为导向，对空间进行智慧化改造，以非正式的交流空间和场所支撑创新创意活动。比如，在盖普公司（GAP）的办公室设计中，拆除了IT部门的固定办公座椅和高墙隔断，提供全时段的网络连接支撑，以提供一个开放空间，集思广益，鼓励协作、面对面交流。另外，应重视通过搭建依托互联网的新经济新技术平台，组织线上沙龙等创意产品发布平台，为更多的创客提供介绍产品的机会，促进创意产品的推广。

3. 运用智慧技术，支撑创新基础设施和服务供给

建设创新互联和智能管理的智慧城区，通过创新公共服务平台、智慧校区、智慧型社会服务、智慧基础设施等举措，服务创新人才需求，支撑"知识杨浦"建设。

（1）建设杨浦知识创新公共服务平台

建立知识创新、文化创意及服务为特色的信息资源共享与技术支撑平台，关注大数据等先进技术及服务的应用。应对创意人才需求，将公共服务管理的职能由传统经验主义管理模式向理性主义管理模式转变，运用智慧化处理方式进行政府的资源统筹、数据跟踪、日常管理、突发事件、意见征询等事务。

（2）建设智慧校园

高校作为"知识杨浦"建设的核心资源，其智慧化建设也更加重要。智慧校区的建设应突出在校园智慧环境建设、学校综合信息发布、智能校园交通、智能监控等方面。学校综合信息发布，可通过网络平台实现信息展示、重大活动和政策宣传、校园讲座活动预报和引导、课程安排和教室引导等活动。校园智慧环境建设，将满足学校教学、科研、管理、生活与服务要求的开放性、协同化运行支撑环境，为校内外各类人员提供完善的个性化服务支持，为学校的教学、科研和管理提供完善的智慧化运行环境。智能校园交通引导可提供校园停车泊位与引导服务，应用GPS定位系统和校园电子地图，利用实时车辆检测技术实现校园停车泊位的智能引导；公共自行车租用服务，依托校园卡，向师生提供公共校园自行车服务。智能监控及远程集抄将增加校园的安全保障措施，实现楼宇用水、用电、用气的远程集抄和实时监控；实现实验室用能的智能监控等。

（3）利用智慧支撑手段，促进大学功能外溢至城市

大学功能外溢，是提升城市整体创新创意氛围，建设创新型城区的重要措施。通过智能化、信息化手段，实现高校核心功能外溢，实现高校服务社会的重要职能。一方面，利用信息化手段，推进产学研用结合，加快科研成果转化，提高高校服务经济社会发展的能力。另外，面向社会公众开展学科教育、科普教育和人文教育，提高公众科学素质和人文素质，推动学习型社会建

社区互动

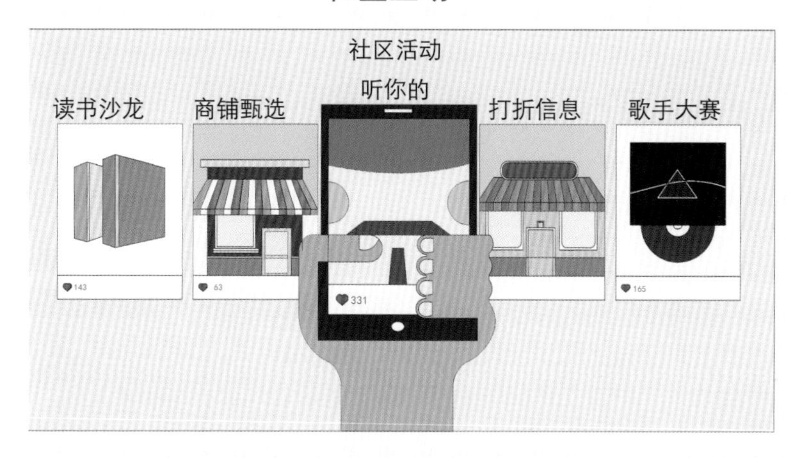

构建自有社交平台，让社区活动听你的

无人抄表

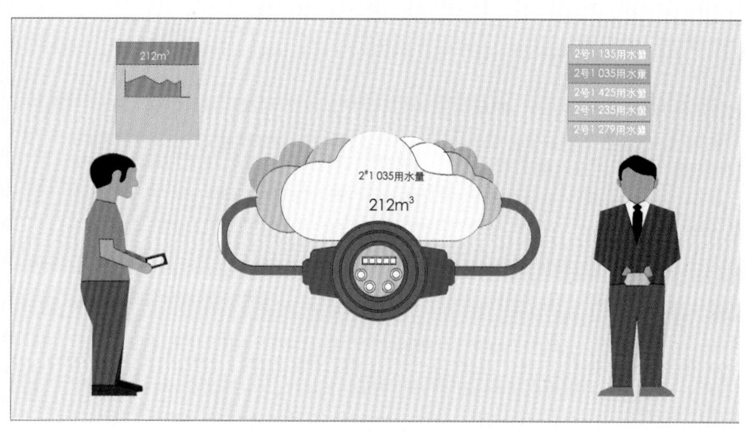

远程查询用水量，轻松实现“无人抄表”

物业监督

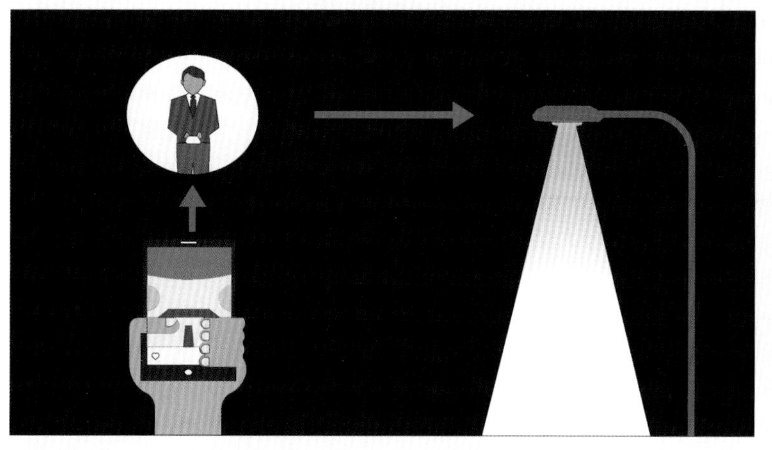

智能监督在云端，物业工作尽在掌握

云端医疗

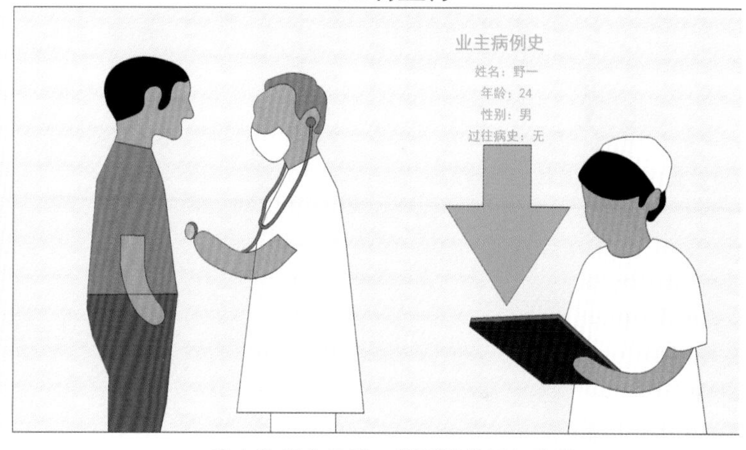

病史数据在云端，就医用药更加高效

7

3.不同阶段企业发展需求统计
4.上海中心城八区从业人口学历结构
5.2012年上海市各区境外人口占全市总境外人口比重
6.杨浦区人口年龄结构分布图
7.智慧化改造的创意人群居住社区功能示意图

设。在“知识杨浦”中，通过鼓励部分学术交流活动、科研活动的外溢，激发城区创新氛围，提升城区整体文化氛围。

（4）政策支撑

提供多元政策包、配套多元创新基础设施系统、策划多元化创新活动，供给多元化充足的创投资本和平台。例如，制定金融激励政策包，鼓励集聚更多国际化创投资本；鼓励银行针对创新型企业、中小企业专项服务；鼓励线上金融服务，建立融资实时平台，促进融资的便利性；鼓励金融创新；完善融资法律等；企业激励政策包，鼓励支撑更多企业家交流会、优化创业孵化项目、优化国际企业入驻相关政策；场地供给政策，保证充足且低成本的场地供给、通过城市更新鼓励更多公共场地供给。

四、结语

人才、企业、基础设施与服务三大创新要素对“知识杨浦”的建设至关重要。以创新创意活动的特色需求为导向，以智慧化支撑为重要手段，激活人才、企业及基础设施和环境三大创新要素。具体措施包括，通过对存量空间资源的智慧化改造，适应创新创意人才的空间需求；构筑创新创意企业的生态网络；以智慧技术打造杨浦知识创新公共服务平台、建设智慧校园、利用信息化等支撑手段，促进大学功能外溢，带动城市创新。

参考文献

[1] 杨浦区总体功能定位和空间战略研究[J]. 2014.

[2] 甄峰，王波. 建设长三角智慧区域的初步思考[J]. 城市研究，2012. 5: 74－77.

[3] 辜胜阻，杨建武，刘江日. 当前我国智慧城市建设中的问题与对策[J]. 中国软科学，2013. 1: 6－12.

作者简介
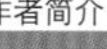

赵力生，上海同济城市规划设计研究院规划师，国家注册规划师。

DT时代的城市变革及规划应对初探
——以社区公共中心为例

An Elementary Study on the Responding of Planning to Urban Changes in Data Technology Era
—A Case Study of Community Public Center

杨 虎 魏亚亚
Yang Hu Wei Yaya

[摘 要] 人类社会在经历了工业化和信息化发展后，正从IT时代（Information Technology Era）走向DT时代（Data Technology Era）。DT时代不仅仅是技术的大爆发，而是正在引领整个社会思想观念的转变，其透过当前正在不断完善的"云、网、端"新信息基础设施，通过"互联网+"理念不断颠覆着我们身边的各类传统行业和业态，也在不断改变着我们城市发展的轨迹。DT时代，规划应如何应对？本文试图从DT时代的特征及影响入手，以城市社区级公共设施的应对措施为例进行探讨。

[关键词] DT时代；城市变革；规划应对；社区公共中心

[Abstract] After the development of industrialization and information technology, the human society begun to the Data Technology Era from the Information Technology Era. Data Technology Era is not just a large outbreak of technology, but also change the entire social ideology, through its developing new infrastructure of information as "The Cloud Computing, Internet and The Client" and the "Internet plus" concept, Constantly subvert the various types of traditional industries and formats around us, and Change the trajectory of our urban development. In Data Technology Era, what's the responses of urban planning? This article attempt an elementary study on the responding of urban planning in community public center, from the characteristics and influence of social in Data Technology Era.

[Keywords] Data Technology Era; Urban Change; Responding of Urban Planning; Community Public Center

[文章编号] 2016-73-P-026

1.适应DT时代的C2B模式示意图
2.佩雷斯技术浪潮周期理论
3.城市传统空间模型与扁平化空间模型对比示意图

一、正在到来的DT时代

经济学家卡洛塔·佩雷斯（Carlota Perez）通过分析历史上发生的五次技术革命提出，每个技术革命都有两个阶段："构建阶段"（Installation Phase）和"部署阶段"（Deployment Phase）；前一阶段，技术进入市场，基础架构建立（如铁路发展，汽车实现批量生产等），后一阶段，技术开始被社会广泛采用并引领新一轮的社会大发展（如铁路时代的美国西部大开发，汽车时代的郊区化、购物中心等）。

正如人类已经走过的两次工业革命，当前"云计算+大数据"的快速发展将替代"计算机+软件"时代，实现信息技术的第二次腾飞，万物智慧互联将推动人类社会的大变革，正如马云所说，"人类正从IT（Information Technology Era）走向DT时代（Data Technology Era）"[①]。

当前，我国的云计算技术也已处于世界前列[②]，而随着国内云计算、大数据基础设施的迅速完善，互联网、物联网基础设施的强势突破，以及智能终端、APP应用的异军突起，中国的"云、网、端"[③]新信息基础设施正快速形成并得到应用，中国正在追赶美国并迈向全新的"DT时代"。

二、DT时代城市发展的变革

1. 基础变更——经济范式发生转变

DT时代，云计算服务将像电力一样普及，人们借助DT技术可以最直接的方式解决问题，如商家透过DT技术会比我们自己更知道自己想要什么。到那时，DT技术将构建下一代经济生态系统，数据成为社会的主导生产要素，整个社会思想观念及经济范式都将发生转变。

2. 模式更替——C2B模式成为时代特征

工业时代，形成了大规模标准化生产和大众化营销的B2C模式。进入DT时代，以消费者个性化需求引领的C2B模式才是商业的未来，即：以个性化营销捕捉碎片化、个性化需求，以数据低成本、全流程贯通为基础实施拉动式配销，柔性化生产快速及时满足市场需求，即足货，又能实现零库存。

3. 城市发展的变革

（1）办公多元化——智慧、融合、共享的办公空间兴起

一方面，DT技术能够支撑起社会大规模在线协作，这使得人们工作起来更加灵活，办公空间也将呈现小型化、分散化和便利化等趋势。

另一方面，办公空间还趋于和城市其他场所融合与共享，如办公空间与居住空间（SOHO）、城市产业区（LOFT）、生态休闲空间的结合（EOD）等，当前还出现了"第三空间"等新形式，其兼具工作、休闲、交往和学习等多重功能，如图书馆、咖啡吧及社区中心等，为居民提供共享的活动场所，增强了居民相互间的交流，从而对城市的发展产生影响。

（2）消费个性化——越来越重视人的体验

DT时代，纯粹以购物为目的的活动将被更加便捷的电商所取代，消费者在注重产品性价比的同时，对服务质量和主观体验的要求则会越来越高。商业空间不再仅仅是一个提供交易的场所，更重要的是一个让人身心得到放松、同时得到特定体验的场所。

（3）产业社会化——产业空间需求更加灵活多样

DT时代具有强大的在线动员和协作能力，创客、极客、众包、远程协同合作等创新形式不断涌现，虚拟网络的创新组织与实体场所结合，正是互联网推动创客空间、创业社区等创新空间形成的内在动力，尤其是鼓励个人和草根创新的创客空间，可以激发更多的人群参与创新活动，具有社会化创新的特征。

（4）城市扁平化——社区公共中心地位提升

工业时代，距离是衡量物质和空间传导的标

尺，其结果就是对应不同的空间范围，形成不同等级的空间节点。DT时代，数据技术成为社会核心生产要素，由于信息自由发布和获得的非等级化，使得各节点之间机会趋于均等，距离被消解，传统等级化的空间模式也将被扁平化和网络化的空间模式所取代。

在这个过程中，城市的社区公共中心除了保持原有的生活服务功能外，还会承担起各种分散和转移的新功能，可以预见，未来城市社区级公共中心节点的地位将得到提升。

（5）开放、共享的时代精神

数据资源的非排他性和互联网的开放性，决定了DT时代开放、共享的时代精神基础。而通过互联网和云计算关联的社会大协作将大家紧密联系在一起，相互关联，又相互配合，DT时代将形成以开放、共享为主导的时代精神。

三、DT时代的规划应对——以社区公共中心为例

1. 社区公共中心将成为变革的先锋

一方面，未来DT技术像电网一样能实现最基层的连接和服务；另一方面，DT时代以消费者为核心，越能优先满足消费人群，其DT化进程也就越早。社区公共中心是离城市居民最近又能提供较完善生活服务的基层单位和城市节点，DT时代对城市的改变也将从社区公共中心开始。

2. 社区公共中心的规划应对策略

（1）不断创新和整合社区的基础设施

DT时代城市居民活动对社区基础设施网络的建设提出了更高的要求，尤其要整合信息通信网络、交通、能源及物流等设施，从而适应居民生活的新需求。

以物流设施为例，DT时代物流配送的及时性变得尤为重要，为提高配送效率，针对社区级物流设施将呈现两方面趋势：一是城市级物流仓储中心分解为片区级仓储、分拣中心，并向社区边缘靠近；二是居住区甚至住宅内提供新的集中收发设施，改变当前分散、低效的状况。未来在规划中应在社区层面考虑预留和应用地，小区配套或住宅设计也应考虑相关设施的配置。

（2）创造开放、活力的社区公共空间

社区公共空间是社区整体体验价值的重要依托，也是社区各类公共设施的空间延伸和体验拓展，DT时代的社区公共空间应该充分体现开放和活力，满足未来人们的多元化需求。

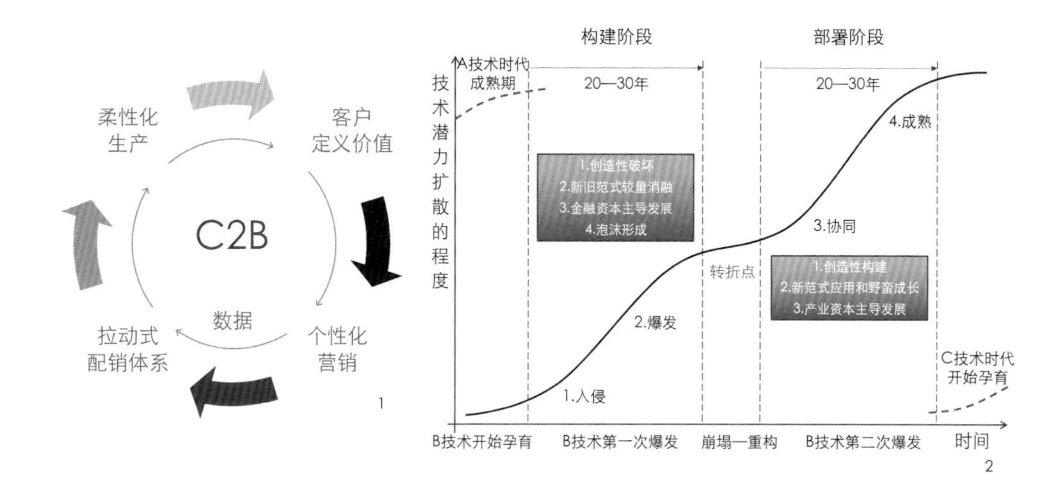

1　2

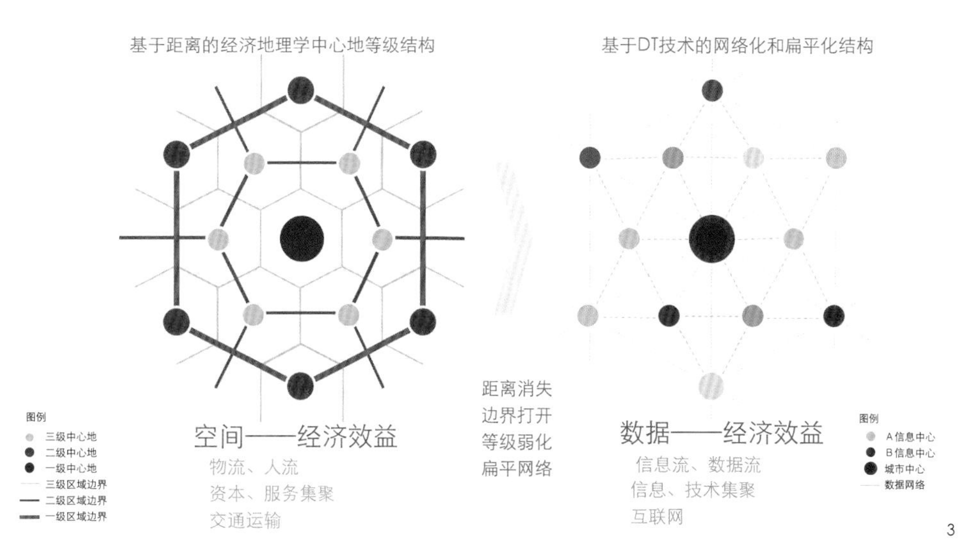

3

表1　工业革命和信息革命的阶段对比

技术革命	构建阶段				部署阶段			
	本质	技术应用	代表国家	社会效果	本质	技术应用	代表国家	社会效果
工业革命	动力革命	蒸汽机	英国	英国跨越式发展	能源革命	电力汽车	美国	美国一战后的黄金年代
信息革命	IT革命	计算机软件	美国	美国引领全球发展	数据革命	互联网云计算大数据	美国 中国	智能化社会的到来

表2　不同技术时代的经济范式对比

技术时代 主要内容	工业时代	信息经济第一阶段IT时代	信息经济第二阶段DT时代
基础设施	电网、交通网	数据中心、互联网	互联网、云计算、智能终端
投入要素	资本、劳动力、技术	“信息”开始体现价值	“数据”成为核心要素
代表性产业	汽车、钢铁、能源等	IT产业，以及被IT化的各行业	DT产业，被DT化的各产业，DT驱动的产业融合
核心商业主体	大企业主导，追求垄断经营	大企业主导，大企业利用IT技术，支撑起高效的供应链协同	小企业和消费者主导，透过高效低成本的DT技术，支撑起大规模社会在线协作
经济形态	规模经济，产品为价值载体	规模经济＋范围经济，以服务和解决方案为价值载体	范围经济，体验经济（以体验为价值载体）
商业模式	B2C[④]	最高至规模化定制	C2B[⑤]
组织模式	泰勒制[⑥]	传统金字塔体系受到冲击，各类流行的管理理念此起彼伏	云端制[⑦]（大平台＋小前端）
文化习惯	管理与控制	管理与组织	开放、分享、透明、责任

4.上海K11商城：商场＝艺术村
5.上海喜马拉雅中心商城：农耕文化体验
6.上海某商场：加装巨型滑梯

这个过程也是不断创新的过程，例如，窄马路、小街坊与开放式街区的结合能增加社区公共空间的商业界面和公共活力；又例如，社区公共空间中的公共开敞空间的丰富、多元和精细化组织，也能提升社区公共空间的活力。

（3）强调混合、多元的社区服务功能

DT时代随着城市居民生活、工作、休闲、消费模式等的一系列转变，人们对社区公共中心提供的服务需求也将变得更加多元。一方面，居住、办公、休闲功能的混合成为一种趋势，未来社区公共中心中类似"第三空间"等新形式将不断出现；另一方面，社区服务的体验提升也将成为潮流，以社区商业为例，DT时代体验价值超越商品本身，商品的本质变成承载趣味和文化的中介，社区的商业空间应是文化与趣味的容器。因此，规划应在社区配套要求中更加灵活的应对。

（4）柔性的社区规划控制与智慧管理

DT时代，常规等级化、标配化和强制实施的社区公共设施配置方式已经不能适应时代需求，我们需要探索和创新更加柔性的规划管控方法。如在配套设施的控制上，由面积控制转变为指标控制，又如在社区公共实施的用地配置上，提供更多混合、兼容的可能。

此外，DT时代我们拥有更多、更精确和更低成本的方式进行规划实施数据的收集和分析，社区公共中心在规划实施过程中也应充分利用新时代的技术优势进行信息跟踪和智慧管理，在过程中不断优化和调整，形成一套柔性、高效的规划控制和管理方法。

四、结语

面对越来越快的人类科技发展及其带来的变革，规划也应该不断调整自己的思路和方式以适应时代的发展。对于DT时代的变革及其给城市发展带来的影响，虽然，仍有不确定性，但也有部分变化正在我们身边发生，从身边做起，先由社区级开始，自下而上推进新时代城市变革的实现，也许是规划实践的一条较佳路线。

注释

① 2014年3月在北京举行的一场大数据产业推介会上，阿里巴巴集团创始人马云在主题演讲中率先发表了他的这一最新观点。

② 2015年10月28日，Sort Benchmark在官方网站公布了2015年排序竞赛的最终成绩。来自中国的阿里云用不到7分钟（377秒）就完成了100TB的数据排序，打破了Sort Benchmark的排序竞赛全部4项世界纪录。Sort Benchmark是一个专门从事排序基准评估的非营利机构，该机构每年都会举办一次国际顶级排序基准评估比赛，被认为是计算界的奥运会。

③ "云"是指云计算、大数据基础设施；"网"不仅包括原有的"互联网"，还拓展到"物联网"领域；"端"则是用户直接接触的个人电脑、移动设备、可穿戴设备、传感器，乃至软件形式存在的应用，是数据的来源，也是服务提供的界面。

④ B2C是Business to Customer的缩写，其中文简称为"商对客"，本文中指传统的商家面向消费者销售产品和服务的商业零售模式。

⑤ C2B是Consumer to Business的缩写，即消费者到企业，是互联网经济时代新的商业模式。这一模式改变了原有生产者（企业和机构）和消费者的关系，和我们熟知的供需模式恰恰相反。C2B的核心是以消费者为中心，消费者当家做主。C2B产品应该具有以下特征：第一，相同生产厂家的相同型号的产品无论通过什么终端渠道购买价格都一样，也就是全国人民一个价，渠道不掌握定价权（消费者平等）；第二，C2B产品价格组成结构合理（拒绝暴利）；第三，渠道透明（线上线下模式拒绝山寨）；第四，供应链透明（品牌共享）。

⑥ 美国管理学家泰勒于1911年正式出版《科学管理原理》一书，开启了人类管理学新纪元。"泰勒制"即泰勒提出的管理制度，它至今仍是支撑现代社会中各个组织运作的基本构件，被认为是"美国对西方思想做出的最特殊的贡献"之一。

⑦ 云端制是信息化时代企业甚至社会管理变革的方向，它与泰勒制的层层管控和适用庞大的组织不同，而更多建立在个人或小团体的基础上，透过不同的平台，再通过互联网及数据技术实现社会大协作，从而更容易实现个人价值和高效灵活。

参考文献

[1] 连玉明．DT时代：从"互联网+"到"大数据×"[M]．北京：中信出版社，2015．

[2] 佩蕾丝，田方萌，等译．技术革命与金融资本：泡沫与黄金时代的动力学[M]．北京：中国人民大学出版社，2007．

[3] 席广亮，甄峰．互联网影响下的空间流动性及规划应对策略[J]．规划师，2016（4）．

[4] 阿里研究院．新经济十大议题[J/OL]．http://i.aliresearch.com/img/20160318/20160318184202.pdf．

[5] 阿里研究院．DT观察 | DT化进程持续展开：未来十年科技是什么样子？[J/OL].http://www.aliresearch.com/Blog/Article/detail/id/20908.html．

[6] 阿里研究院．激活生产力：DT时代的模式升级与范式转移[J/OL]．http://i.aliresearch.com/img/20151228/20151228174514.pdf．

[7] 新华网．看李克强如何布局"中国制造2025"[J/OL].http://news.xinhua.net.com/politics/2016-01/31/c_128688663.htm．

[8] 曾舒怀．基于互联网思维的城市商业空间规划思考[Z]．上海：上海同济城市规划设计研究院，2014．

作者简介

杨　虎，上海同济城市规划设计研究院，主任规划师，注册城市规划师，工程师；

魏亚亚，上海中森建筑与工程设计顾问有限公司，中级景观设计师。

县域电商经济发展初探
——基于“互联网+”构建县域产业生态链模式

Preliminary Study on E-commerce Economy Development of County
—Construction of the County Industrial Ecological Chain Model Based on the “Internet Plus”

田 炜
Tian Wei

[摘　要]　“新常态”下，电商经济已成为众多县域经济发展与转型升级的新引擎。本文对现有的县域电商经济模式进行介绍和总结其主要存在问题，在此基础上提出了基于“互联网+”的县域产业生态链模式，并对其模式的各环节进行具体阐述，从而构建一个县域电商产业的孵化平台。

[关键词]　县域；电商经济；互联网+；产业生态链模式

[Abstract]　Under the background of “new normal” economy, electricity economy has become the new engine of lots of counties’ industry transformation and upgrading. First introducing the practiced electricity economy models of different counties and summarizing the main existed problems, the article put forward constructing a model of county industrial ecological chain, and specifically elaborating each links in this chain. By that we build up an incubation platform of county’s electricity industry.

[Keywords]　County; Electricity Economy; Internet Plus; Model of Industrial Ecological Chain

[文章编号]　2016-73-P-029

一、背景

我国县级行政区划约有2 900个，县域国土面积占全国国土面积93%，县域人口约9.6亿，占全国总人口70%；从经济总量上看，县域经济[①]的GDP总和占全国GDP的56%，县域经济的社会消费总额约占全国50%。可见，县域具有巨大的发展潜力。县域经济引入电子商务可有效改变农村传统的生产流通方式和消费方式，推进县域经济繁荣，改善城乡居民生活。县域电子商务在广义上是指县域范围内以计算机网络为基础，以电子化方式为手段，以商务活动为主体，在法律许可范围内所进行的活动过程；狭义上是指网络销售和网络购物，即通过网络完成支付和下单的商业过程。拥有巨大消费人群的县域市场正逐步成为电子商务发展的新增长点，同时电商经济也已成为县域经济转型发展的新引擎。

李克强总理在2015年3月的两会《政府工作报告》里充分肯定了“互联网+”之下的创业创新，从“互联网+”到“双创”的联结，代表了国家层面的战略意图。2015年5月，国务院出台《关于大力发展电子商务加快培育经济新动力的意见》，进一步明确电子商务的战略地位；同年11月又出台《关于促进农村电子商务加快发展的指导意见》，提出到2020年构建起完善的农村电子商务市场体系。“郡县治，天下安”，县域经济作为国民基本单元，具有十分重要的地方，各级党委、政府历来都十分。对各级政府而言，执行“互联网+”及“农业电商”上升为重要工作内容之一。如何构建起符合县域特色的电商体系，也成为各地政府谋划的重要课题。因此，认清县域电商经济发展趋势，总结借鉴已落地实践的县域模式和发展路径，在此基本上提出符合县域特色的电商尤为重要。

二、县域电商经济发展概况

1. 发展现状

从2003年至2013年，县域电子商务发展经历了三个阶段。第一阶段是起步阶段（2003—2005），县域电商经济规模小、增长缓慢；第二阶段是小规模增长阶段（2006—2009），县域电商经济扩大，持续、快速增长；第三阶段是规模化扩散阶段，县域电商经济规模明显扩大，每年新增网商规模巨大。2013年，在淘宝和天猫平台上，从县域发出的包裹约14亿件，县域接收的包裹约18亿件[②]。可见，一方面县域通过互联网对接到大市场将产品销往国内外，另一方面，县域通过互联网释放了巨大的消费能力。

据阿里巴巴研究中心数据显示，2013年县域网购消费额同比增速比城市快13.6个百分点。随着县域企业和消费者应用电子商务日益广泛和深入，电子商务对于县域经济和社会发展的战略价值日益显现。另据商务部发布的《中国电子商务报告（2014）》，电子商务已成为国民经济重要的增长点。2014年我国电子商务交易总额增速是国内生产总值增速的3.86倍，全年网络零售额增速较社会消费品零售总额增速高37.7个百分点。

近几年农村的电子商务已经形成相当的规模。从交易额来看，2013年B2C网络零售市场的总交易规模达18 851亿元，同比扩大43%，而农产品电商的交易额占其份额仅在3%左右，有待深入挖掘的市场潜力巨大。与2012年相比，总交易规模增长48.6%，增速很快，市场空间宽阔，发展前景十分可观。

2. 积极意义

就县域而言，发展县域电商经济有以下几方面的积极意义。

（1）为县域“大众创业、万众创新”创造新平台

返乡创业的年轻人为县域经济的转型升级提供强大的动力。

（2）为农民增收开辟新途径

电商把生产、销售便捷地联系在一起，减少中间环节，投资成本低，帮助农民增收。

（3）为转变农业发展方式提供新切入点

电商把盲目的农业生产逐渐转向依靠市场来定位，拿到订单再生产，从根本上避免了销售困难。

（4）为县域消费市场开拓新增长点

农民消费能力随着收入水平增长而提升，在农村消费环境不尽如人意的大环境下，电商为县级以下消费品市场提供了便捷通道。

（5）为县域经济转型培育新动力

电商在农村的发展不仅是渗透到传统产业之中，更是深刻的影响与再造，甚至是催生农村新的产业，这是农村传统产业模式不可想象的。

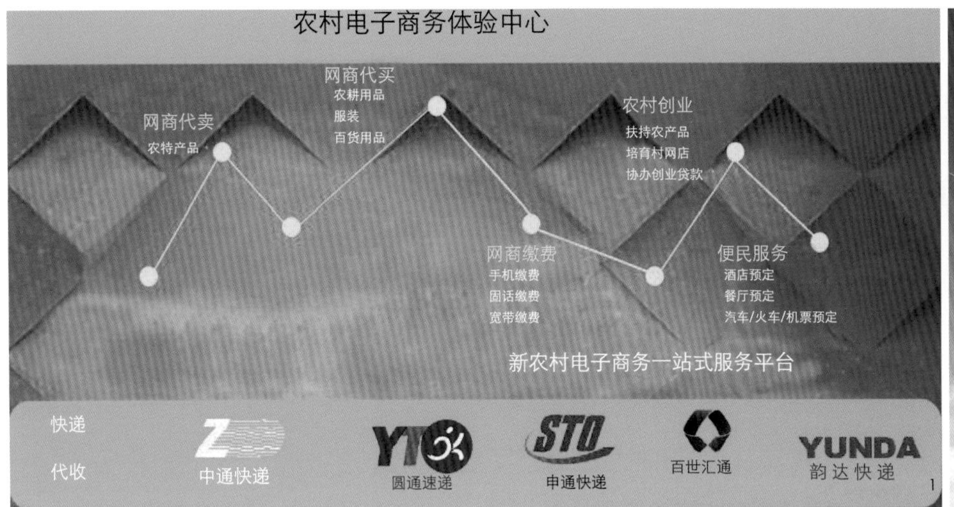

1.农村电子商务体验示意
2.互联网 + 农业
3.22县域电商发展阶段
4.2010—2015年中国电子商务交易额及增长情况（单位：万亿元，%）
5.农产品电商占网络零售的市场份额
6.县域电商经济三种模式

三、县域电商经济发展模式及存在问题

1. 发展模式

通过对国内比较成功的县域电商模式的研究，可以将县域电商经济发展模式归纳为三种模式，分别为一县一品模式、县域产业生态链模式和外部资源整合模式。

（1）一县一品的模式

集中围绕一种特色产品或品牌为切入点，政府、企业、社会组织等通过营销型官网、微营销、全民淘宝等形式合力营销推广，进行品牌化经营。另一方面，对当地特色产品增加知识产权保护意识，加大相关质量标准建设（国标、行标等）。线下技术标准建设与线上行业互联网销售渠道平台建设相结合，实现对当地特色产品产业链的衍生和完善。

（2）县域产业生态链模式

通过内部或外部招商对县域产业的整个生态系统进行规模化孵化（也称之为孵化式招商）。这种模式的优点是一种流程模式，而不是具体的形式。该模式的优点是系统化，容易复制推广，同时会形成县域的独有优势，且一旦形成，县域电商经济会沿着产业生态链进入良性循环，发展更加稳定，持续性也更强。这种模式的难点是需要有较高素质的规划、培训和孵化团队，这对于经济实力一般的县来讲，会有一定的难度。

（3）外部资源整合模式

交通物流便捷的县域以深度补贴及优惠政策扶持的形式将知名或较大规模的电商企业招商到县域，并通过着眼于优化“物流支撑”和“人才支撑”的顶层设计，以整体规模达到放量效应的方式反哺当地地域品牌，从而推动县域电商经济发展，提升整体竞争力。这种形式的优点是可以快速提升县域经济收入，而难点便是这类企业较少，同时从长远来讲，会影响到本地电商的发展。

表1　县域电商经济模式

模式	实践	关键词	主要做法
一县一品模式	临安模式	线上＋线下	立足自己的优势产品坚果炒货，拥有线上的网上批发平台和微信平台，和线下形成“两园多点”，线上线下相互配合齐头并进
	博兴模式	农户＋农民网商	依靠本地盛产草编和土布，让草柳编、老粗布等特色富民产业靠淘宝网实现农民二次创业，成为全国草柳编工艺品出口基地
	成县模式	农户＋网商	全县干部开微博，成立电商协会，齐心协力卖核桃，以核桃为单品突破，打通整条电商产业链，再逐次推动其他农产品电商
县域产业生态链模式	遂昌模式	生产方＋服务商＋网络分销商	依靠“遂昌网商协会”下属的“网店服务中心”整合可售货源、组织网络分销商群、统一仓储及发货服务，在遂昌农产品电商化的过程中起了非常重要的作用
	杨陵模式	互联网＋招商孵化	为招商引入的实体企业进行充“电”工程，通过企业人才培养、跟踪指导、科技授信等一系列软实力提升，扶持企业在短时间内做强做大
	沙集模式	加工厂＋农民网商	由于当地传统产业受宏观经济影响发展较薄弱，因此通过尝试做简易家具电商，走出一条“无中生有”的电商道路
外部资源整合模式	桐庐模式	电商企业＋淘宝散户	通过引入成规模的电商企业，带动当地农村淘宝小散户，形成一批懂市场、会销售、有渠道、知标准的“村淘”队伍
	武功模式	集散地＋电子商务	基于有利的区位和交通优势，借助关中地区重要的交通枢纽和物资集散地，提出了通过电子商务“买西北、卖全国”的战略规划

在国内已落地实践的县域电商模式中，由于各县域情况不一，其电商模式都有各自特点以适应本地域的发展，但均可归纳至上述三种县域电商模式。

2. 存在问题

互联网＋县域电商经济其实质是：依托新的互

联网、物联网、移动互联网及云计算、大数据等技术，通过技术团队的专业化运营服务，构建一个传统商品与消费者之间的可信消费交易平台。将原有的商品流通方式转型成新的商业模式，打通消费者、商品及制造者之间的通道，使其更加高效、透明。但是，有些地方对县域电子商务的理解还过于片面，将县域电商发展简单地等同于建设电商园区，在网上卖产品。

在对县域电商经济发展的认识方面，目前存在着诸多误区，总结起来主要有以下三点：

（1）重硬轻软

在县域电商经济建设中只重视电商园、物流园等硬件设施建设，对电商企业业务经营、推广、人才引进与建设、相关配套服务等软性的孵化支撑服务认识不足。

（2）电商业务的上行和下行发展不平衡

农村电商普遍存在着下行业务（指电商平台下乡，让老百姓买）增长迅速、上行业务（指土特产上网，让老百姓卖）增长缓慢的现象，农产品网络销售难的现实状况仍未得到充分解决。

（3）县域电商模式过于单一

当前县域电商模式过于单一，例如销售型电商多为了营销而营销，招商型模式关注点基本都集中在房租和物流环节。在目前主要的几个县域电商模型中，较少从电商生态产业链的全局角度出发而进行统筹规划。

四、基于互联网+的县域产业生态链模式构建

我国广大地域范围内县域数量众多，情况不一，各具特点，如何因地制宜地选择当地县域电商经济的发展模式，做好县域电商经济发展的顶层设计，是发展县域电商经济的关键。

比较上述三种县域电商经济模式，以杨陵为代表的县域产业生态链模式更具有一般性和推广意义，该模式能在短时间内通过政府引导、市场运作，把县域电商经济的各个环节协同解决，具有很好的参考与借鉴意义。在杨陵模式的基础上，结合互联网，通过云、大数据及物流的增值服务等，本文提出基于“互联网+”构建出县域产业生态链模式。所谓县域产业生态链模式，即通过内部招商或外部招商对县域特色的整个生态系统进行规模化孵化（也称之为孵化式招商）。这种县域电商模式是一种流程模式，而不是具体的形式。构建基于互联网+的县域产业生态链模式，具体实施步骤为：县域电商调研及顶层设计－招商－企业顶层设计—团队培养—孵化跟踪—科技授信。

1. 县域电商调研及顶层设计

通过专业的人员和机构制定县域电商经济发展规划，对当地县域实际的产业环境与电商经济发展条件进行调研，并制定出切实可行的当地县域电子商务与县域经济发展五年规划。从专业角度按照最科学最有效的方法，制订能执行、有前景的县域电商经济发展规划，厘清政府需要做的工作与企业可以做的工作，避免发展中可能出现的误区。

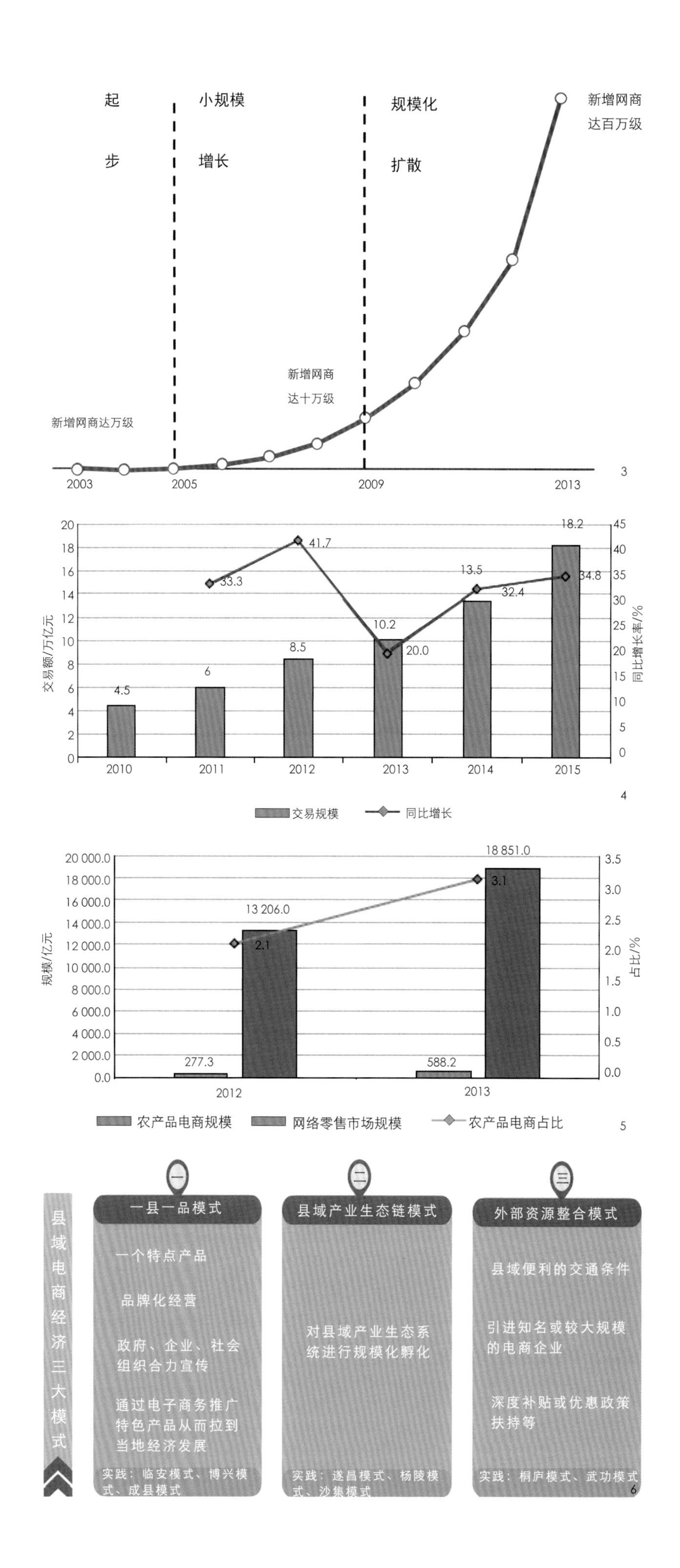

7.互联网＋县域
8.电子商务产业园
9.县域电子商务峰会
10.京东进农村

2. 招商

包括内部招商和外部招商。

3. 企业顶层设计

与专业机构联合建立针对整个县域电商经济发展的孵化平台，聘请全国知名专家及机构，对县域本地电商企业进行电子商务发展战略评估、诊断与顶层规划。专家团队与企业共同针对企业自身情况，及当地县域的相关优劣资源，制订符合企业现状能够落地执行的发展战略。通过帮助企业发展电商，带动当地经济的发展与电商产业链的成熟。

4. 团队培养

针对县域电商经济发展巨大的人才缺口，可以在县域电商孵化平台中增加人才培训孵化的内容。邀请全国知名专家，组织专门的电子商务人才培训，培训内容包括网络品牌建设、C店系列（淘宝、天猫、京东等）建设与运营、营销型官网建设与运营、企业总裁电商战略等内容。帮助县域电商企业人才培养、互联网团队建设。

5. 孵化跟踪

针对电商企业进行互联网＋发展指导与孵化。具体内容为聘请全国知名专家对企业进行为期2年的跟踪指导与孵化，帮助手把手解决电子商务等发展过程中的各类问题，对接发展所需的各种资源。

6. 科技授信

针对农业产业比重较大的地域，可以将互联网、物联网、移动互联网以及云计算、大数据等技术手段与传统县域农业进行融合，实行“电”＋“农”一体化战略。在产前阶段通过电商营销平台的数据，为农业提供预测规划，最终向订单农业发展；在产中阶段通过农业物联网＋农业大数据，形成智慧农业，为农业的种植生产保驾护航；在产后阶段通过物联网检测＋大数据溯源与检测等技术手段，在为高品质的农产品流通提供可信的追溯机制的同时，也为营销端的用户提供了相应的农产品质量保证依据。由此形成的质量闭环，也会在各个环节之中衍生出相应的服务供应商，为整个县域电商经济生态链提供良好的发展空间。

该模式具有系统化、易复制的优点，易于形成县域电商的独有优势，且这种县域电商经济生态系统一旦形成，县域电商经济会沿着县域电商产业生态链进入良性循环，发展更加稳定，持续性也更强。构建电商产业孵化平台，带动电商产业相关配套服务的本地化发展，使县域电商产业真正具备专业的本地化服务并完成商品上行的推广，对县域电商经济的长远发展意义重大。

五、结语

当前，我国县域经济正处于转型升级的关键时期，阿里、京东等电商巨头的战火已经深入县域市场。全国各地出现了模式各异的县域电商经济实践，但县域电商经济依然存在重硬轻软、业务上下行不平衡、模式单一等问题。对比分析三种县域电商经济发展模式后，在杨陵模式的基础上，结合互联网，通过云、大数据及物流的增值服务等，本文提出基于“互联网＋”的县域产业生态链模式，该模式可构建起县域电商产业孵化平台，使县域电商产业进入良性循环，发展更加稳定持续。

可以预见，我国广大县域地区将成为电商经济的主战场，县域电商经济发展前景广阔，电商经济将成为推动县域经济发展的新引擎和增长极。

注释

① 县域经济是以县级行政区划为地理空间，以县级政权为调控主体，以市场为导向，优化配置资源，具有地域特色和功能完备的区域经济。

② 数据来源：《县域电子商务发展微报告》[J/OL]．阿里研究院，2014年 7月。

参考文献

[1] 喻林．县域电商发展[J]．电子商务，2015（3）：24－28．

[2] 牛丽丽．电子商务：县域经济发展的新引擎[J]．辽宁经济，2015（3）：45－50．

[3] 田华．“新常态”下电商促进苏北县域经济大发展[J]．电子商务，2014（34）：66－68．

[4] 牛禄青．县域电商：意义、动向与模式[J]．新经济导刊，2016（3）：44－50．

作者简介

田　炜，上海同度信息技术有限公司，总经理。

智慧城市数据运营的市场化探索
——数据打通和成果输出

Market-oriented Exploration of Data Operation of Smart City
—Data Integration and Results Output

黄 勇 孙旭阳
Huang Yong Sun Xuyang

[摘 要] 智慧城市建设的数据信息面临着条块分割的“信息孤岛”问题，以及数据如何长期有效更新，和数据运营的市场化探索问题。在分析目前我国智慧城市建设数据运营现状、参与主体和服务对象的基础上，本文提出基于城市公民数字空间实现数据互通共享，并面向不同群体进行成果输出，同时探索“两门户、一平台”的市场化数据运营方式。

[关键词] 智慧城市；数据运营市场化；数据打通；成果输出

[Abstract] Smart city construction in Chinese nowadays is facing the problem of how to break the situation of “information silo” and is exploring the market-oriented operation of big data. By analyzing current data operation status in China, as well as the participating subjects and service objects of smart city construction, the article puts forward a scheme of building Personal Digital Space to realize data exchange and sharing, and illustrates the results output regarding to different groups. Thus such “Two portals, One platform” mode which is built basing on PDS becomes a way to explore the market-oriented data operation.

[Keywords] Smart City; Market-oriented Exploration of Data Operation; Data Integration; Results Output
[文章编号] 2016-73-P-033

一、引言

智慧城市归根到底还是城市，它是一个生命体，通过不断地新陈代谢和结构调整、空间优化，得以保持旺盛持久的生命力。从原始聚落到村镇、从初始城市到多功能复合城市、从独立的城市到复杂的城镇群，螺旋上升的过程中其规律与脉络清晰可循。与此同时，城市规划也从见物不见人到以人为本，从机械单一到综合复杂，从一元主导到多元融合，从关注“计划”的落实到关注全面协调的可持续发展。

但如今，城市环境污染、公共服务供给不足、交通堵塞等弊病不断显露出来，某种程度上是由于规划编制的前瞻性不足，导致城市发展的过程中出现超出预期的情况。规划的前瞻性依赖数据的时效性与准确性，国内的城市规划和城市研究工作的数据基础长期依赖官方的测绘数据、统计资料及政府的行业主管部门的数据。而这些数据往往因为时效性较差、统计口径的差异、基础数据的不严谨而导致规划工作难以获得足够的数据支撑。

大数据的收集、整合、优化和应用为智慧城市的建设提供了无限的可能性。借助于大数据，智慧城市可以有效地完善公共治理与服务、推进规划决策的科学性和前瞻性，寻求符合城市发展规律、解决城市病的新方法与新出路。

二、数据运营现状——信息孤岛

海量的数据是智慧城市的基础，它是实体城市的虚拟映射，也存在于网络空间中，通过把遍布城市各处的传感器所采集的信息按地理坐标进行逻辑关联，便可实现城市信息的有机整合。这样既可全面掌握城市各方面的信息，又方便按地理坐标快速检索，一旦发生紧急情况，可以及时应对。信息采集系统所采集的城市相关信息是多种多样的，包括基础地理数据、街景影像数据、三维模型数据、专题数据等。这些数据按性质可分为部件和事件两类：部件是构成城市的静态存在物，如一个路灯或一个管道；事件则是城市的动态反映，如占用道路摆摊等。在智慧城市系统中的各类用户（包括政府、企业和公众）均可以在网络上共享、发布自己的信息，也可以通过网络便捷地获得各类相关信息和服务。

目前，我国的智慧城市建设还处在前期阶段。以政务系统为例，从政务信息化建设的十二金工程开始就是垂直系统管理，所以政务系统普遍存在设计分散、各自运营的问题，部门与部门之间、系统与系统之间由于标准、技术、体制机制等的不统一，难以成为协同的整体，让智慧城市的整体性和系统性打折扣。另外，在很多试点城市中，普遍面临智慧城市的建设和运营主体应该由谁来负责的难题。

公共信息管理机制“碎片化”，跨部门共享和业务协同的工作机制尚未得到有效确立，因此部门间无法实现高效整合和互联互通。具有重要意义的信息数据分散存储于各个职能部门，于是形成所谓的“信息孤岛”。不仅政府部门与社会组织、企业、市民之间的数据流通困难，政府内部间各系统的条块分割也使得信息化数据难以有效共享。因此，信息化系统要实现真正的部门共享，需要一个有效的组织管理者，而这个有效的组织管理者既可以是现有的政府部门，也可以成立智慧城市信息委员会，抑或交由一个企业专门维护和运营，目前，国内各个城市的智慧城市建设都在积极探索中。

三、数据运营构想——数据打通与成果输出

建立智慧城市的数据运营服务体系，首先要明确智慧城市建设的主要参与者和服务对象。目前，智慧城市的主要参与者有政府、用户（法人和个人）两类，主要服务对象包括政府机构、企业和个人，智慧城市的主要参与者和服务对象是统一的。

智慧城市的数据运营服务体系对不同的参与者而言有着不同的实用价值。例如，对政府而言，其价值在于实现政务信息化、提升管理水平、提高工作效率、降低工作负担等；对法人用户而言，其价值在于提供了满足企业用户业务发展、商业运作便利的需要；对个人用户而言，其价值在于满足个人对生活品质提升的需要等。因此，智慧城市数据运营服务体系的建立，需要充分考虑政府、法人用户、个人用户各自不同的需要。本文主要针对个人用户在智慧城市数据运营中所面对的关键问题进行研究与探索。

1. 数据打通新探索——城市公民数字空间

智慧城市和大数据之间是互为依存的，两者的前景固然美好，但当前所形成的数据孤岛使大数据在

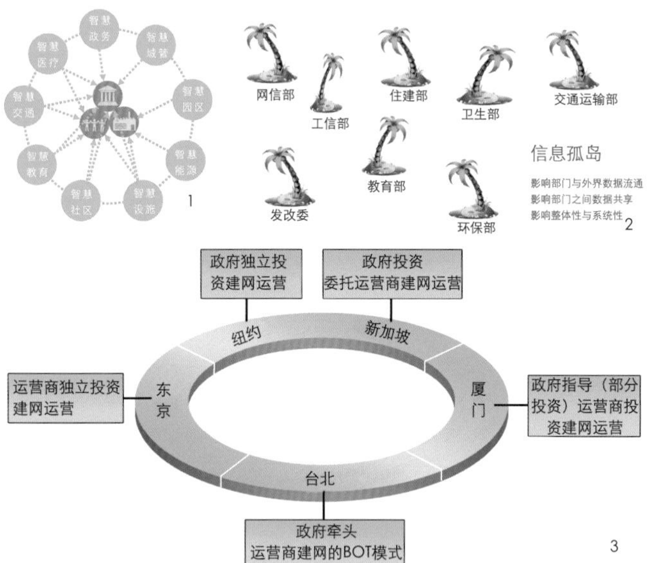

1.智慧城市服务对象
2.信息孤岛
3.部分智慧城市运营模式
4.大数据的应用场景
5.城市公民数字空间的输出
6.数据运营在国内的发展
7.虚拟个人空间的拓扑结构示意图

智慧城市中的应用无法完全发挥。智慧城市既然是实体城市的虚拟映射，就应将数据打通，让各行各业的数据分享、交换简单易行，继而在技术上实现对数据关联性、趋势性的分析，实现价值最大化。在大数据已成为国家战略的今天，大数据正加速在各行各业所应用，比如为人们的购物、出行、交友等方方面面提供帮助，因此，可以将个人相关的各种活动信息数据与服务商合作（应用插件开发商），打造城市公民数字空间并扩展其数据的商业价值。

实际应用中，借助政府推进民生服务的同时可以在网络上虚拟映射一个数字空间，以实名制为基础，为每个市民映射一个私人专属的虚拟空间。在这个虚拟空间，公众可以像在现实世界一样享受政府提供的各类民生服务，参与各类社会活动，并实现与政府及其他社会组织的交流互动。城市公民数字空间的应用服务中心将会类似于苹果的APP Store，政府各个业务部门将对外的民生服务，按具体事项功能操作，生成微APP，接入平台放入应用仓库里，用户通过点击即可随时查阅、申请、办理、跟踪门户提供的全部公众服务，自主订阅个人的健康、社保、公积金、煤气、水、电、有线电视、通讯等方面的服务、账单等信息。

城市公民空间的数据包含就业、健康、教育、住房、社保等民生信息及社交、购物、休闲等生活信息。原则上讲，贯穿一个人的生命周期的所有数据都可以进入个人空间。城市公民数字空间的信息一方面是通过自己对信息的主动维护产生，另一方面是个人通过与政府部门办理事务及参与各类社会活动过程中记录产生。

2. 成果输出

城市公民数字空间将建立起公众、政府服务、应用插件开发者和运营、运维商交互的媒介，为城市的“市民通”建设提供底层核心基础支撑。而其面临的用户包括了消费者、服务提供者、服务开发者、运营、运维者不同的类型，因此，应针对不同的用户类型进行不同形式的成果输出。

从服务消费者角度，城市公民数字空间以实名制为基础，为城市中每一位居民打造一个私人专属的虚拟空间，建立“记录一生、管理一生、服务一生”的个人全景信息电子档案，并提供多终端的便捷访问和个人隐私数据的管理服务。此外，服务消费者还可通过空间的应用服务中心个性化定制所需的政府服务和商业服务。

从服务提供者角度，城市公民数字空间将打造统一的融合服务渠道，将分散在政府各部门的服务资源和社会商业服务资源聚合在一起，形成公共服务资源池，为公众打造应用服务中心。服务提供者可将其对公众提供的服务以微应用形式装入应用服务中心仓库里，公众可通过个人计算机、手机和平板电脑等多终端随时浏览、申请和使用这些微应用，像在现实世界一样在虚拟空间享受服务提供者发布的各类服务，进而实现与政府及其他社会组织的交流互动。

从服务开发者角度，城市公民数字空间将建立统一的应用插件开发标准规范，构建ISV（Independent Software Vendor，独立软件开发者）门户，对向空间提交注册申请的服务开发者进行审核和管理，并为其提供应用插件的开发、测试、部署、更新升级、运维管理等服务。此外，ISV还将提供交流互动的社区，便于服务开发者与空间运维者之间及服务开发者内部的沟通交流。

从运营、运维者的角度，城市公民数字空间将建设空间运营平台和空间运维平台，为在空间上提供商业服务应用的运营者提供类似于苹果APP Store的运营支撑服务，满足收费应用的计费、支付、评价反馈等一系列需求；为空间运维者提供针对城市公民数字空间的后台运维管控服务，除了对空间进行基本的后台管理外，还能够及时发现问题、精准定位故障源、处理和解决问题。

此外，空间汇集的相关数据还可为部分有需要的应用插件提供数据支撑服务。

四、数据运营的市场化探索与效益

数据运营经过了若干年的市场化探索，大数据就是智慧城市的金矿，如今面临着如何合理合规地使用的问题。在当前对市民的数据隐私还没有完善和规范体系的前提下，建议把大数据回归到个人，由个人控制和选择自己的数据如何使用。个人数据与政府各个单位的联接是政府提高民生服务的趋势，也是公民自身的权利。而其综合价值体现在社会效益和经济效益两方面。

社会效益上，基础资源库可以建立人口、法人等基础信息的互联互通标准，整合分散在政府各部门的信息，为电子政务建设提供数据平台，有利于推进本地区电子政务建设。有利于提高政府管理和服务水平，如加强对人口、企业的宏观管理、提高政府对违法犯罪活动的打击力度、有效提升政府办事效率，满足企事业单位和公民个人对人口基础信息的多层次、多类型的长期需求。有利于信用体系建设，通过人口信息跨部门、跨地区的共享和交换，能有效满足政府各部门、企事业单位及公民个人对人口基础信息的需求，为公民信用体系建设打下坚实的数据基础。

经济效益上，通过建设基础资源库，节约政府行政成本，实现为各部门提供基础信息共享和交换服务，节约各部门分头建设人口信息库的成本。节约信息盲点造成的机会成本，可以减少公民在社会活动过程中的信用成本支出，降低政府各部门、企事业单位为防范信用风险而需要的额外支出。此外，可以足不出户地完成各项与人口、企业等信息相关的调研工作，大大节省了以往通过函调、实地核实等方式开展政府事务所需耗费的大量时间成本和经济成本。维护经济秩序，降低金融风险，通过人口基础信息数据库提供的公民身份信息核实等服务，可以在一定程度上降低因信用缺失而造成的金融风险，防范经济诈骗，促进整个社会形成健康、有序的经济秩序。

五、结语

智慧城市将是以城市公民数字空间为核心引擎、以“两门户、一平台”为牵引（“两门户”指个人数字门户和ISV门户，“一平台”指空间运维平台），由政府推进基于数据的智慧城市建设。它将降低传统的部门间数据协调的难度和运维的复杂度，同时，运营机构也为大数据变现提供了技术的支撑，智慧城市的数据运营必然成为“互联网+”城市管理重要组成部分。

参考文献

[1] 李传军. 大数据技术与智慧城市建设——基于技术与管理的双重视角[J]. 天津行政学院学报，2015（4）：39－45.

作者简介

黄　勇，同济大学，建筑与城市规划学院，博士生；

孙旭阳，同济大学建筑设计研究院景观工程院，所长，上海易境（EGS）景观规划设计公司，设计总监。

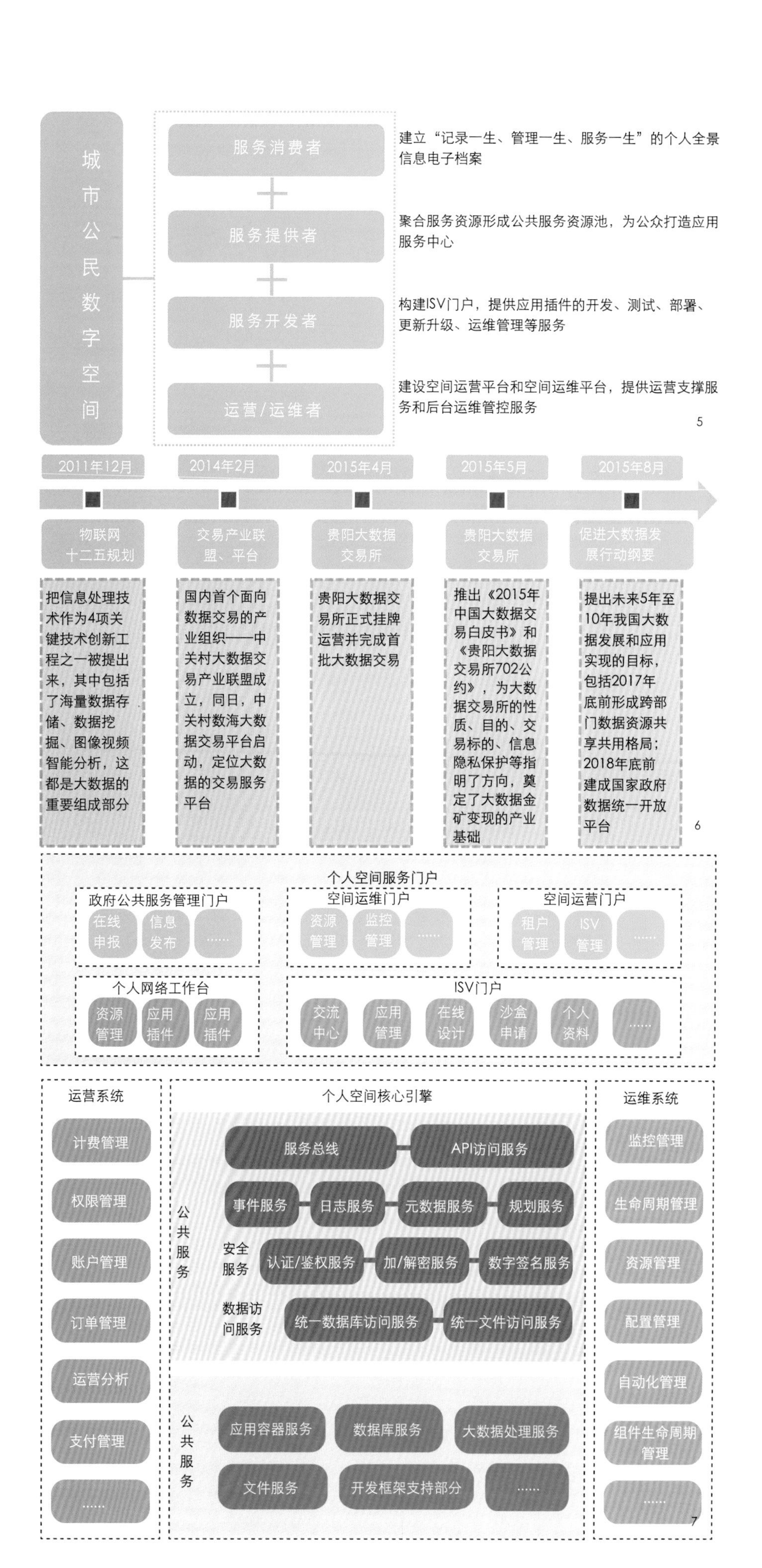

数据增强设计
Data Augmented Design

基于移动设备定位数据的上海职住空间错位研究
Jobs-housing Spatial Mismatch Research of Shanghai Based on Mobile Device Positioning Data

王咏笑 高路拓 汤 舸
Wang Yongxiao Gao Lutuo Tang Ge

[摘　要] 城市人口快速增长导致了城市用地紧张，随之而来的中心城区危旧房改造和城市功能转型进一步推动了市区地价房价上涨，其必然的结果是住宅郊区化发展。然而，就业的郊区化发展速度远远低于人口的郊区化发展速度，造成了就业与居住的空间错位。近年来，随着“新数据环境”的逐步形成，城市研究的数据源也从传统的问卷调查拓展到智能交通卡、手机信令、互联网签到数据等。

本文率先尝试了根据移动设备的APP定位数据，对居民职住地点进行识别，并就通勤特征进行分析的方法。将识别出的职住地点进行可视化后可以发现，上海人口的空间分布呈现从市中心向外圈层性扩散的规律。由于市中心昼间人口远多于夜间人口、新城对人口的吸纳能力不足，上海的职住空间错位程度非常高，且错位程度最高的是内环内和中心城周边地区。

从通勤的总体情况来看，基于移动设备APP定位数据测算，得到上海市居民日常通勤的中位数距离为6.7km。居住地离市中心越远，平均通勤距离总体呈现增长趋势。上海市的高频通勤路径集中在中心城区、外环沿线和新城的部分地区，沿轨道交通2号线、1号线、6号线、9号线形成了若干条城市通勤轴。

鉴于上述研究结果，提出了加快产业结构调整、在市中心增加人才公寓和公租房的建设、加强中心城以外地区的轨道交通网络建设等三条建议。

[关键词] 职住空间错位；通勤距离；移动设备定位；上海

[Abstract] Under the pressure of rapid urban population growth, factors including lack of urban construction land, reconstruction of shabby buildings in city center, and transformation of city functions, has led to a rise in urban land prices and a trend of population suburbanization. However, the pace of job suburbanization is far below population suburbanization and therefore jobs-housing spatial mismatch has occurred and is worsening in Chinese metropolis.

In recent years, the gradually formation of "new data environment", has being greatly expanding data sources of urban studies. Except from traditional questionnaires, smart transport card data, cellular signaling data, and Internet signing data has been collected and applied in researches of urban problems.

This article identified Shanghai residents' job and living locations, and analyzed their commuting characters, as the first attempt to investigate such problems with large-scale mobile device APP positioning data.It could be found out that the distribution of Shanghai population presents outward diffusion from the city center. It appeared to be a less optimistic vision of Shanghai's jobs-housing spatial mismatch problems, according to the significant imbalance of daytime-nighttime population in the city center, as well as the insufficient population absorptive capacity of suburban new-cities. The worst jobs-housing spatial matches occur in inner ring areas and the areas surrounding central areas.

Viewing from the overall commuting performance based on mobile device APP positioning data, the average commuting distance of Shanghai residents is 6.7 km. The farther living from city center, the longer the average commute distance becomes. Moreover, most intensive commute routes lay in central areas, along the outer ring, and partial areas of suburban new-cities. Metro Line 2, Line 1, Line 6 and Line 9 has becoming pieces of Shanghai commuting axes.

According to the results, this paper came up with three advices. Accelerate the adjustment of industrial structure, more construction of talent apartment and public rental houses in city center, and enhance rail network outside city center, should be encouraged.

[Keywords] Jobs-housing Spatial Mismatch; Commute Distance; Mobile Device Positioning; Shanghai
[文章编号] 2016-73-P-036

一、研究背景

1. 职住空间错位问题受到关注和持续恶化

在城市居民的日常生活中，居住与就业是最重要的两项活动。城市居民的职住空间结构是城市空间结构的重要组成部分，而由职住空间分离产生的通勤又是城市交通活动的重要组成部分。因此，准确掌握城市居民的居住地与工作地的空间分布，是众多城市问题与城市规划研究的基础。

随着中国大城市人口数量和市中心人口密度的持续增加，包括上海在内，许多大城市就业与居住的空间错位现象（以下简称职住空间错位）已经实际存

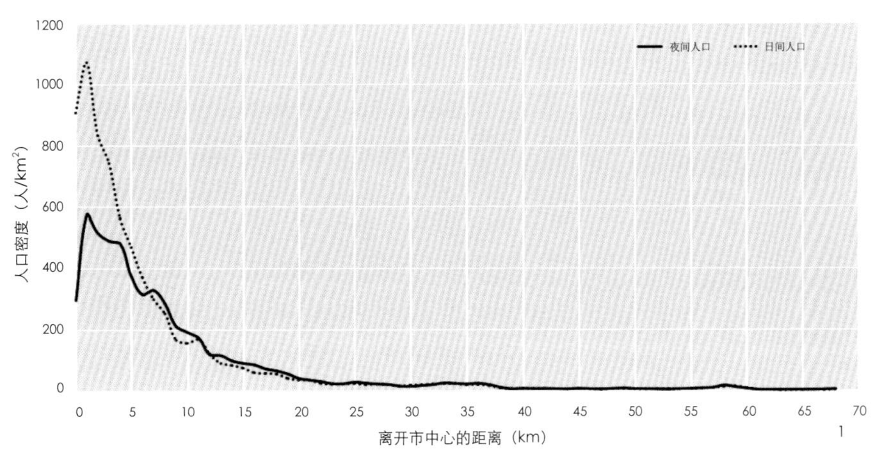

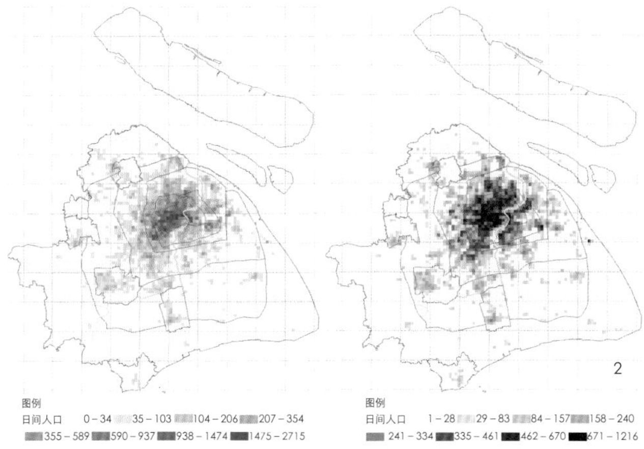

1.上海市昼夜人口密度衰减图（抽样）
2.上海市昼夜人口的空间分布图

在。许多学者认为，导致我国职住空间错位现象的直接原因是在住宅郊区化发展的同时，就业郊区化发展不足。

就上海而言，土地、住房、交通等多个因素很可能推动城市职住空间的进一步分离和错位。从经济规律上看，城市功能倾向于聚集而非扩散，而城市人口的空间扩散速度远远高于城市功能。从上海市现有规划及长期的战略性考虑来看，中心城区（外环线以内区域）仍将继续增加办公用地和商业用地，导致就业密度的进一步提高。同时，由于现有政策对中心城区住宅开发规模和开发强度的限制，市中心的常住人口将进一步减少，新增人口将继续在中心城周边地区聚集。

2. “新数据环境”的逐步形成

2010年以来，随着信息通信技术的大力发展及政务公开运动的稳步推进，智能手机、公共交通智能卡和信用卡等产生的大数据与来自商业网站和政府网站的开放数据共同促进了当前“新数据环境”的形成。而基于移动设备位置服务应用的数据，由于其具有样本量大、实时动态、详细微观、真实可验证等优点，已成为最具研究意义的大数据来源之一，在城市问题研究和商业应用方面具有极高的价值。

截至2016年3月，全国智能移动设备数量达到30亿台，上海智能移动设备数量也突破2 000万台。如此大规模的移动设备用户产生的位置和出行数据，为在传统的调查方法之外、更加全面地了解上海市的职住分布和通勤情况，奠定了数据基础和技术基础。

表1　职住空间错位程度衡量的符号含义

符号	含义
$I^{r}dn$	昼夜人口比例
$I^{l}local$	就近就业比例
JSCi	居住就业空间一致性指数
i	空间单元的编号
$P^{i}d$	空间单元i的昼间人口数
$P^{i}n$	空间单元i的夜间人口数
$P^{i}l$	居住在空间单元i中、居住地-就业地的直线<2km的人口数
Ptd	昼间人口总数
Ptn	夜间人口总数

二、研究方法

本研究的数据来源为上海市移动设备APP定位数据，由北京腾云天下科技有限公司（TalkingData）提供。数据内容为2014年7月至2015年6月在上海出现过的智能移动设备基于APP地理位置服务的GPS定位数据抽样。

本研究使用的数据属于不规则稀疏采样①。不规则稀疏采样的数据沉淀依赖于手机使用的定位权限和事件触发，具有随机性和短期爆发性；然而，当采样时间足够长时，可以在一定程度上克服这个问题，获得较为准确的个体时空特征。

本研究对职住地点的识别是基于“在特定时间窗内高频出现”的思想。具体而言，将移动设备在这一年中沉淀的地理位置信息按日期和小时聚合，统计每个地址在对应时间窗内的出现频率。将工作日的早上9:00~11:30和下午1:30~5:00的最高频出现地点界定为设备持有人的工作地点；将22:00~6:00的最高频出现地点界定为设备持有人的居住地点。为确保识别的可靠性，仅选取了在每个时间窗内出现的频率高于20次、且职住地点距离至少为100m的样本。经上述方法处理后，保留25万个具有较高数据质量的移动设备作为本研究的有效样本。

三、上海人口职住空间分布

1. 昼夜人口密度衰减趋势

上海人口密度在昼间比夜间更为集中和极化。在中心城区范围内，昼间人口的密度峰值比夜间人口更高、衰减速度比夜间人口更快。

上海昼夜人口的密度峰值出现在距市中心②1~2km处。按照25万个抽样设备计算出昼间人口的密度峰值为1 072人/km²，夜间人口密度峰值为573人/km²。假如将这25万个样本近似认为是上海2015年2 400余万常住人口的1%均匀抽样，则可近似推断出上海常住人口的昼夜密度峰值分别高达10.7万人/km²（昼间）和5.7万人/km²（夜间）。

上海人口密度在距离市中心1~10km范围内几乎呈直线衰减，昼间人口密度衰减速度为-99人/km²/km，夜间人口密度衰减速度为-43人/km²/km，昼间人口密度衰减速度是夜间人口密度衰减速度的两倍多。若同样按照1%的抽样比率换算，则衰减速度分别高达-9 859人/km²/km（昼间）和-4 326人/km²/km（夜间）。

距离市中心10~20km范围内，人口密度衰减速度较之前大大减小，且昼夜人口密度衰减速度接近。距离市中心20km以外，人口密度衰减速度变得极

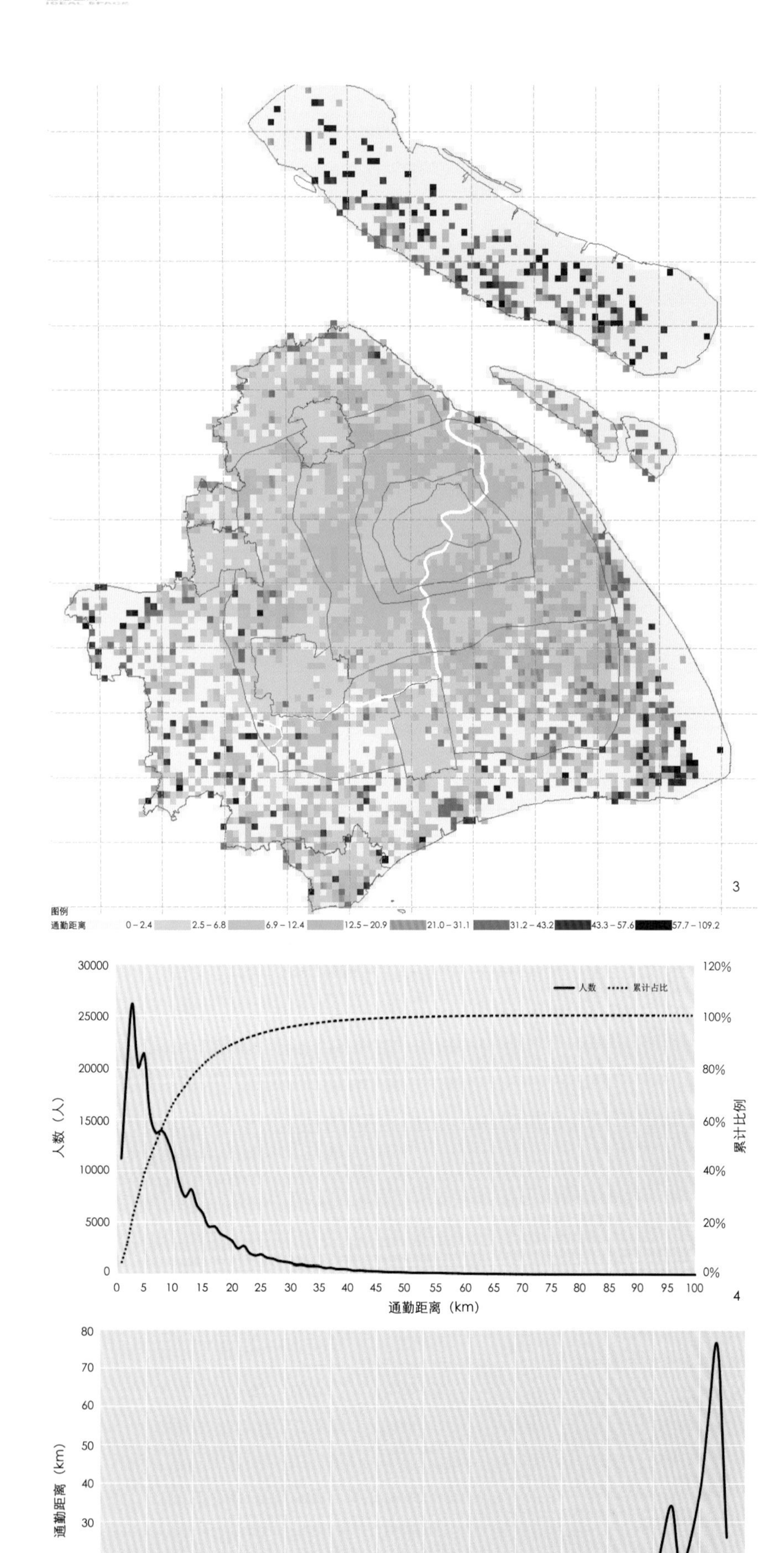

慢，人口密度维持在较低水平。

从人口密度分布来看，中环以内地区，人口均匀密集分布；在中环线以外地区，人口沿轨道交通延展的形态非常明显，尤以轨道交通2号线东段、1号线南段接5号线、6号线、8号线、12号线南段最为明显。新城的部分地区也已经有了较高的人口密度，以嘉定新城北部、青浦新城东南部、松江新城北部、奉贤新城东部和南部最为明显。而金山、临港则未能显示出人口聚集的趋势。

2. 各圈层人口分布

就人口数量而言，65%的昼间人口和59%的夜间人口都分布在中心城区，新城对昼间人口和夜间人口的吸纳比例仅为6%。可以说，新城并没有达到规划中人口疏解和产业疏解的作用，上海的多中心空间体系并未真正形成。

昼间人口的数量和密度都以内环线以内区域最高。内中环、中外环、外环新外环三个圈层的昼间人口数量逐级减少但相差不大，然而，随着圈层面积的扩大，人口密度迅速降低。

夜间人口在中心城区和外环新外环的数量分布非常接近，在新城、新外环郊环和郊环外的数量分布也非常接近。但从密度上看，由市中心向外逐层衰减的趋势仍然是非常明确的。

将各个圈层的昼夜人口数量进行比较。显然，内环内是唯一一个昼间人口多于夜间人口的圈层，中外环和外环新外环则是夜间人口大幅增多的区域，而内中环、新城和新外环以外区域的昼夜人口数量则较为接近。

3. 职住空间错位程度比较

（1）职住空间错位程度的衡量指标

各指标的计算方法如下：

①昼夜人口比例

用于表征某空间单元的昼间人口数量与夜间人口数量的比例。该指标越接近1，则空间错位程度越低。

②居住就业空间一致性指数

用于表征某空间单元的昼间人口数量占全市人口总量的比值与该空间单元的夜间人口数量占全市人口总量的比值之差。该指标越接近0，则一致性程度越高。

③就近就业比例

用于表征实现了就近就业（居住地—就业地的直线距离＜2km）的人口数量占该空间单元的居住人口数量的比例。该指标越接近100%，则空间错位程度越低。

（2）职住空间错位程度总体分布

3.上海平均通勤距离的空间分布
4.上海常住人口通勤距离（抽样）
5.上海市人口通勤距离随着居住地离开市中心的距离变化
6-8.基于移动设备的上海区域早高峰OD图中心城区（8）/新城（6）/外环新外环（7）
9.基于移动设备的上海早高峰OD图
10上海各圈层通勤距离

从昼夜人口比例的空间分布来看，比例高的地区多分布在内环以内的、浦东外高桥—张江地区和新城的部分地区，而比例低的地区则是中心城周边及中心城区以外的轨道交通沿线。

从居住就业空间一致性指数来看，中心城区和新城的部分地区呈现出就业比例远高于居住比例的不一致性，而中环到外环的区域则是居住比例远高于就业比例的高度不一致区域。

从就近就业比例来看，呈现出离市中心越远，就近就业比例越高的现象。中心城区和浦西的中心城周边地区的就近就业比例普遍较低；就近就业比例较高的地区出现在浦西的新外环以外区域和浦东的外环以外区域。

（3）各圈层的职住空间错位程度

昼夜人口比例最高的是内环内，昼间人口约为夜间人口的1.5倍；比例最低的是外环新外环，比值为0.78。内中环、新城和郊环外的昼夜人口比例非常接近1。随着离开市中心的距离增大，昼夜人口比例先减小再增大。居住就业空间一致性指数（JSCI）的变化趋势与昼夜人口比例的偏离情况一致。

全市就近就业比例为14.0%。分圈层来看，就近就业比例最高的是新城（19%），而内中环的昼夜人口比例和JSCI指标尽管与新城接近，就近就业比例却只有11%。

综上所述，上海市职住空间错位程度最低的圈层为新城和郊环外，错位程度最高的是内环内和外环线周边地区。

四、上海人口通勤情况

1. 通勤总体情况

从总体情况来看，上海市民通勤距离的分布情况为正偏态分布③。通勤的平均距离为9.7km，中位数距离为6.7km，有

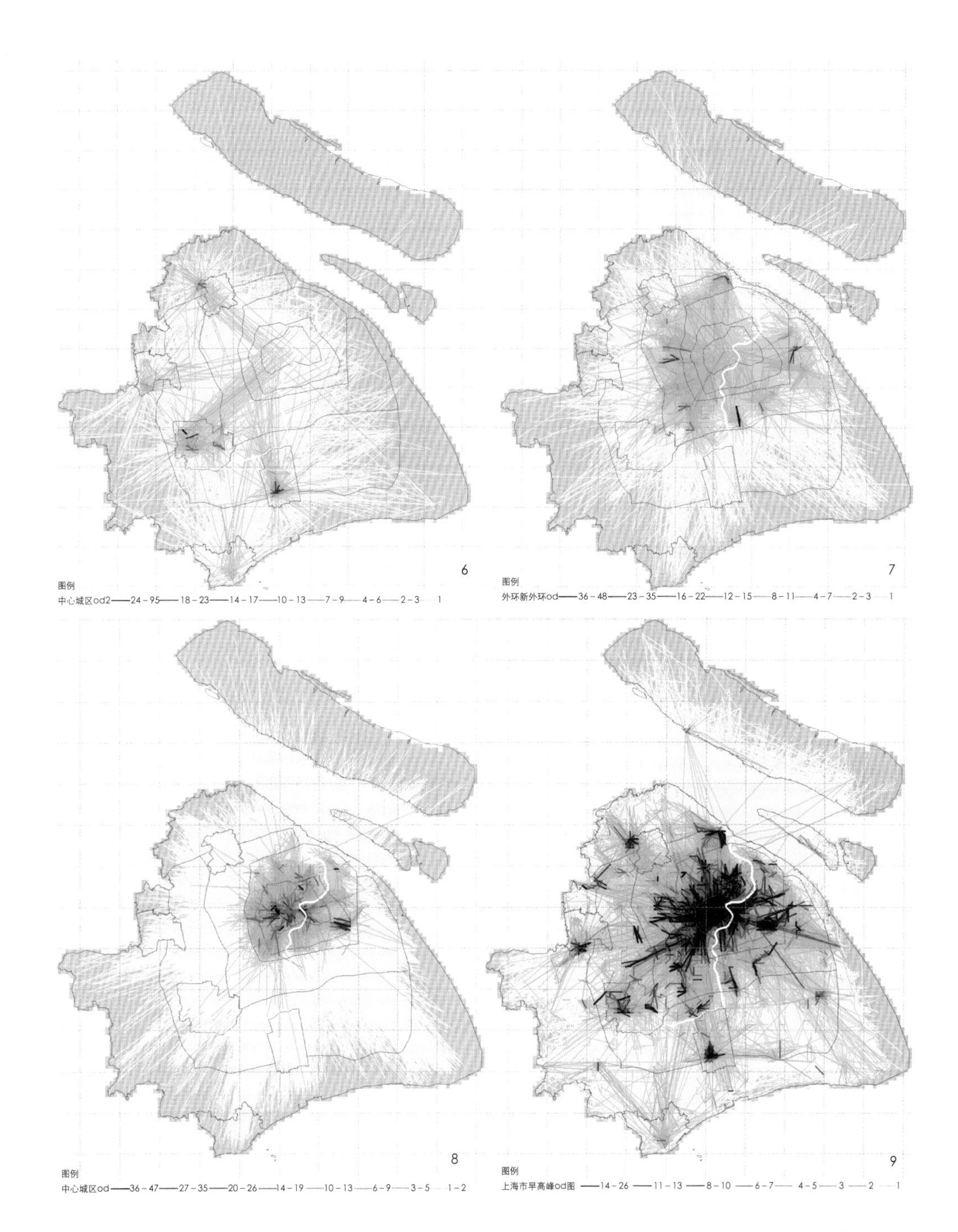

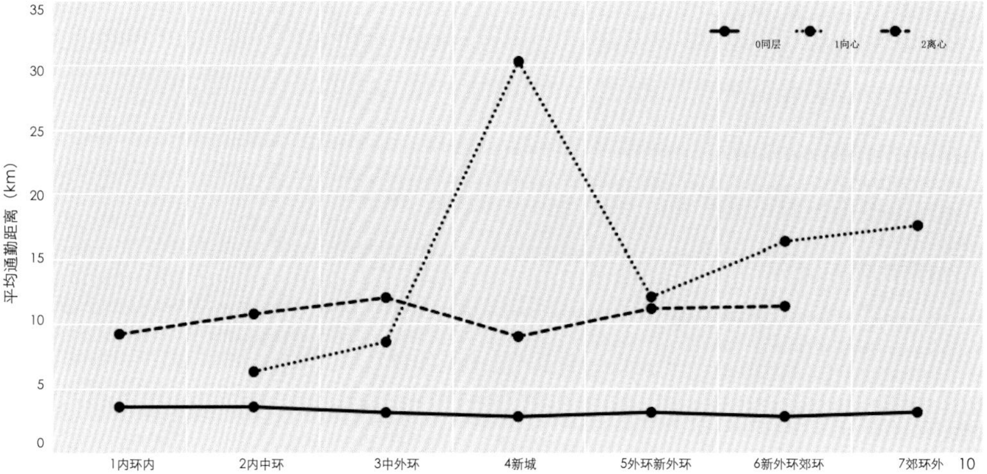

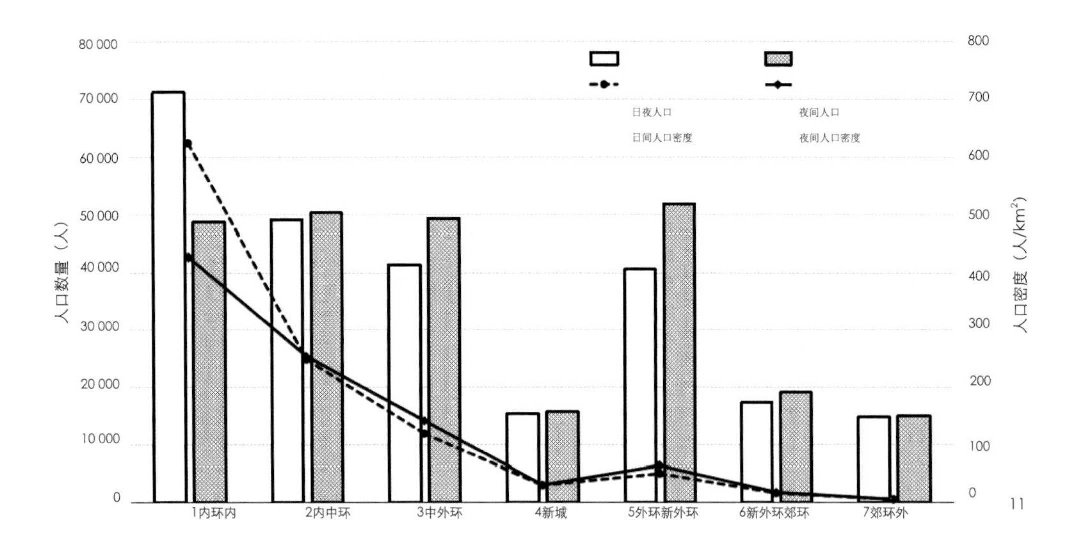

11

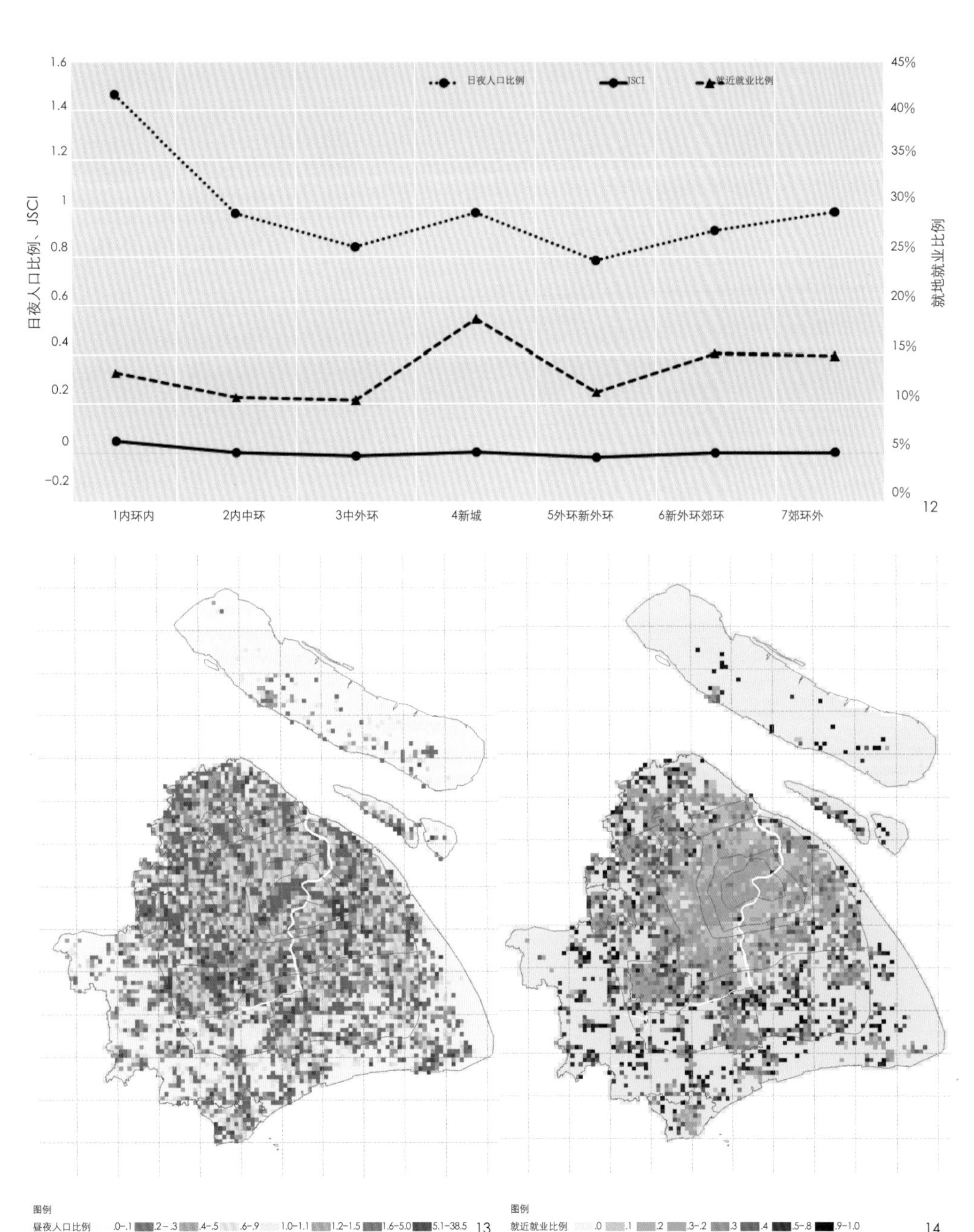

50%的上海居民通勤距离在3.2~12.7km的区间内。

居住地离开市中心的距离越远，平均通勤距离越长。距离市中心0~5km和距离市中心33~37km范围内，平均通勤距离在6km左右，为全市最短。距离市中心6~32km范围内，平均通勤距离先增后减，总体维持在6~10km范围内。离开市中心的距离超过40km后，平均通勤距离的增长速度变快，数值波动也更大。

从平均通勤距离的空间分布来看，以较短距离通勤为主的区域分布在新城、中环以内的浦西和内环以内的浦东。以中距离通勤为主的区域分布在浦西的中环到新外环区域，以及浦东的外环以内区域。以长距离通勤为主的区域分布在远郊。

2. 各圈层通勤距离

结合离开市中心的距离和现有城乡体系，本研究对七个圈层进行了排序：①内环内、②内中环、③中外环、④新城、⑤外环新外环、⑥新外环郊环、⑦郊环外。

本研究将通勤方向分为三类。若就业地点所在的圈层更接近市中心，则界定为“向心通勤”；反之，则界定为“外向通勤”；若职住地点位于同一圈层，则为“同层通勤”。需要说明的是，由于新城在现有城乡体系中的地位仅次于中心城区，故排位在郊区之前。

研究结果表明，同层通勤距离最短的是新城，仅为2.83km；最长的是中心城区，为3.61km。

向心通勤距离呈现出离开市中心距离越远，向心通勤距离越长的特点。而外向通勤距离则不具有显著的空间变化特征。

3. 通勤OD分析

识别出市民的居住地点和工作地点以后，可以绘制出全市早高峰OD图。上海市的高频通勤集中在中心城区，并向多个方向线状延伸，沿轨道交通2号线、1号线、6号线、9号线形成了若干条城市通勤轴。此外，高频短距离通勤还在中心城区、外环沿线和新城的部分地区形成若干组团。

单独看中心城区的通勤情况。中高频通勤集中在中心城区以内，最高频通勤分布在曹家渡、陕西南路、陆家嘴、大柏树、张江等五个地区，以短距离通勤为主。

单独看新城的通勤情况。可以看到，新城有两个主要的通勤方向：新城内部通勤和向市中心方向通勤。高频通勤在新城内部，为短距离通勤；向市中心方向的通勤多为长距离通勤，而中距离通勤较少。新城与中心城周边的通勤、新城之间的通勤非常少。

单独看中心城周边（外环新外环圈层）的通勤情况。高频通勤为向心的中短距离通勤，主要出现在轨道交通2号线西段虹桥附近、2号线东段唐镇附近、8号线南段江月路附近、3号线北段友谊路附近；中频通勤为向心的中长距离通勤，也有一些向新城的中距离通勤。总体而言，中心城区对该圈层的就业吸引力比新城要高得多。

五、结论

研究发现，上海人口的空间分布呈现从市中心向外圈层性扩散和人口密度按圈层衰减的趋势，即“摊大饼”形态。具体而言，上海昼夜人口的密度峰值出现在距离市中心1~2km处，人口密度峰值分别高达10.7万人/km^2（昼间）和5.7万人/km^2（夜间）。上海人口密度在距离市中心1~10km范围内的衰减速度分别高达-9 859人/km^2/km（昼间）和-4 326人/km^2/km（夜间）。

由于市中心昼间人口远多于夜间人口、新城对人口的吸纳能力不足，上海的职住空间错位程度非常高。多个空间错位指标均显示，内环内是就业的主要聚集区域，而中心城周边是居住的主要聚集区域，这两个圈层的职住空间错位程度为全市最高。相对而言，新城的职住就业情况最为均衡。

从通勤方向来看，向心通勤率随着离开市中心的距离而呈上升趋势。从通勤距离来看，上海市居民日常通勤的中位数距离为6.7km，居住地离开市中心的距离越远，平均通勤距离越长。从通勤路径来看，高频通勤路径集中在中心城区、外环沿线和新城的部分地区，并沿轨道交通2号线、1号线、6号线、9号线形成了若干条城市通勤轴。

鉴于上述研究结果，本研究提出以下几项措施，以缓解上海的职住空间错位问题。

首先，加快产业结构调整。上海市建设“全球城市”和“具有全球影响力的科创中心”的要求，意味着科创产业将成为未来上海的支柱产业，吸纳大量的劳动力就业。同时，科创产业又是第三产业中最具有向中心城以外地区疏解潜力的产业。因此，应当鼓励科创产业和科技制造业的发展，同时，为其向中心城以外地区疏解提供条件。

其次，在市中心和就业密集地区增加人才公寓和公租房的建设，为在附近就业的白领提供住宿条件。在特殊情况下，可以给予特殊的建设条件，如适当提高人才公寓和公租房的容积率标准、降低日照标准，提高居住密度，让更多从业人员实现就近就业。

最后，加强中心城以外地区的轨道交通网络建设。尤其是加强外环沿线、新城与新城周边地区的环状轨道交通联系，以吸引人口和产业向新城聚集，并减轻市中心的过境交通压力。

注释

① 移动设备定位采样方式有两种：规则连续采样和不规则稀疏采样。其中，规则连续采样数据的典型代表为蜂窝基站手机跟踪定位数据，数据在时间序列上连续，可以反映个体的空间移动轨迹。不规则稀疏采样数据包括手机通话位置数据、APP定位数据等

② 本文中，市中心指的是上海原点，即人民广场国际饭店楼顶旗杆所在处。

③ 偏态分布是指频数分布不对称，集中位置偏向一侧。若集中位置偏向左侧（数值小的一侧），长尾向右侧延伸，则称为正偏态分布。

参考文献

[1] 冯健，周一星，王晓光，等. 1990年代北京郊区化的最新发展趋势及其对策[J]. 城市规划，2004（03）：13－29.

[2] 马清裕，张文尝. 北京市居住郊区化分布特征及其影响因素[J]. 地理研究，2006（01）：121－130.

[3] Li S. residential mobility and urban change in China[J]. Restructuring the Chinese City, 2013:157.

[4] Huang Y, Deng F F. Residential mobility in Chinese cities: a longitudinal analysis[J]. Housing studies, 2006, 21（5）：625－652.

[5] 张娜. 上海大都市居住郊区化研究[D]. 华东师范大学，2010.

[6] 龙瀛，孙立君，陶遂. 基于公共交通智能卡数据的城市研究综述[J]. 城市规划学刊，2015（03）：70－77.

[7] 郭瓒，甄峰，朱寿佳. 智能手机定位数据应用于城市研究的进展与展望[J]. 人文地理，2014（06）：18－23.

[8] 秦萧，甄峰，熊丽芳，等. 大数据时代城市时空间行为研究方法[J]. 地理科学进展，2013（09）：1 352－1 361.

[9] 敬东，汤舸，高路拓，等. 上海人口空间变迁的现象、原因及后果初探[J]. 上海城市规划，2014（06）：19－24.

[10] 王咏笑，敬东，袁樵. 上海市以功能布局优化带动空间布局优化的研究——从产业空间分布的视角[J]. 城市规划学刊，2015（03）：94－100.

作者简介

王咏笑，上海脉策数据科技有限公司，媒体负责人；

高路拓，上海脉策数据科技有限公司，城市数据团创始人；

汤　舸，上海脉策数据科技有限公司，城市数据团创始人。

11.上海各圈层人口数量和人口密度（抽样）
12.各圈层的职住空间错位程度
13-14.上海职住错位程度空间分布昼夜人口比例（13）/就近就业比例（14）

大数据在徐汇区城市空间研究中的应用与探索

Big Data Applications and Exploration in Xuhui District Urban Space Research

高怡俊 刘 群 高路拓
Gao Yijun Liu Qun Gao Lutuo

[摘　要]　本项目基于大数据，尝试运用与人口分布及人的活动相关的多元维度数据来研究徐汇区现状城市空间，用定量和可视化的分析方法来解读徐汇区的城市空间，并在此基础上形成较为清晰的空间问题框架。这是大数据运用在城市空间研究上的一次全新探索，旨在为城市空间研究寻找新的技术方法，开拓全新视野。

[关键词]　大数据；徐汇区；城市空间研究；应用

[Abstract]　The project is based on big data, which tries to study on the status quo of urban space in Xuhui district by multivariate data of population distribution and people's activities and to interpret Xuhui district urban space with the method of quantitative and visual. From this, a relatively clear space question frame can be formed. This is a new exploration that big data is used in the urban space research, which tries to look for a new technical method for urban spatial studies and to broaden new vision for urban planning.

[Keywords]　Big Data; Xuhui District; Urban Space Study; Application

[文章编号]　2016-73-P-042

1.2000—2010年徐汇区常住人口空间变化
2.2000—2010年徐汇区户籍人口空间变化
3.2000—2010年徐汇区外来人口空间变化

一、研究背景

1. 大数据应用背景

随着互联网发展的浪潮席卷而来，与“大数据”相关的各类名词与概念铺天盖地地涌来。据《2015年中国大数据发展调查报告》，目前，大数据已被广泛应用到政府公共管理、零售业、医疗服务、制造业等领域。

在城市层面，数据也是一种“打开”城市的方式，对于描述动态性与复杂性的城市空间系统具有较强的客观性与有效性。多元数据来源和多种数据分析方法相结合，可用于城市规划的动态监测、辅助决策等，为规划的评估、修编、实施和维护提供支撑。

2. 徐汇区城市空间研究背景

徐汇在2014年完成了总体规划评估后，对核心瓶颈和问题进行了如下总结：空间资源存在局限性；产业发展需要明晰定位；地区发展存在不均衡性；人口疏解的压力；服务设施资源分布呈现不均衡；南北向联系较弱，需要完善道路和路网密度；城市品质有待进一步提升。这些都是在传统规划方法下，通过归纳整理与比较分析而得出的定性结论。

徐汇区规土局希望尝试运用大数据的分析方法，客观地解读徐汇城市空间。以数据驱动的形式促进城市规划方法的提升与改善，提高城市规划的科学性与合理性。

二、建立基于大数据的研究体系

1. 研究思路

对于徐汇区城市空间的研究，是尝试在大数据的支撑下，基于建立的数据评估体系，采用多维度数据来进行城市空间的现状研究，由数据反映在空间上的现象，找到城市空间问题之所在，为新一轮规划修订提供较为客观的依据，进而寻求解决问题的方法。

2. 技术路线

本次研究的基础是多元的数据，数据来源于政府职能部门的公开数据、互联网开放数据和商业数据服务商的商业级数据。前者属于传统数据，后二者属于新兴数据，研究重点致力于尝试用多维度的新兴数据，通过数理统计方法和空间分析方法来分析城市空间问题。

3. 研究框架与数据选择

主要以多维度数据客观地描述徐汇区的空间特征，用数据透视徐汇区的战略发展空间，即寻找人口增长空间、明确产业发展空间、判断公共设施空间、梳理公共绿化空间。

三、徐汇区城市空间研究的数据应用

1. 社会人口空间

（1）人口分布

人口分布研究所采用的是第五次和第六次人口普查数据，以及徐汇区统计局官网发布的年度统计数据。通过ArcGIS的可视化处理，反映人口分布的空间变化，以及人口结构的分布特征。

通过常住人口、户籍人口和外来人口的数据整理，发现外来人口和户籍人口对居住空间的偏好是不同的。田林街道是共同的偏好。外来人口更倾向于选择中部地区（田林、漕河泾、长桥街道）作为居住地，也就是南站附近，这应与南站附近交通便捷、房

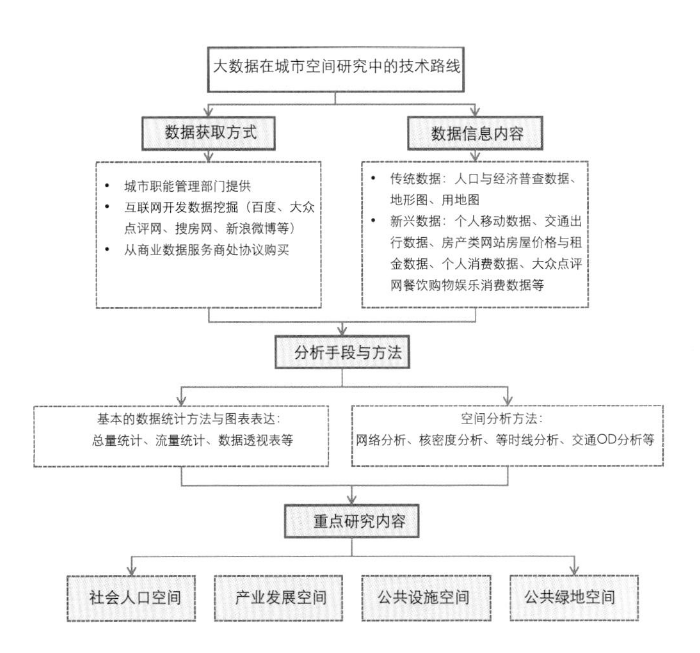

表1　徐汇区城市空间的研究框架与数据选择

社会人口空间	人口分布	基于人口普查数据的人口机构
	人口发展趋势	基于人口普查数据的口趋势与预测
	职住空间	基于个人移动数据的职住空间
产业发展空间	整体经济	基于统计数据的经济数据分析
	核心功能	基于第二次经济普查的核心产业空间
公共设施空间	餐饮	基于大众点评开放数据的空间分布
	购物	基于大众点评开放数据的空间分布
	休闲娱乐	基于大众点评开放数据的空间分布
	银行布点	基于百度地图开放数据的空间分布
	酒店住宿	基于百度地图开放数据的空间分布
	公共医疗	基于百度地图开放数据的空间分布
	学校	基于教育局网开放数据的空间分布
公共绿地空间	绿地	基于绿化局和百度地图开放数据的空间分布

价合适、就业岗位多有密切关系。

从人口六普数据反映出的社会人口结构分布来看，劳动力占比的空间分布基本与老龄化呈现相反的趋势。这个空间分布规律与整个上海市基本一致，呈现出北高南低，由市中心向郊区增加的圈层结构。只有漕河泾开发区是例外，呈现一处劳动力人口高地。并且也与老龄人口对应，是老龄化低地。而青少年人口占比的空间分布规律与整个上海市一致，没有体现出明显的差异性。说明产业空间的集聚的确会影响到人口结构的空间分布。

从本科以上文化程度的人口分布来看，徐汇区内部高学历占比较高的街道主要分布在中西部，滨江沿线的街道高学历人口占比较低。与南四区、闵行、浦东这几个竞争关系较强的区比较，总体人口学历高，在附近区域中具有一定的竞争力。

（2）人口发展趋势

人口发展研究主要基于第六次人口普查数据。数据显示，上海人口老龄化现象严重，保持劳动人口稳定主要靠外来人口的大量迁入。

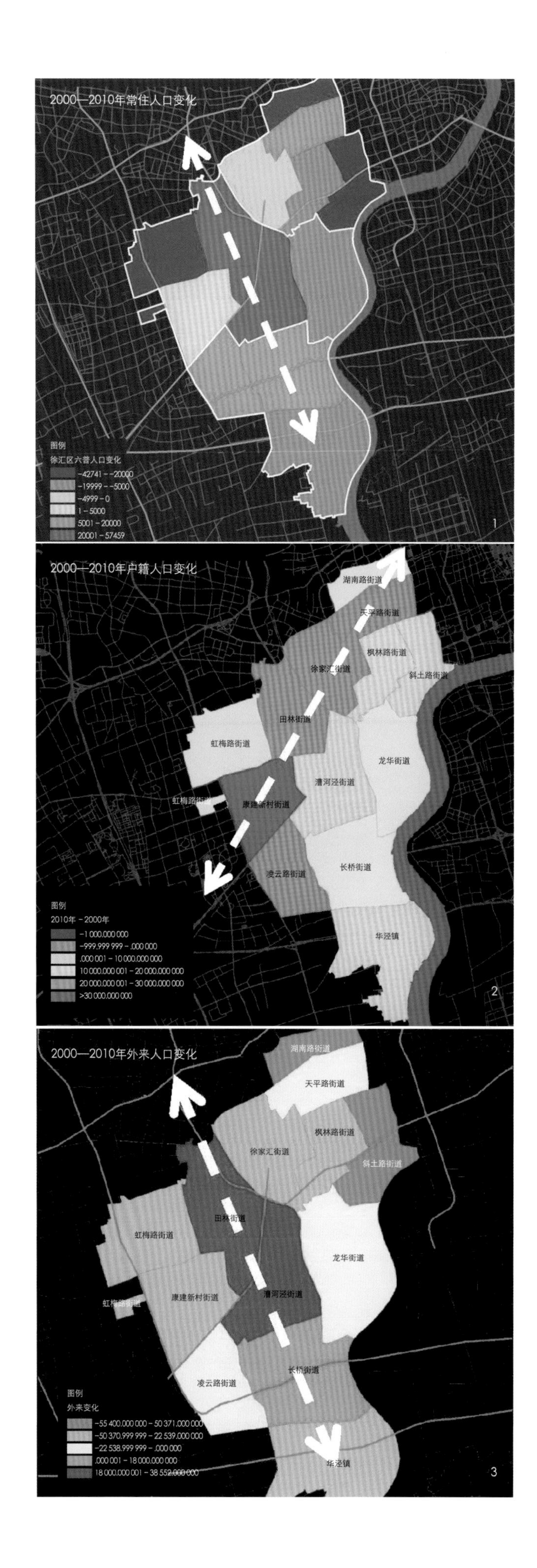

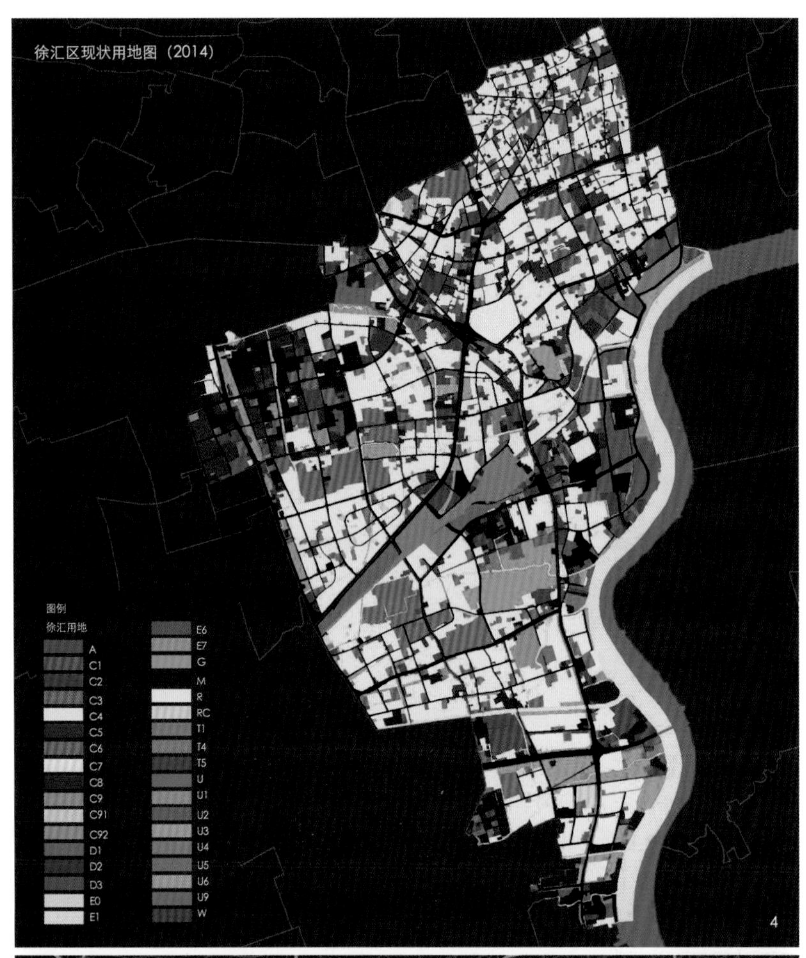

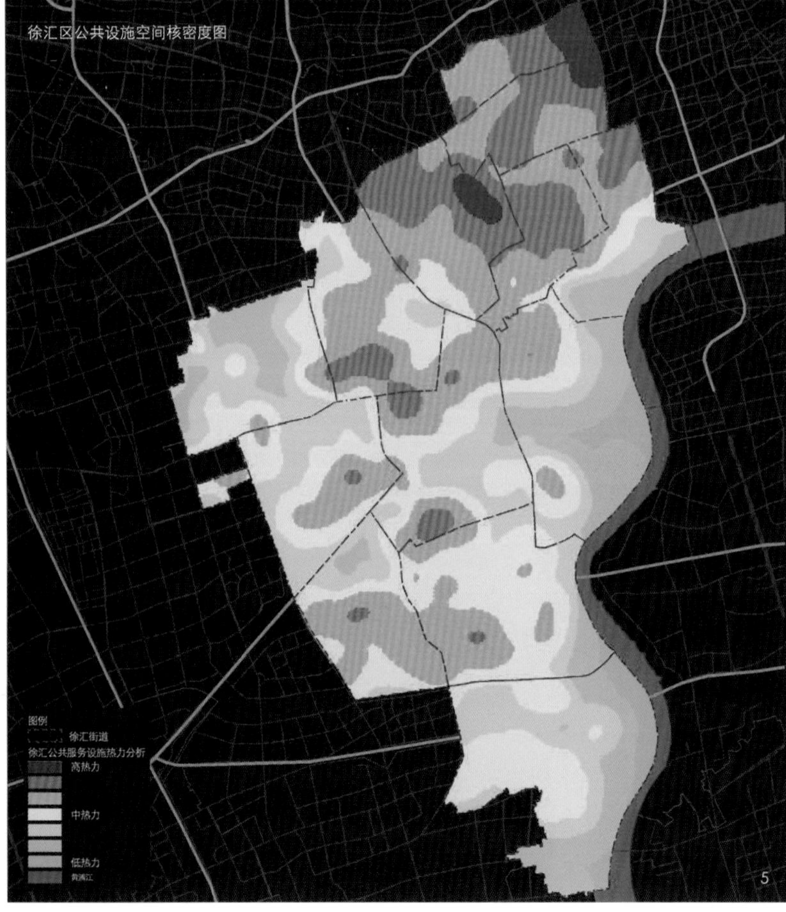

4.徐汇区现状用地图（2014）
5.徐汇区公共设施空间核密度图
6.基于二经普（2008）数据的上海市与徐汇区核心产业功能空间分布
7-9.2010年上海市与徐汇区人口结构的空间分布
10.2010年上海市与徐汇区人口文化程度的空间分布

由于特大城市对人口规模的控制，人口短缺现象将日益显现，老龄化是全市面临的重要挑战。

与全市相比，徐汇区的人口问题更为严重，人口百岁图显示出衰退型与老龄化的人口结构，与其他区县相比属于老龄化高区，未来劳动力缺口大。

如果不考虑外来人口，只计算人口的自然增长，预测徐汇区到2020年常住人口约为106万人，到2040年约为84万人。劳动力人口（20~59岁）的比例将从2010年的69%降到51%，而老龄人口（60岁以上）的比例将从2010年的20%上升到41%。在这种情况下，自然增长的人口是不能满足全区经济社会发展的劳动力需求的。衰退型和较高比例老龄化的特征，与控制人口数量与密度的总目标结合在一起，对于全区经济社会发展是不利的。

（3）职住空间

职住空间的研究采用了个人移动设备数据来反映徐汇区职住空间的现状情况。基于2015年若干个月的个人移动设备数据进行人口通勤分析，筛选出日夜两点出现的高频数据，这类数据能显示个人的居住和就业情况。日夜间人口的增减可以反映职住关系情况。通过解读数据，认为：地区日间人口多表明岗位多，产业功能强于居住功能，夜间人口多表明住宅多，居住功能强于产业功能。

综合徐汇区全区昼夜人口数量变化统计、南中北片区早高峰跨区流动情况统计、1km×1km栅格下昼夜人口分析后发现：徐汇区整体产业功能强于居住功能；中北部徐家汇—漕河泾开发区一线，日间人口较多，显示出较强的就业功能；中南部夜间人口较多，显示出较强的居住功能；滨江的栅格显示出昼夜人口相差不大的情况，与现状进行对比发现，这些空间多为绿化或闲置用地，属于居住和就业都基本为零的区域，并非通常意义上职住平衡的情况。

从之前的人口分布和职住空间研究来看，徐汇区的人口结构与产业发展是密切相关的，这恰巧与《上海市城市总体规划（2015—2040年）纲要》中提出的“以产业结构调整优化人口结构”相适应。

2.产业发展空间

（1）整体经济

产业发展研究数据主要基于统计年鉴和经济普查数据。从整体经济层面上看，2014年徐汇区经济总量处于中心城八区中上游，仅低于黄浦和杨浦；人均GDP处于中心城区中游；三产增加值比重处于中心城八区下游水平，低于南四区中其他三区以及北四区中的虹口区和普陀区。

从产业结构上看，上海市和徐汇区均已进入服务经济时

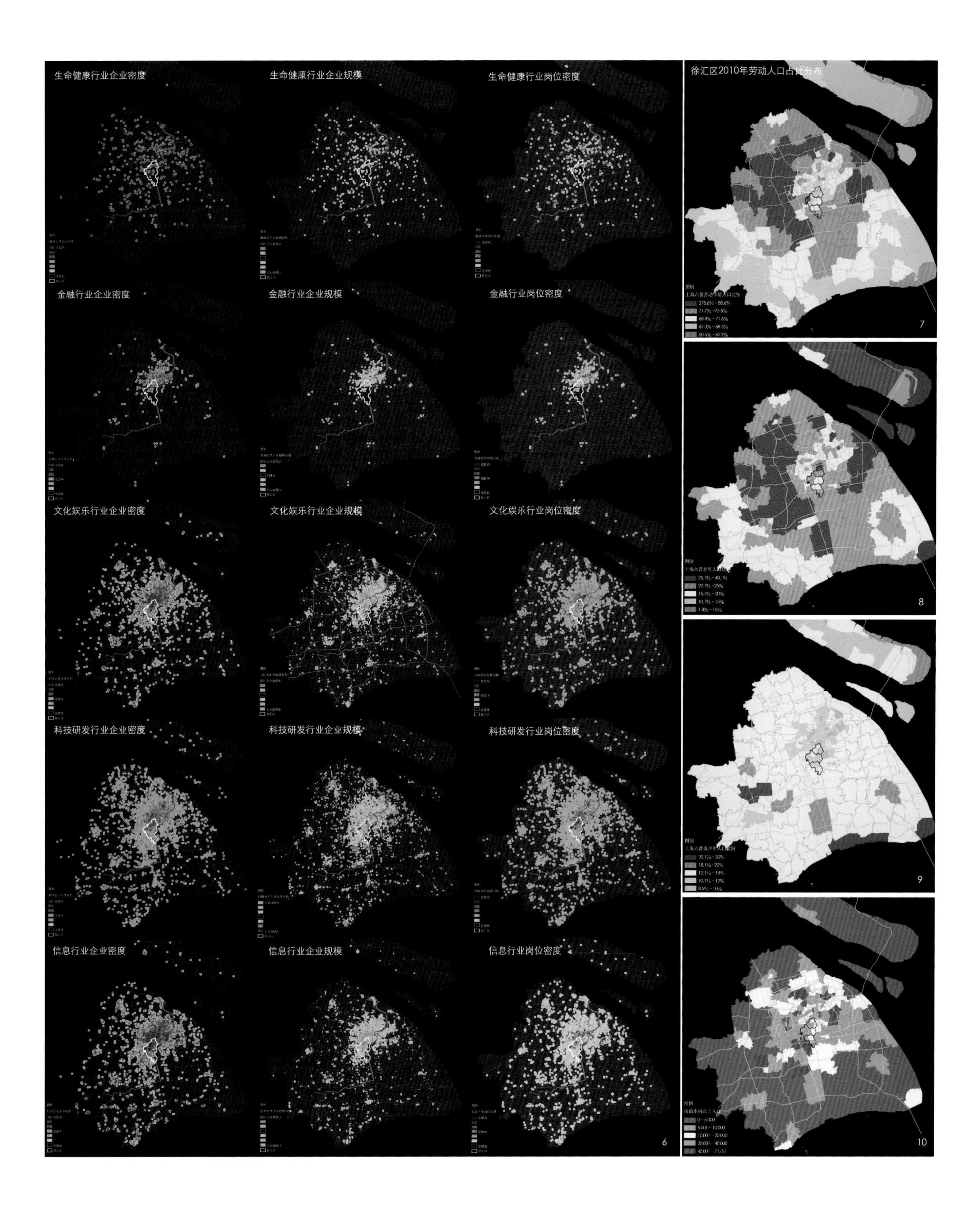
生命健康行业企业密度
生命健康行业企业规模
生命健康行业岗位密度
金融行业企业密度
金融行业企业规模
金融行业岗位密度
文化娱乐行业企业密度
文化娱乐行业企业规模
文化娱乐行业岗位密度
科技研发行业企业密度
科技研发行业企业规模
科技研发行业岗位密度
信息行业企业密度
信息行业企业规模
信息行业岗位密度
6
徐汇区2010年劳动人口占比分布
7
8
9
10

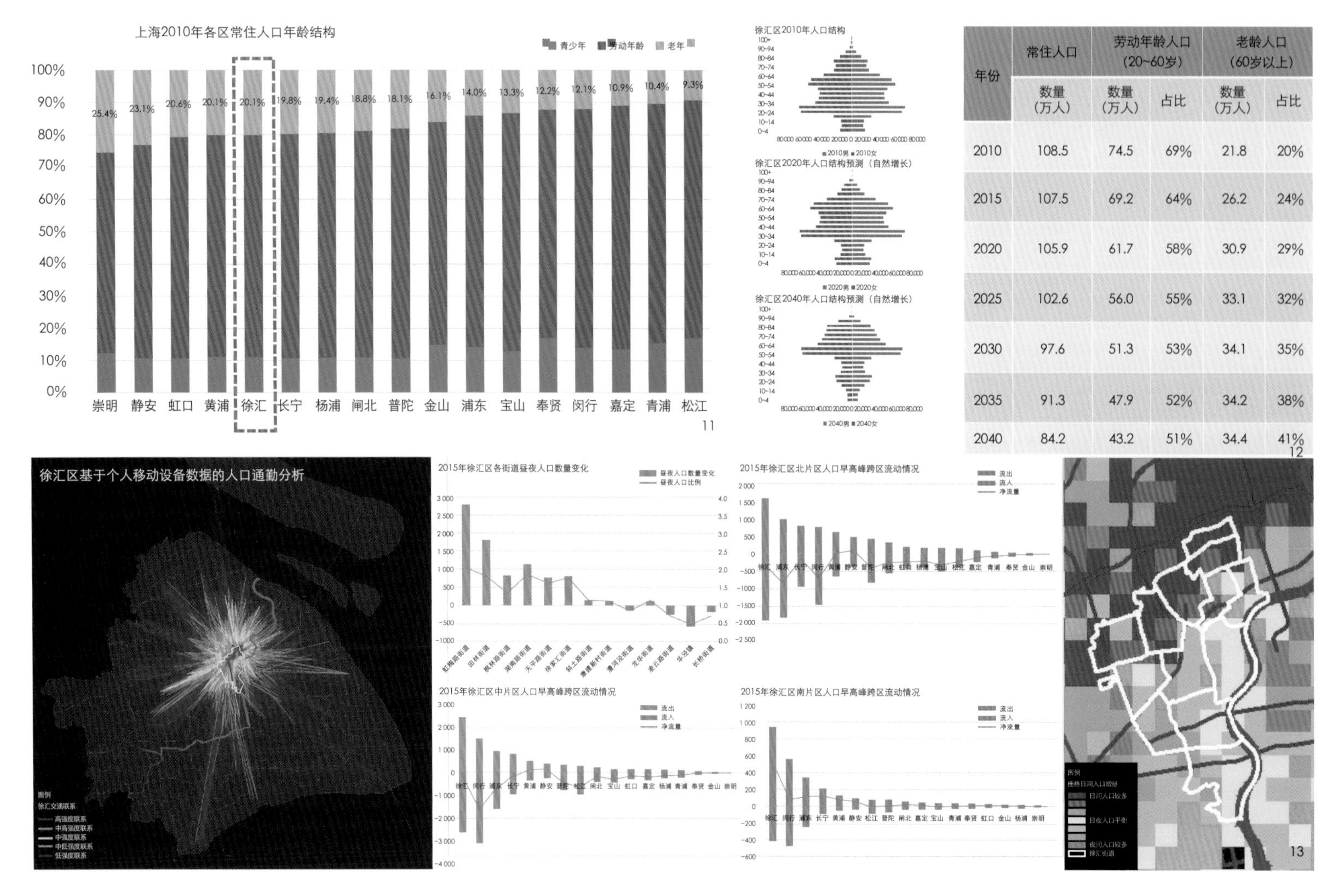

年份	常住人口	劳动年龄人口（20~60岁）		老龄人口（60岁以上）	
	数量（万人）	数量（万人）	占比	数量（万人）	占比
2010	108.5	74.5	69%	21.8	20%
2015	107.5	69.2	64%	26.2	24%
2020	105.9	61.7	58%	30.9	29%
2025	102.6	56.0	55%	33.1	32%
2030	97.6	51.3	53%	34.1	35%
2035	91.3	47.9	52%	34.2	38%
2040	84.2	43.2	51%	34.4	41%

11.2010年上海市各区县常住人口年龄结构比较
12.基于自然增长的徐汇区人口结构预测
13.2015年基于个人移动设备数据的徐汇区人口通勤与昼夜增量分析

代，工业对经济的贡献率较小。徐汇区第三产业增加值占GDP比重达到85%，高于上海市65%的平均值，说明第三产业在国民经济中占极其主导的地位。

2004年至2013年，徐汇区各行业产业结构不断优化，工业比重快速下降，现代服务业比重持续上升。尤其是批发和零售业、金融业、信息服务业等增幅较大。传统优势产业批发和零售业仍占据主导地位。

从第三产业内部各行业占GDP比重来看，徐汇区的信息服务业、批发和零售业、住宿和餐饮业比重均高于上海市平均水平。可以看到以信息服务为主的生产性服务业和以商贸等为主的生活性服务业是徐汇区未来发展的重心。

（2）核心功能

徐汇区“十二五”确定的核心功能是信息产业、生命健康产业、金融服务业、专业服务业、科技研发服务业、文化创意和旅游会展服务业，“十三五”在此基础上有了更明确的选择：信息产业、生命健康产业、文化创意产业、创新金融产业。

徐汇区核心功能发展的研究就以“十二五”和“十三五”中提到的，并能从经济普查行业分类中筛选出来的产业为基础，以企业分布密度、企业规模、岗位分布密度进行空间分析。由于缺乏第三次经济普查（2013）的数据，本次只能暂时用第二次经济普查（2008）的数据做初始研究，研究这种做法的可行性。

从这几个行业的全市空间分布与徐汇区空间分布来看，各具特征。信息行业集中在内环及内环周边，徐汇区内的企业规模不大，漕河泾开发区和徐家汇密度高。生命健康行业在全市的空间分布零散，没有明显的集聚效应，徐汇区内主要分布在枫林和漕河泾开发区。金融行业明显集中在内环以内，徐汇区集中在徐家汇、田林地区，企业规模不大。科技研发行业分布范围较广，内环及周边高度集中，大型企业聚集在陆家嘴地区、曹杨地区、五角场地区、张江高新区、徐家汇地区、漕河泾开发区，出现离散高值点。徐汇区内有两处，这两个区域同为科技研发行业企业密度和岗位密度高区。文化娱乐行业在全市分布较为均匀，并在城区高度集中，徐汇区内主要集中在徐家汇地区，企业规模小，滨江地区有缺失。

总的来说，第二次经济普查数据能够显示出以上几个行业不同的空间分布特征。徐汇区的科技研发行业具有突出优势；信息行业、文化娱乐行业发展布局均衡；生命健康行业和金融行业仍有待发掘自身优势，形成自身的空间特点。

3. 公共设施空间

公共设施空间研究的数据主要来源于2015年百

表2　徐汇区空间问题框架

总结		北片区	中片区	南片区
社会人口空间	人口分布	2000—2010年人口普遍增长，中部的增量较大。人口结构的空间分布规律与整个上海市基本一致，漕河泾开发区（红梅街道）略有不同		
	职住空间	产业功能强于居住功能	产业功能强于居住功能	居住功能强于产业3功能
	人口发展空间	衰退型与老龄化高的人口特征，不利于全区经济社会发展		
产业发展空间	整体经济	处于全市中心城区中上游水平，第三产业具有较大提升空间；传统优势产业仍占有主导地位，现代服务业发展有待进一步提升		
	核心功能	各类核心功能聚集度高	漕河泾开发区是主要的产业功能聚集区	产业空间有缺失，拖后腿
公共设施空间	餐饮	高热力区覆盖范围大，影响范围广	热力覆盖不均匀，地区分布不连贯，较高热力区主要集中在田林、南站地区和梅陇新村，并且，热力衰减程度较大，漕河泾开发区和滨江地区缺失明显	大部分地区缺失明显
	购物			
	休闲娱乐			
	银行布点			
	酒店住宿			
	公共医疗			
	学校			
公共绿地空间	绿地	800m即步行15min覆盖75.9%的居住用地	800m即步行15min覆盖77.2%的居住用地	800m即步行15min覆盖52.3%的居住用地

度地图、大众点评网等互联网开放数据。将这些互联网开放数据转换到地图坐标上，运用ArcGIS进行分项的核密度分析，再互相叠合，以实现对现状公共设施空间的解读。

依据可以获取的开放数据，公共设施在具体内容上可以分解为餐饮、购物、休闲娱乐、银行网点、酒店住宿、医院、中小学等类型。将这些空间要素的现状分布数据叠合，可以形成公共设施空间核密度图。公共设施空间核密度分析与现状用地图中居住及商业用地的位置基本对应，同时，还能反映出这些地区公共设施的服务强度。热力图显示，徐汇区的南北部地区公共设施服务不平衡，并呈现服务强度由内环向外环逐渐衰减的情况。北部高热力区覆盖范围大，影响范围广；中部较高热力区主要集中在田林、南站地区和梅陇新村，并且热力覆盖不均匀，衰减程度较大。在徐汇南部，以及漕河泾开发区、滨江地区，公共设施空间缺失明显。

4. 公共绿地空间

公共绿地空间研究的数据主要基于现状用地图，以及从绿化管理局网站、百度地图上获取的开放数据。将从网站上获取的公共绿地点位与现状用地图中的公共绿地做匹配，筛选出热门的、为公众所普遍使用的公共绿地空间，以覆盖率来判断徐汇区公共绿地空间的服务情况。

研究以徐汇区现状居住用地为底图，用ArcGIS中路网分析的方法，测算筛选出的公共绿地800m（约15min）步行网络覆盖居住用地的比率，可以更直观地显示公共绿化空间对于周边居民的服务效率：800m即步行15min能覆盖69.7%的居住用地。徐汇区南、中、北部均存在不同程度的覆盖盲区，中北部覆盖率高于南部地区。

四、空间特点与问题总结

基于上述多维度大数据对徐汇区人口、产业、公共设施、公共绿地现状情况的空间描述，可以很直观地看到徐汇区城市空间的特点：（1）人口空间与全上海的发展基本一致，产业发展尤其是漕河泾开发区产业提升对人口空间分布呈现一定影响；（2）核心产业功能空间分布南北差异较大，北部的聚集度高，主要集中在徐家汇、漕河泾开发区等区域，南部产业聚集度低，在总体上拖了后腿；（3）公共设施服务南北不平衡，呈现服务强度由内环向外环逐渐衰减的情况，南部地区、滨江地区、漕河泾开发区，公共设施空间缺失明显；（4）公共绿地空间800m步行网络覆盖率整体接近70%，南片区存在较大的改善需求。

同时，根据上述的空间分析可以形成一个更为直观的空间问题框架，更细致地评价各片区的空间情况。

五、不足与期望

在数据类型层面，本研究由于缺少第三次经济普查的详细数据，在产业空间的分析上存在数据时间与研究时间难以契合的缺憾。同时，也缺少徐汇区现状存量和储备用地的数据，很遗憾不能将一些空间问题落到具体地块上提出改善建议，这也是本次研究的缺憾之一。

期待未来能在上述方面有更深入的探索，继续能完善本次研究的内容，使多元数据在城市规划中发挥出更大的潜力与价值。

参考文献

[1] 徐汇区总体规划评估深化[Z]．（2014）．

[2] 上海市徐汇区国民经济和社会发展第十三个五年规划纲要[Z]．（2015）．

[3] 徐汇区近期建设规划[Z]．（2016）．

[4] 徐汇区规划发展战略研究[Z]．（2016）．

[5] 王咏笑，敬东，袁樵．上海市以功能布局优化带动空间布局优化的研究——从产业空间分布的视角[J]．城市规划学刊，2015（03）：94－100．

作者简介

高怡俊，上海复旦规划建筑设计研究院，创新中心副主任，城市数据团成员；

刘　群，上海复旦规划建筑设计研究院，规划分院执行副院长；

高路拓，上海脉策数据科技有限公司，首席执行官，城市数据团创始人。

运用手机信令数据研究大都市区空间结构
——以南昌大都市区为例

Metropolitan Space-structure Study Based on Mobile Signal Data
—A Case Study of Nanchang Metropolitan Area

姚 凯 张博钰
Yao Kai Zhang Boyu

[摘　要]　本文介绍了大数据在都市区规划中的应用，并以南昌大都市区为案例，分别从区域和中心城区两个层面介绍了手机数据的应用实践：首先，在区域层面，手机信令数据可应用于城镇等级结构的划分、区域廊道的识别以及游憩地客源的分析；其次，在中心城区层面，手机信令数据有助于通勤及跨江交通的分析。手机数据在规划中提供定量的分析方法，但客观上仍然存在一定的限制，更科学有效的应用仍需继续探索。

[关键词]　手机信令数据；大都市区空间结构

[Abstract]　The paper starts from describing the application of Mobile Signal Data, taking Nanchang Metro-area as example. At the region level, Mobile Signal Data could be applied to figure out the City structure, the region corridors and the tourist location. At the inner city level, Mobile Signal Data would be helpful in researching about work-home transfer and access across the river. Although the MSD can be used in City Planning by quantitative method, it still has some shortages need to be explored in future.

[Keywords]　Mobile Signal Data; Metropolitan Space Structure
[文章编号]　2016-73-P-048

1.以过境人流活动识别的区域廊道
2.以常住居民跨镇流动识别的区域廊道

一、大数据在都市区规划中的运用

1. 什么是手机信令数据

手机数据一般可以分为两种类型：一种是手机通话数据（Mobile CDR Data），即通过手机用户之间的通话频率和时长来反映城市之间的信息联系强度；另一种则是手机信令数据（Mobile Signal Data），即通过手机用户在基站之间的信息交换来确定用户的空间位置，能相对准确的记录人流的时空轨迹。相比而言后者对于规划研究的意义更大。

2. 手机信令数据的特点与优势

手机用户只要发生开关机、通话、短信、位置更新和切换基站行为都会记录下信令数据。手机信令数据具有以下特点：一是大样本、覆盖范围广、用户持有率高，能更好反映人流行为的时空规律；二是匿名数据，安全性好，没有任何个人属性信息，不涉及个人隐私；三是非自愿数据，用户被动提供信息无法干预调查结果；四是具有动态实时性和连续性，能准确反映在连续时间区段内，不同时间点手机用户所在的空间位置，为定量描述区域内人群流动轨迹提供了可能。

3. 手机数据研究进展

近年来，手机数据在城市规划领域的研究主要在区域和中心城区两个层面。

在区域层面，Krings等（2007）利用比利时移动电话运营商提供的2 500万个用户的通信信息，通过手机账单地址对应的邮政编码表征通话地理位置，再通过两地用户通话信息量构建通话强度模型，模拟区域城市间的网络关联强度。Becker等（2011）依据手机数据，分析了对纽约、洛杉矶、旧金山三大都市区通勤范围。

在中心城区层面，钮心毅等（2014）利用中国移动2G用户的手机信令数据，通过夜间居住地和日间工作地的识别，开展了对上海市通勤圈、公共中心体系和功能区的识别研究。王德等（2015）利用中国移动2G用户的手机信令数据，以上海市南京东路、五角场和鞍山路三个不同等级的商业中心为例研究不同等级商业中心的消费者空间分布特征。

二、南昌大都市区研究背景与技术路线

1. 南昌大都市区研究背景和研究范围

2012年江西省提出围绕打造“省会核心增长极”战略，以省会南昌为中心依托一小时交通圈构建大都市区，引领江西发展。2015年《长江中游城市群发展规划》也明确提出“强化武汉、长沙、南昌的中心城市地位，进一步增强要素集聚”。《南昌大都市区规划》正是有效落实上位规划，指引区域统筹发展的重要规划。

本研究在南昌大都市区范围基础上，将规划研究范围进一步扩大至南昌、九江、宜春和抚州4个地级市全域及上饶市的余干、鄱阳、万年3个县，总面积约7.15万km^2，现状总人口约2 257万人，所属的县级空间单元（市辖区、县和县级市）共计40个，乡镇级单元678个，总面积约7.15万km^2，人口约2 257万人。

2. 数据来源

本研究由中国联通提供数据支持，使用中国联通2015年10月到11月连续37天（其中工作日26天，休息日11天）的匿名手机信令数据展开研究。数据主要包括用户匿名ID、信令发生时手机连接的基站坐标、信令发生时间和信令类型等内容。平均每日记录到约156万用户信令记录，其中活跃用户有139万个（37天中出现23天及以上），每个用户每天产生约

60条记录。

以乡镇为基本单元，将昌九地区分为678个空间单元（其中市辖区以区为单元，不再细分）。通过用户夜间经常所在的乡镇判断，识别到约112万个用户的常住地所在乡镇。以最远出行乡镇作为出行目的地，识别到37天内共有1 423万人次用户的跨乡镇出行。考虑到联通手机用户在各城市占比有一定差异，为反映实际人流联系量，依据镇常住人口数量对人流联系量进行校正。

3. 技术路线

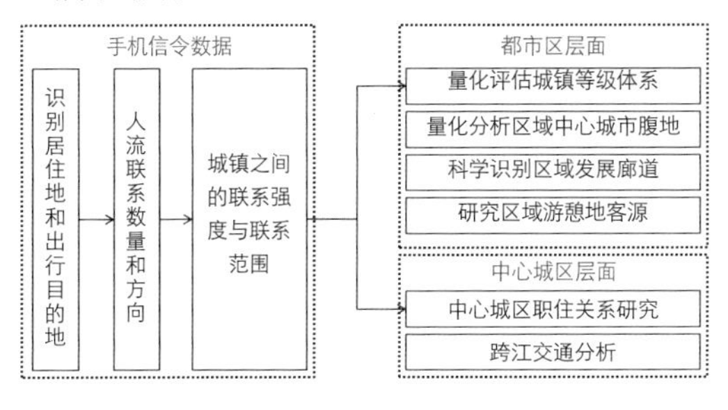

三、手机信令数据在都市区层面的研究

1. 对城镇体系格局的评估

（1）基于跨县人流轨迹的城镇等级体系

按照40个县级空间单元的行政区划赋予研究范围内4.5万个基站城市单元属性。基于跨县手机用户流动轨迹，构建了城市单元间的联系方向和联系强度矩阵，可以直接表达为城市之间的网络联系强度。大多数城市与其他城市的联系强度主要集中在前5位城市中，之后的联系强度大幅递减。因此本研究选择联系强度前5的城市作为被联系城市的主要联系方向。以主要联系城市数量来评估城市在都市区内的城镇等级。即作为出行目的地，被主要联系越多的城市是更高等级的城市，将区域内城市划分为4档。

第一档城市为南昌市辖区，其作为区域城市网络的核心地位突出，是区域内36个城市的主要联系方向。第二档城市6个，两个地级市抚州和九江的市辖区分别是区域内12个、9个城市的主要联系方向，与其地级市应有的城市等级一致。南昌县依托邻近南昌市辖区的区位优势获得了10个城市的主要联系。此外，永修县、丰城市、高安市也属于第二档。第三档城市14个，分别是宜春市辖区、进贤县、瑞昌市等，是4至7个城市主要联系方向。这些城市空间布局主要位于京九、沪昆和向莆三大交通廊道上。作为地级市市区的宜春市辖区，在省域城镇体系规划中划为地区中心，但是，由于在城市网络联系中地位有限，是按城市联系网络划分，进入了第三档城市。第四档城市19个，分别是永修县、靖安县、安

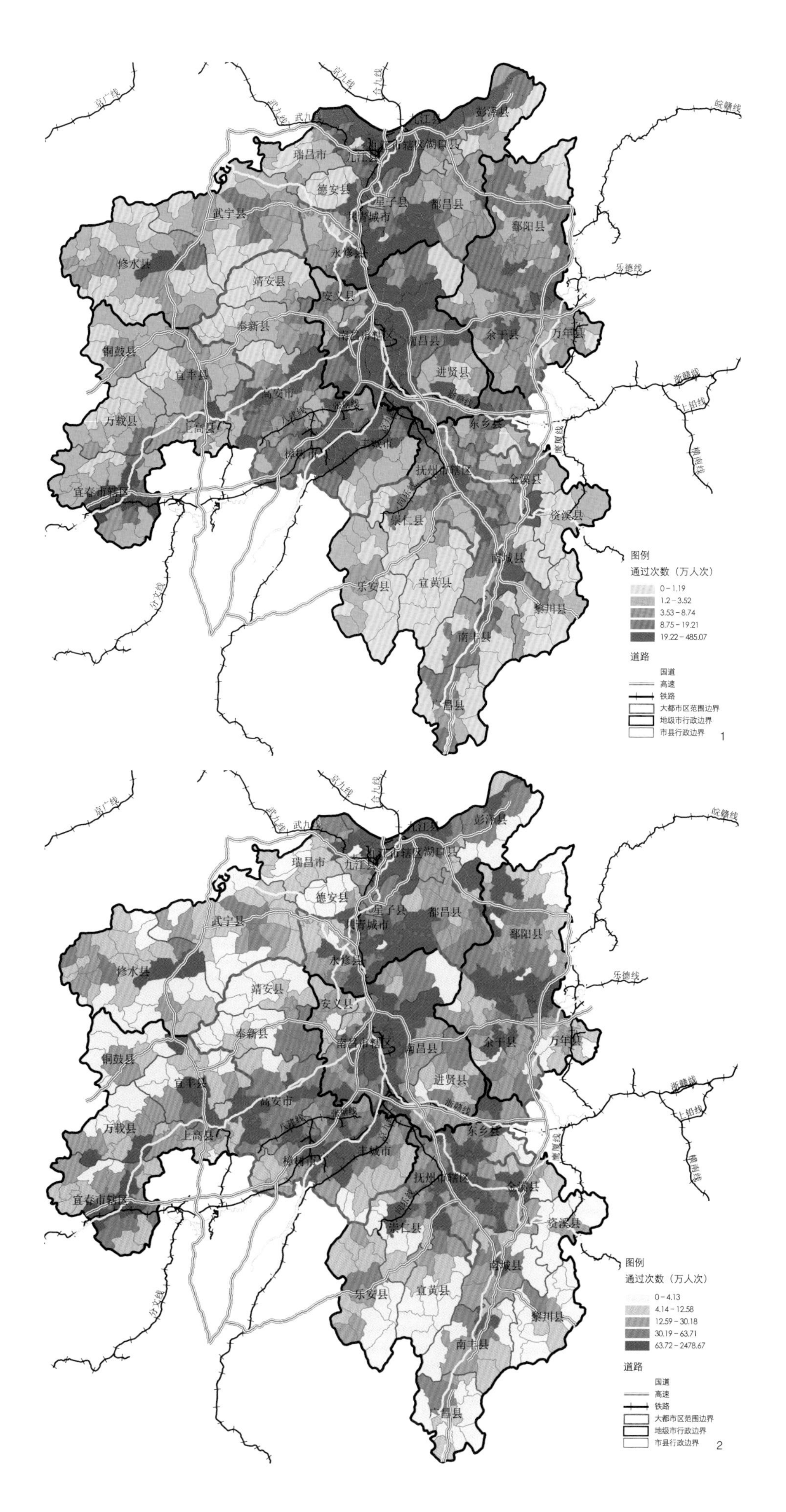

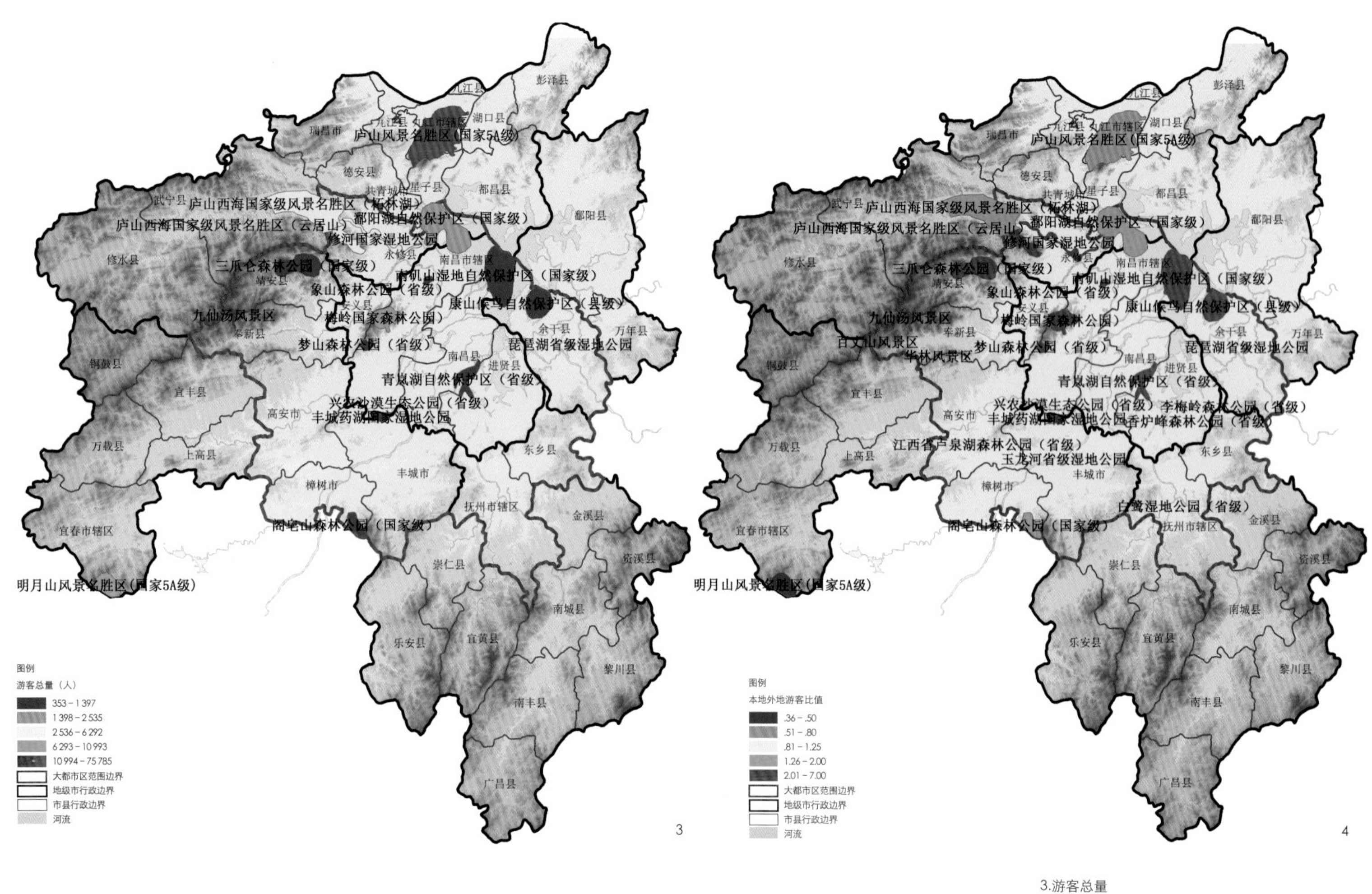

3.游客总量
4.本地外地游客数量比值
5.庐山风景名胜区游客来源地
6.明月山风景名胜区游客来源地
7.庐山西海国家级风景名胜区（云居山）游客来源地
8.庐山西海国家级风景名胜区（柘林湖）游客来源地

义县等，是1至3个城市主要联系方向，网络联系度较弱。这些城市主要分布于鄱阳湖东岸传统农区、九岭山区和赣闽边山区。

（2）城镇等级体系结构评估

对比省域城镇体系规划涉及本次研究范围内的城市等级。省域中心南昌实现了规划目标，南昌市辖区基于跨县人流轨迹的城镇等级位于第一档，联系城市个数是第二位城市的3倍，与南昌市辖区有紧密联系的南昌县也进入了第二档。

省域副中心九江也基本实现了规划目标，九江市辖区和九江县分别隶属第二档和第三档，联系城市总和达到了16个。瑞昌市规划定位略高，基于跨县人流轨迹的城镇等级仅位列第四档，在《南昌大都市区规划》中需要依据其规模、发展潜力重新对其等级进行定位。

地区性中心抚州也基本实现了规划目标。作为地级市的宜春市辖区，仅位列第三档，低于省域城镇体系规划的定位，这可能与其位于昌九地区西部边缘、在上述城市网络联系中的地位有限有一定关系。

此外，地区副中心中丰城市进入第二档，超过规划定位。其余三个城市樟树市、共青城市、鄱阳县均位于第三档，尚未达到地区副中心的等级。

县城（市中心）中的永修县、高安市位于第二档，超过规划定位。《南昌大都市区规划》需要重新考虑其等级定位。

2. 对区域发展廊道的识别

（1）区域发展廊道识别

区域发展廊道可以通过识别区域内人流轨迹的主要路径来模拟，即区域廊道通过人流量叠加法。该方法以乡镇为空间单元，汇总37天中每个镇通过的人流人次，统计累加各乡镇单元通过的用户数量。通过跨乡镇人次和连绵度识别区域发展廊道。

进一步依据重复出现率区分区域内的本地手机用户和过境手机用户，将发展廊道分为本地和过境两种类型。区域内本地和过境人流线路相对趋同，与区域人口分布差异较大，说明南昌大都市区及其周边地区发展的空间异质性较高，城镇沿主要交通廊道带状发展的格局比较显著。

（2）区域发展廊道评估

与省域城镇体系规划比较，现状区域发展廊道主要集中在省域城镇体系规划确定的沪昆、京九和向莆三条发展廊道上，“大”字形的廊道分布特征较为明显。三条发展廊道的发育水平存在一定差异，其中，京九廊道上人流强度和连绵度均为高，发育程度较好，是南昌大都市区未来应着力依托发展的重点廊道；沪昆廊道上人流强度和连绵度次于京九廊道，以南昌市辖区为界，东段强度和连绵度相对较高，而西段在南昌市辖区与高安之间、万载与上高之间有一定洼地；向莆廊道虽然在省域体系规划中地位不高，但通过人流量叠加法分析其人流强度和连绵度与沪昆廊

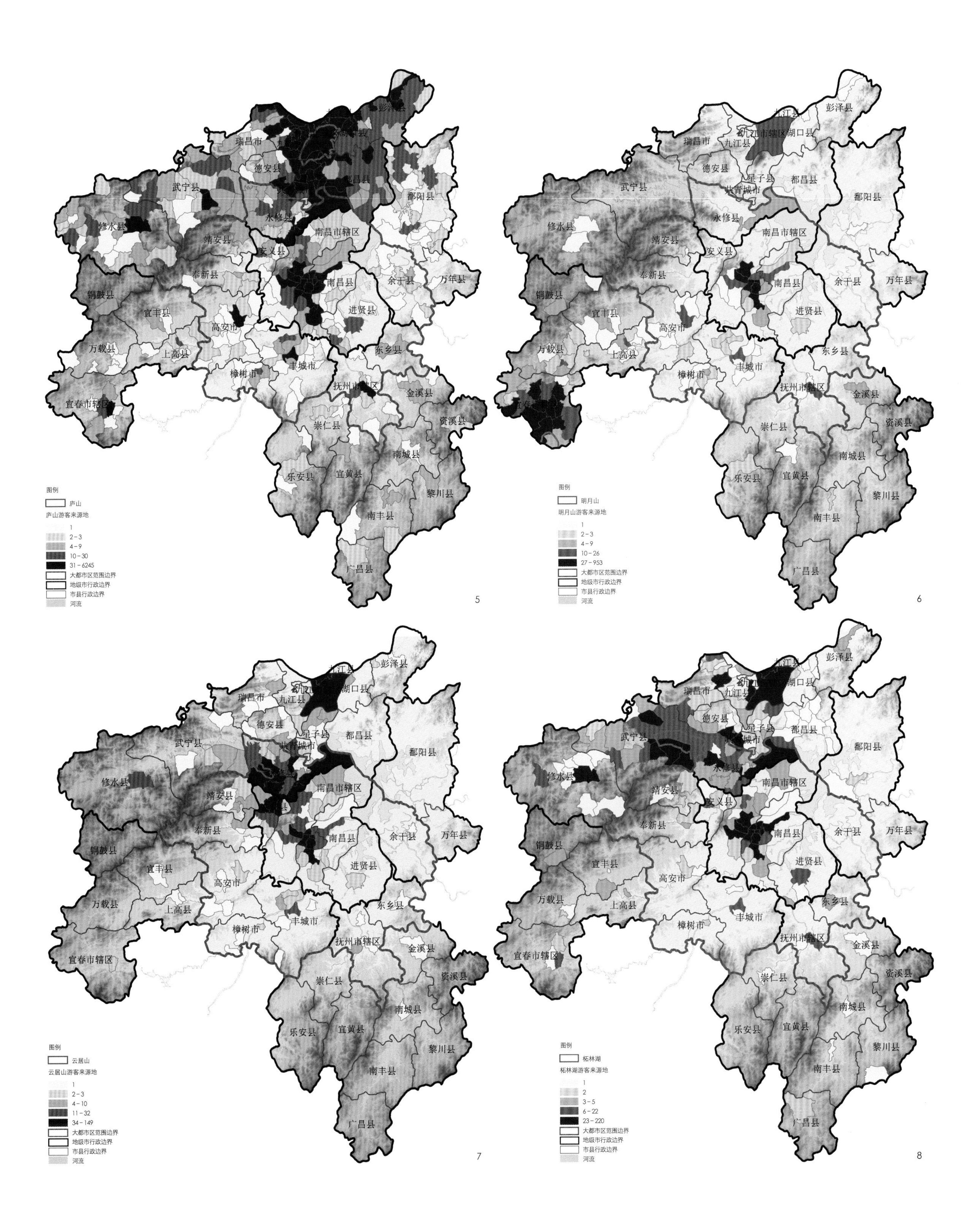
彭泽县
瑞昌市
德安县
武宁县
都昌县
鄱阳县
修水县
永修县
靖安县
南昌市辖区
安义县
奉新县
南昌县
余干县
万年县
铜鼓县
宜丰县
进贤县
高安市
万载县
上高县
东乡县
丰城市
樟树市
抚州市辖区
金溪县
宜春市辖区
资溪县
崇仁县
南城县
乐安县
宜黄县
黎川县
南丰县
广昌县
图例
庐山
庐山游客来源地
1
2－3
4－9
10－30
31－6245
大都市区范围边界
地级市行政边界
市县行政边界
河流
5
彭泽县
九江县
瑞昌市
九江市辖区
湖口县
德安县
星子县
都昌县
武宁县
共青城市
鄱阳县
修水县
永修县
靖安县
南昌市辖区
安义县
奉新县
南昌县
余干县
万年县
铜鼓县
宜丰县
进贤县
高安市
万载县
上高县
东乡县
丰城市
樟树市
抚州市辖区
金溪县
资溪县
崇仁县
南城县
乐安县
宜黄县
黎川县
南丰县
广昌县
图例
明月山
明月山游客来源地
1
2－3
4－9
10－26
27－953
大都市区范围边界
地级市行政边界
市县行政边界
河流
6
彭泽县
九江县
瑞昌市
湖口县
德安县
星子县
都昌县
武宁县
共青城市
鄱阳县
修水县
南昌市辖区
靖安县
奉新县
南昌县
余干县
万年县
铜鼓县
宜丰县
进贤县
高安市
东乡县
万载县
上高县
丰城市
樟树市
抚州市辖区
金溪县
宜春市辖区
资溪县
崇仁县
南城县
乐安县
宜黄县
黎川县
南丰县
广昌县
图例
云居山
云居山游客来源地
1
2－3
4－10
11－32
34－149
大都市区范围边界
地级市行政边界
市县行政边界
河流
7
彭泽县
九江县
瑞昌市
湖口县
德安县
星子县
都昌县
武宁县
鄱阳县
修水县
永修县
靖安县
南昌市辖区
安义县
奉新县
南昌县
余干县
万年县
铜鼓县
宜丰县
进贤县
高安市
万载县
上高县
东乡县
丰城市
樟树市
抚州市辖区
宜春市辖区
金溪县
崇仁县
资溪县
南城县
乐安县
宜黄县
黎川县
南丰县
广昌县
图例
柘林湖
柘林湖游客来源地
1
2
3－5
6－22
23－220
大都市区范围边界
地级市行政边界
市县行政边界
河流
8

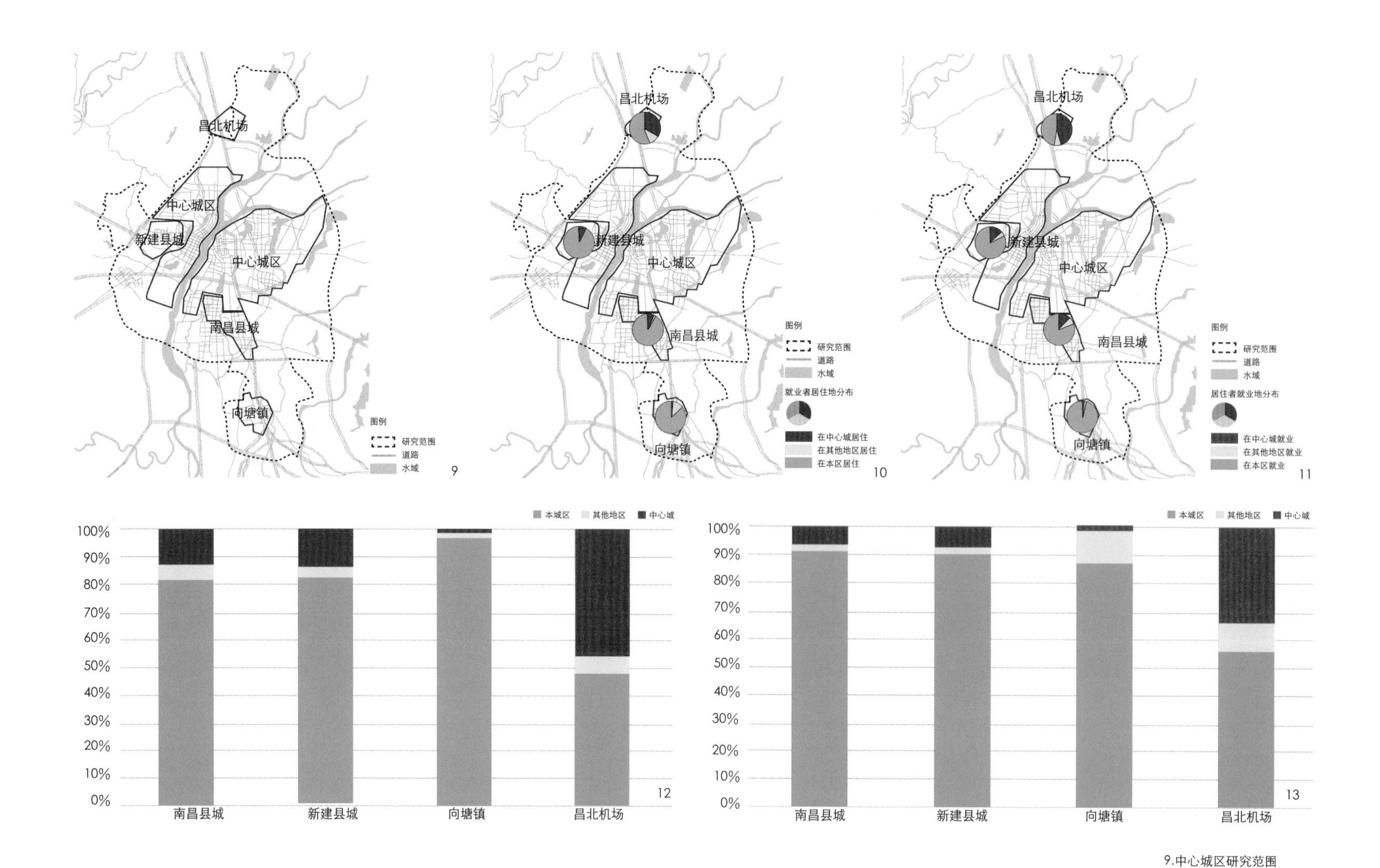

9.中心城区研究范围

10.就业者居住地通勤比例

11.居住者就业地通勤比例

12.居住者就业地分布比例

13.就业者居住地分布比例

表1 城镇等级体系评估

基于城市网络联系的城镇等级	《江西省省域城镇体系规划》（2012—2030年）城镇等级
第一档：南昌市辖区（36） 第二档：抚州市辖区（12）、南昌县（10）、永修县（9）、九江市辖区（9）、丰城市(8)、高安市（8） 第三档：九江县（7）、都昌县（6）、进贤县（6）、星子县（6）、东乡县（5）、金溪县（5）、南城县（5）、上高县（5）、宜春市辖区（5）、余干县（5）、湖口县（4）、南丰县（4）、鄱阳县（4）、宜丰县（4） 第四档：安义县(3)、崇仁县（3）、德安县（3）、共青城市（3）、万载县（3）、奉新县（2）、靖安县（2）、彭泽县（2）、瑞昌市（2）、万年县（2）、武宁县（2）、修水县（2）、宜黄县（2）、樟树市（2）、资溪县（2）、广昌县（1）、乐安县（1）、黎川县（0）、铜鼓县（0）	省域中心：南昌市 省域副中心：九江市辖区、瑞昌市等 地区性中心：抚州市辖区、宜春市辖区等 地区性副中心：丰城市、樟树市、共青城市、鄱阳县、南城县等 县城（市中心）：永修县、靖安县、安义县等

表3 老城与新城跨江交通人流联系数量

	2015年4月7日	2015年4月8日	2015年4月11日	2015年4月12日
江北一新城	142 663	139 306	130 537	131 691
跨江	114 164	154 069	162 158	161 057
江南一老城	304 065	297 977	293 336	290 978
总人数	560 892	591 352	586 031	583 726

道处于同一等级，同时，该廊道也是中部地区出海的便捷通道，联动长江中游城市群和21世纪海上丝绸之路核心区。因此，在南昌大都市区规划中应对向莆廊道的发展潜力予以高度重视。另一方面，省域城镇体系规划所确定九景发展轴从手机信令数据分析来看尚未发育，反倒是鄱阳至余干至南昌廊道具有一定强度，可见，景德镇的主要联系方向不是九江而是南昌，南昌大都市区规划应顺应该发展需求，增加景德镇和南昌的发展廊道。

3. 对区域游憩空间的识别

筛选昌九地区主要风景区，统计37天中来风景区旅游的游客数据。

庐山风景名胜区的游客总量最多，远高于其他景区，其次是梅岭国家森林公园、明月山风景名胜区，庐山西海国家级风景名胜区和修河国家湿地公园也有较多的游客量。上述景区中庐山风景名胜区和明

表2　主要风景区

等级	名称
国家级	丰城药湖国家湿地公园
	阁皂山森林公园
	庐山风景名胜区
	庐山西海国家级风景名胜区（云居山）
	庐山西海国家级风景名胜区（柘林湖）
	梅岭国家森林公园
	明月山风景名胜区
	南矶山湿地自然保护区
	鄱阳湖自然保护区
	三爪仑森林公园
	修河国家湿地公园
省级	梦山森林公园
	琵琶湖省级湿地公园
	青岚湖自然保护区
	象山森林公园
	兴农沙漠生态公园

月山风景名胜区的游客以外地游客为主，其余都以本地游客为主。特别在南昌大都市区范围内的景区，客源基本来自于昌九地区。

庐山风景名胜区的本地游客主要来自于九江市和南昌市。明月山风景名胜区的游客主要来自于宜春市和南昌市辖区、九江市辖区。庐山西海国家级风景名胜区（云居山）、庐山西海国家级风景名胜区（柘林湖）的游客主要来自于景区周边地区及南昌市辖区和九江市辖区。

四、手机信令数据在中心城区层面的研究

1. 中心城区职住关系研究

从连续10个工作日的信令数据识别出32.8万用户的日间驻留地和夜间驻留地，排除通勤距离0m、未发短信的用户，得到24万用户的就业地和居住地，通过通勤OD，进行通勤比例分析：南昌县城、新建县城、向塘镇、昌北机场就业者居住地在本城区、中心城、其他地区的比例；南昌县城、新建县城、向塘镇、昌北机场就业者居住地在本城区、中心城、其他地区的比例。

南昌县城和新建县城受中心城较强烈的就业吸引，约90%的就业者在本城区内居住，不到10%的就业者在中心城居住；约80%的居住者在本城区内就业，超过10%的居住者在中心城就业。

昌北机场与中心城联系紧密，仅55%左右的就业者在本城区内居住，超过30%的就业者在中心城居住；不到50%的居住者在本城区内就业，超过40%的居住者在中心城就业。

向塘镇发展相对独立，对周边地区有较大的就业吸引力，约85%的就业者在本城区内居住，超过10%的就业者在其他地区居住，约95%的居住者在本城区内就业，到中心城或其他地区就业的比例仅为5%左右。

南昌县城、新建县城可考虑撤县设区、纳入中心城发展框架；昌北机场应增加就业岗位、提高居住服务设施配套水平，满足就业者的生活需求、为居住者提供更多就业机会；向塘镇仍应考虑相对独立发展，成为中心城南的就业节点，为南部远郊地区提供就业岗位。

2. 跨江交通分析

（1）老城新城联系紧密，老城依然是活动最大集聚区。约50%的人口集中在老城（江南）活动，一天内没有跨江行为；约25%左右的人每天会进行跨江活动；约25%的人集中在新城（江北）新城活动，一天没有跨江行为；休息日比平日的跨江活动人口比例增高。

（2）八一广场的辐射范围主要在老城区，而红谷滩的辐射范围在新城老城都有影响。

五、结论与讨论

手机信令数据为体系规划提供了新的研究方法数据支持。在城镇体系规划中，将手机信令数据用于城镇等级体系、区域发展廊道、区域游憩地客源三个方面的分析；在中心城区层面，应用于中心城区职住关系研究和跨江交通分析。手机数据为城镇体系规划提供了新的技术方法，但仍然存在一些客观存在的问题，如样本量的大小，时间段的选取，以及所在地基站的数量，移动、电信、联通用户在总人口中的占比均会对结果产生影响，手机信令数据在规划中更加科学有效的应用，有待于继续深入探索。

表4　老城与新城跨江交通人流联系比例

	2015年4月7日	2015年4月8日	2015年4月11日	2015年4月12日
江北—新城	25%	24%	22%	23%
跨江	20%	26%	28%	28%
江南—老城	54%	50%	50%	50%
总人数	100%	100%	100%	100%

参考文献

[1] Krings G, Calabrese F, Ratti C, et al. Urban gravity: a model for inter-city telecommunication flows[J]. Journal of Statistical Mechanics: Theory and Experiment, 2009, 2009（07）: L07003.

[2] Becker R, Cáceres R, Hanson K, et al. Human mobility characterization from cellular network data[J]. Communications of the ACM, 2013, 56（1）: 74－82.

[3] 钮心毅，丁亮．利用手机数据分析上海市域的职住空间关系——若干结论和讨论[J]．上海城市规划，2015（2）：39－43.

[4] 丁亮，钮心毅，宋小冬．利用手机数据识别上海中心城的通勤区[J]．城市规划，2015（9）：100－106.

[5] 王德，王灿，谢栋灿，等．基于手机信令数据的上海市不同等级商业中心商圈的比较——以南京东路、五角场、鞍山路为例[J]．城市规划学刊，2015（3）：50－60.

[6] 上海同济城市规划设计研究院规划三所．南昌大都市区规划[R].

作者简介

姚　凯，上海同济城市规划设计研究院 规划三所，副所长，高级工程师；

张博钰，上海同济城市规划设计研究院 规划三所，规划师。

特别感谢同济大学钮心毅副教授、丁亮博士和王垚博士对本篇文章提供的大力帮助。

基于遥感应用的城市增长边界划定
——以南昌市大都市区规划为例

Urban Growth Boundary Delineation Based on Remote Sensing Application —A Case Study of Nanchang Metropolitan Area Planing

胡 方 姚凯 艾 彬
Hu Fang Yao Kai Ai Bin

[摘　要]　本研究以南昌大都市区规划为例，在遥感影像的数据分析支撑下，探索定性与定量相结合的城市增长边界划定方法。从非建设用地控制导向与城市建设用地发展导向两方面着手，划定刚性增长边界线与弹性增长边界线。

[关键词]　遥感应用；城市刚性增长边界；城市弹性增长边界

[Abstract]　This study takes Nanchang Metropolitan Area Plan as an example.Under the support of the data analysis of remote sensing image, the method of urban growth boundary demarcation is explored. From two aspects of the non-construction landcontrol and the urban construction landdevelopment, the urban rigid growth boundaryand the elastic growth boundaryhas been delimited.

[Keywords]　Remote Sensing Application; Urban Rigid Growth Boundary; Urban Elastic Growth Boundary

[文章编号]　2016-73-P-054

1.总体技术路线图
2.南昌大都市区2014年春季遥感影像镶嵌、拼接、裁剪结果
3-8.1989—2014年南昌大都市区土地利用变化图

一、城市增长边界划定与遥感应用支持

1. 传统城市增长边界划定方法的局限

城市增长边界（Urban Growth Boundary）最早由美国在20世纪70年代的俄勒冈州塞勒姆市提出，是指通过划定城市区域和农村区域之间的界限，利用区划、开发许可证的控制和其他土地利用调控手段，将合法的城市开发控制在边界之内，并通过地方立法的形式来规范相应的边界控制和管理工作。

目前，国内外研究城市增长边界的方法归纳起来主要是两类，第一类是非建设用地控制导向型，核心思路是从保护的角度出发，研究城市、区域中必须要加以保护的生态敏感地区、水源、基本农田等要素，形成倒逼机制；第二类是建设用地发展导向型，核心思路是从发展的角度来合理预测城市未来的增长趋势，以及未来需要预留的弹性空间。国内在城市增长边界的研究尚处于起步阶段，传统的划定方法由于受到数据来源、技术平台、主观因素等限制，表现出一定的局限。首先，传统的城市增长边界划定定性分析为主，定量分析不足，很难达到合理控制城市蔓延的功效。其次，非建设用地控制导向的划定方法虽然起到很好的保护生态环境、控制城市无序蔓延的作用，但是过于刚性，随着城市的快速发展，单纯的非建设用地控制与城市空间扩张之间的矛盾越来越突出。第三，建设用地发展导向的划定方法在判断用地规模时仍然离不开主观性判断，也容易受到政府干扰、市场绑架等影响。目前，两种导向划定方法相结合的组合应用越来越多，基于各种技术平台的空间模拟、定量分析等手段也都在逐渐探索应用中。

2. 基于遥感应用的城市空间增长研究

21世纪是空间时代和信息社会的新世纪，随着空间技术、传感器技术、数字图像处理技术的发展，卫星遥感影像逐渐成为城市空间增长研究的主要来源。利用遥感和地理信息系统等空间信息技术进行城市时空扩展监测和动态模拟分析是城市遥感的主要应用方向，可以说很大地弥补了传统城市增长边界预测的不足。基于遥感应用的城市空间增长研究的方法主要包括以下内容：

（1）遥感影像的建成区边界提取技术

卫星遥感能够提供及时、大范围、多时相的城市地理信息，可作为提取建成区范围的丰富数据源。

（2）城市建成区扩展分析

在利用历年同时相遥感影像得到建成区范围后，就可以研究城市扩展的规律特征和模式。

（3）城市动态扩展模拟

目前，元胞自动机是动态模拟城市扩展过程的最好工具，具有强大的空间运算能力，常用于组织系统演变过程的研究。

（4）研究城市用地规模的预测方法

在城市土地总体规划中，要确定一个城市的用地规模，需要决策者在掌握城市扩展现状及规律的基础上，通过各种预测模型得到。

（5）研究基于遥感影像的建成区人口获取方法

传统的城市人口统计方法是基于行政地域得到的，并不能反映城市建成区的真实人口。

二、南昌大都市区城市增长边界划定技术框架

1. 研究背景

南昌大都市区包括南昌市域，抚州市的临川区、东乡县，宜春市的高安市、丰城市、樟树市、奉新县、靖安县，上饶市的余干县和九江市的永修县，总面积约2.3万km²。《南昌大都市区规划》是南昌市落实国家“一带一路”战略、长江经济带战略的重要区域性规划，基于江西省推进生态文化先行示范区建设的大前提下，如何协调好大湖地区保护与发展的关系，是本次规划的关注重点。

2. 总体思路

（1）定性判断与定量分析并重

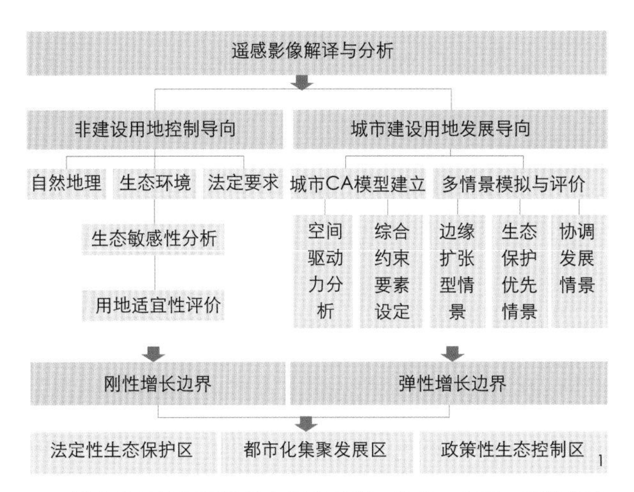

1

城市发展的预测需综合考虑经济、生态、空间、地理等多专业的发展因素，单纯的规划专业支撑已不能满足量化的要求，因此，本规划结合遥感应用来进行量化支持，通过定性判断与定量分析并重的划定方法，为大都市区规划提供相关决策依据。

（2）底线控制与弹性引导并重

城市发展边界不能局限于“一根线”，而应对城市发展兼具控制和引导的作用。综合国内外经验，本规划采取“底线控制＋弹性引导”的城市空间增长边界形式。所谓底线控制，就是对相关法规和规划中已经明确提出的禁止破坏的生态空间和资源空间及生态高敏感地区，严格划定生态红线，并采取有效措施逐步清理不符合管理规定的已有设施。而弹性引导，则重点针对集聚性的城市增长空间，在生态环境和资源保护的前提下，预留必要弹性，以适应不确定的发展需求及多元化主体的协商应对需要。

（3）划定技术与管控政策相结合

由刚性和弹性增长边界共同构成南昌大都市区两线三区的城市空间增长管控体系。刚性增长边界内用地为法定性生态保护区，任何建设活动不得占用，且规划期内不可变更。弹性增长边界内为城市空间集聚发展区，引导建设活动集聚，提高土地开发和使用效率，同时应对弹性边界进行定期评估和动态调整。刚性增长边界和弹性增长边界之间的用地为结构性生态控制区，正常情况下任何建设活动不得占用，而是留作弹性用地，以应对城市动态发展中的不确定性。

3. 技术路线

基于遥感影像的数据分析支撑，从非建设用地控制导向与城市建设用地发展导向两方面着手，采取定性与定量相结合的方法，划定刚性增长边界线与弹性增长边界线。同时结合不同的情境模式比选，优化城市增长边界。在两线划定的基础上，建立两线三区管控体系。

三、南昌大都市区刚性增长边界划定

1. 遥感影像解译

首先，收集季相一致、质量较好，少云无云，完全覆盖南昌大都市区的遥感影像数据，本研究统一以LandsatTM

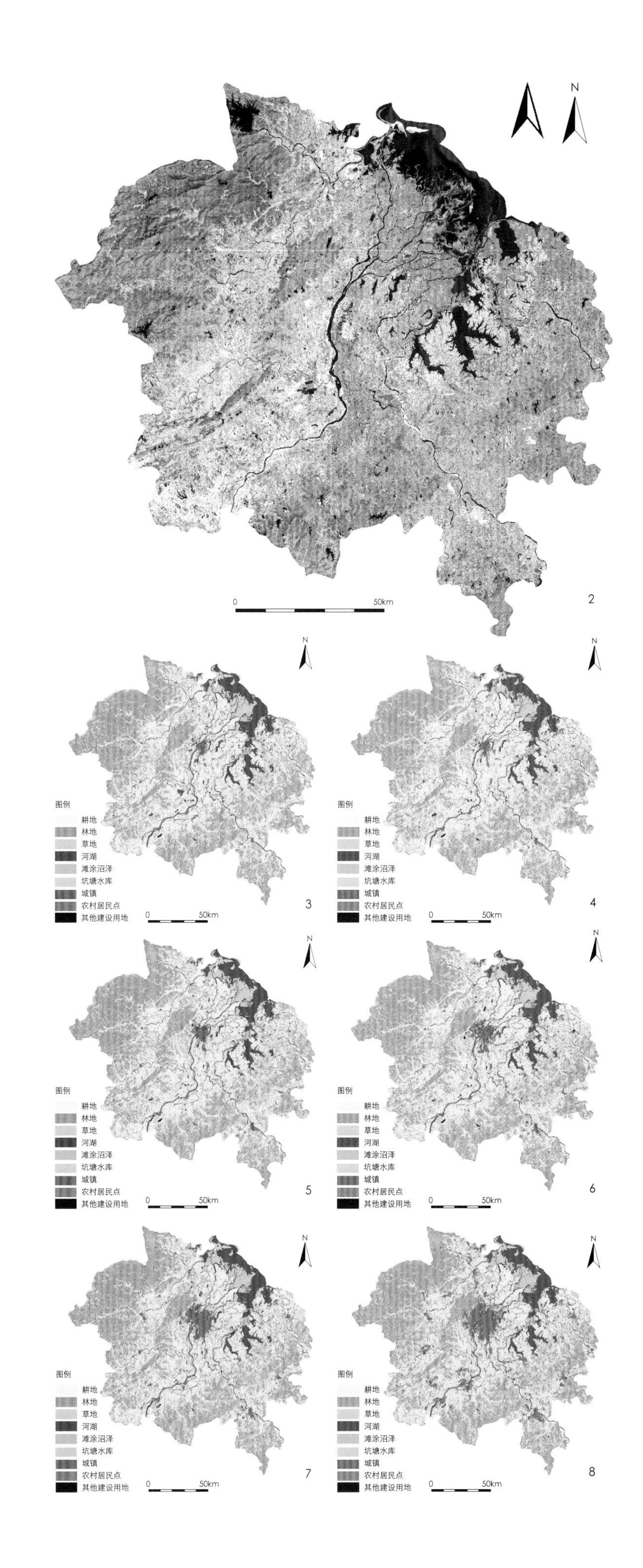

2 3 4 5 6 7 8

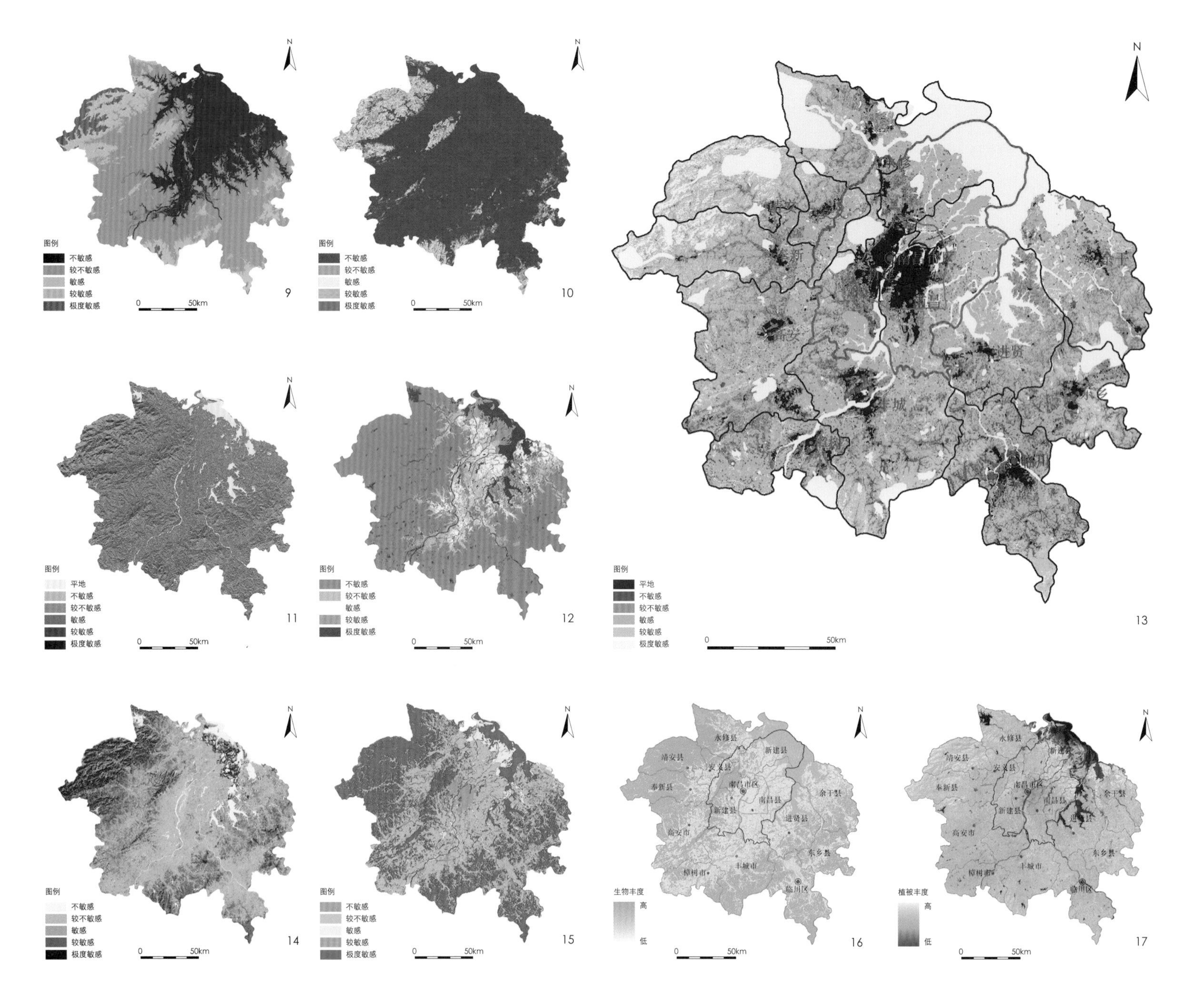

9-17.南昌大都市区生态环境本底以及生态敏感性分析
18.空间驱动力变量分析图

影像图为空间基准，使用遥感图像处理软件PCIGeomatica9.0①和ERDAS②对TM影像图进行几何纠正、图像增强、裁剪拼接等预处理。然后利用不同时相的遥感影像资料提取土地利用变化信息进行动态遥感监测，在对遥感影像图进行几何纠正和一些增强处理后，使用高分辨率遥感影像分类软件eCognition③，采用面向对象法来进行影像的分类和信息提取。即通过对影像的分割，使同质像元组成大小不同的对象，然后利用对象的空间特征和光谱特征进行分类。面向对象的分类方法主要包括影像分割、训练数据选取、对象空间特征信息和对象间拓扑信息的计算、分类规则的生成、分类等几大重要步骤。

2. 生态环境本底评价

首先，基于遥感分类数据，选取影响城市发展的自然地理、生态环境要素，如生物丰度、植被覆盖度、水网密度、地质灾害危险性、洪水淹没风险等，分析其影响大小并确定各因素的空间权重，经过综合叠加分析得出南昌大都市区生态敏感性评价结论。大都市区生态敏感空间主要集中在东北、西北和正南三个方向，京九、沪昆和向莆廊道上生态承载能力相对较高。

3. 划定刚性增长边界

将生态敏感性评价中高度敏感和较为敏感的地区划入刚性增长边界范围，并结合相关保护要求划定基础性刚性增长边界。南昌大都市区的保护范围包括国家级、省级、市县级自然保护区；国家和省级的风

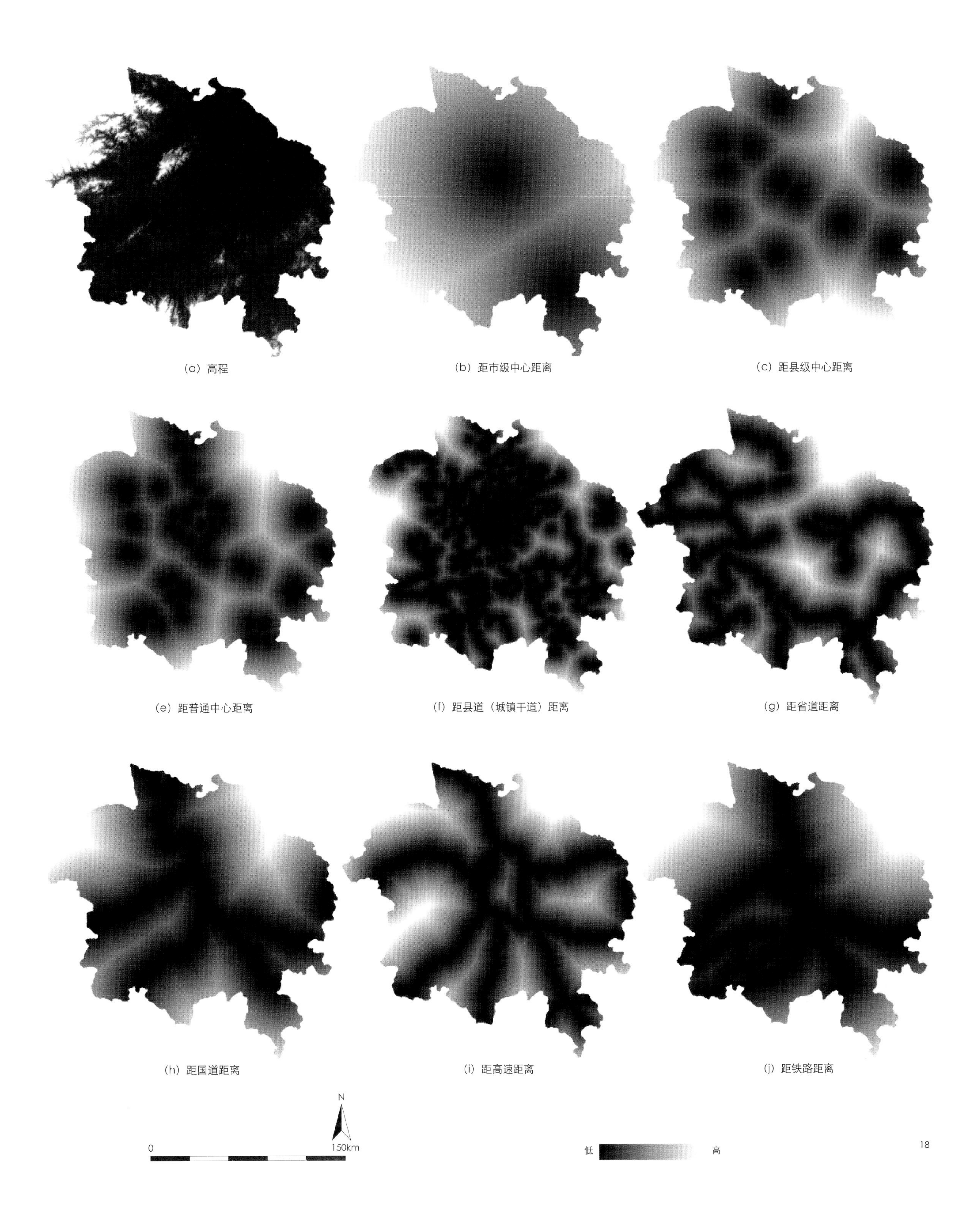

(a) 高程

(b) 距市级中心距离

(c) 距县级中心距离

(e) 距普通中心距离

(f) 距县道（城镇干道）距离

(g) 距省道距离

(h) 距国道距离

(i) 距高速距离

(j) 距铁路距离

18

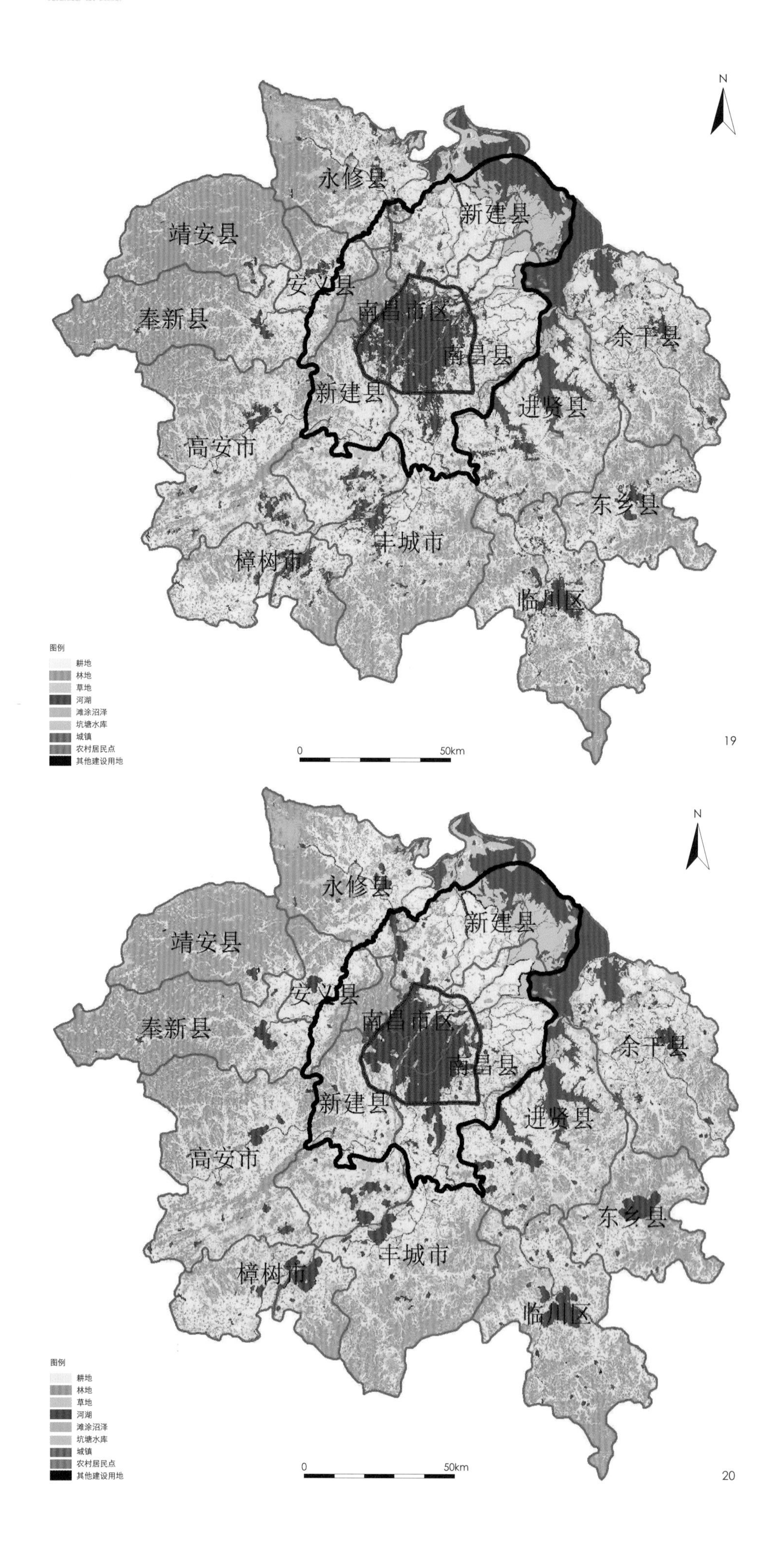

景名胜区、森林公园、湿地公园及生态公益林；世界、国家和省级地质遗迹保护区；日供水万吨以上的水源保护区及备用水源地；洪水调蓄区；重要水源涵养区；国家级水产资源保护区；区内湖泊（含滩涂）等重要生态功能湿地；鄱阳湖重要保护区；以及其他特殊物种保护区。同时，结合城市空间结构与生态格局，划定区域绿地系统、大型生态廊道、生物迁徙通道等，作为结构性控制发展用地，一并列入刚性增长边界。确保具有重要生态功能的区域、重要生态系统及主要物种得到有效保护，提高生态产品供给能力，为大都市区生态保护与建设，自然资源有序开发和产业合理布局提供重要支撑。南昌大都市区刚性增长边界面积146 709km^2，约占南昌市大都市区面积的59%。

四、南昌大都市区弹性增长边界划定

1. 综合约束型CA城市模型建立

城市的发展变化受到自然、社会、经济、文化、政治、法律等多种因素的影响，因而其行为过程具有高度的复杂性。正是由于这种复杂性，城市模拟必须考虑各种复杂因素的影响。本研究采用CA模拟（Cellular Automaton，简称CA），将复杂的城市系统进行分解，通过每个地块单元的自我演化表现出复杂的城市系统空间增长特征[④]。

（1）综合约束要素的设定

参考城市经济学基础理论，同时考虑数据的可获得性，选择下列影响城市增长的要素作为CA模型的空间变量。

空间性约束变量：即高程、坡度、城市干道、县道、省道、国道、高速、铁路、机场，以及各种市、县级发展中心。根据以上空间驱动力的假设，计算出每个空间要素的欧式距离，得到空间驱动力变量图，同时，计算出各种空间驱动力的变化影响力，作为CA模型设置的基本系数。

规划控制约束变量：包括城市规划结构导向，控制南昌大都市区“东湖、西岭、南丘”的整体生态格局，城市空间扩展主要集中在南昌大都市区核心区、昌九一体城镇产业扇面、丰樟高城镇产业扇面及向莆发展走廊；生态敏感性评价、刚性增长边界范围也是重要的生态约束要素。

（2）CA模型建立与校准

本次采用TM卫星遥感影像解译的1994—

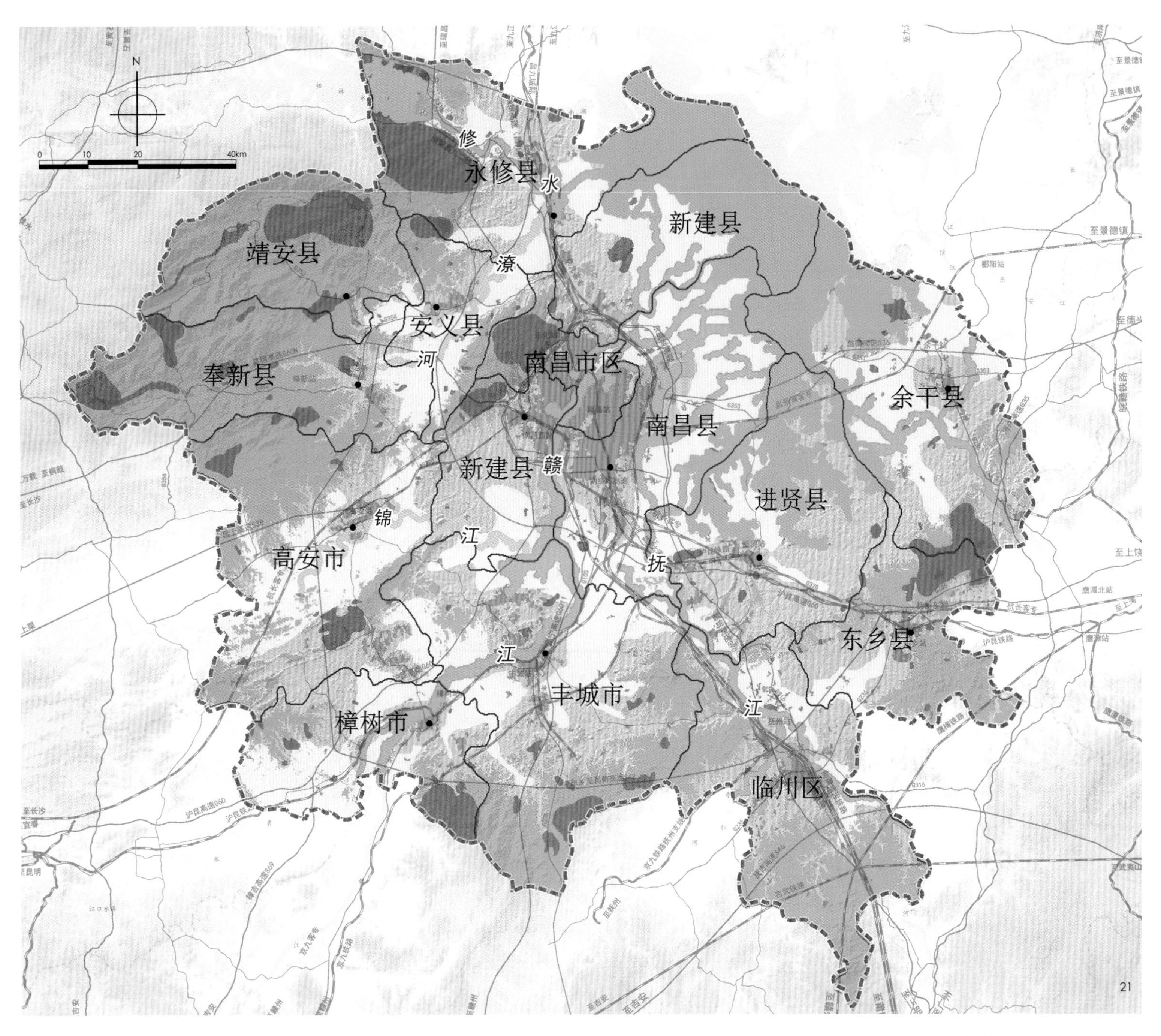

19.2014年城市用地
20.2014年模拟结果
21.南昌大都市区刚性增长边界划定

2004年土地利用变化对CA模型的参数进行校正，利用2014年的土地类型对模拟精度进行检验。首先，利用逻辑回归模型对南昌大都市区1994—2004年的城镇增长规律进行提取。然后，以2004年土地利用现状作为CA模拟的初始化状态，将规律输入到CA模型获得2014年的城镇用地分布，对比2014年模拟的土地情况与实际情况的差别，以验证CA模型的有效性。在不考虑空间规划政策调控干预的情况下，CA模拟抽样检测精度达到90.07%，这说明CA模型对城市扩张进行模拟具有较高的可信度。

建立的逻辑回归CA模型为：

$$s_{t+1}(ij)=\begin{cases}Developedm, p_{ij}^{t}(ij)>p_{threshold}\\ Undevelop, p_{ij}^{t}(ij)\le p_{threshold}\end{cases}$$

其中，$S_{t+1}(ij)$为元胞在$^{t+1}$时刻的状态，$P^{thresho}$是[0,1]之间的阈值，P^{t}是元胞发展为城市用地的概率。

2. 多情景模拟与评价

为了能对都市区不同发展模式进行对比分析，本次采用2014年南昌市大都市区土地利用图作为CA模拟的起始年份，通过设定不同的城镇空间开发模式，模拟大都市区2050年在不同情景约束下的城市用地分布图，以科学评估南昌大都市区城市扩张过程对生态以及耕地保护产生的影响。结果如下。

（1）边缘扩张型情景

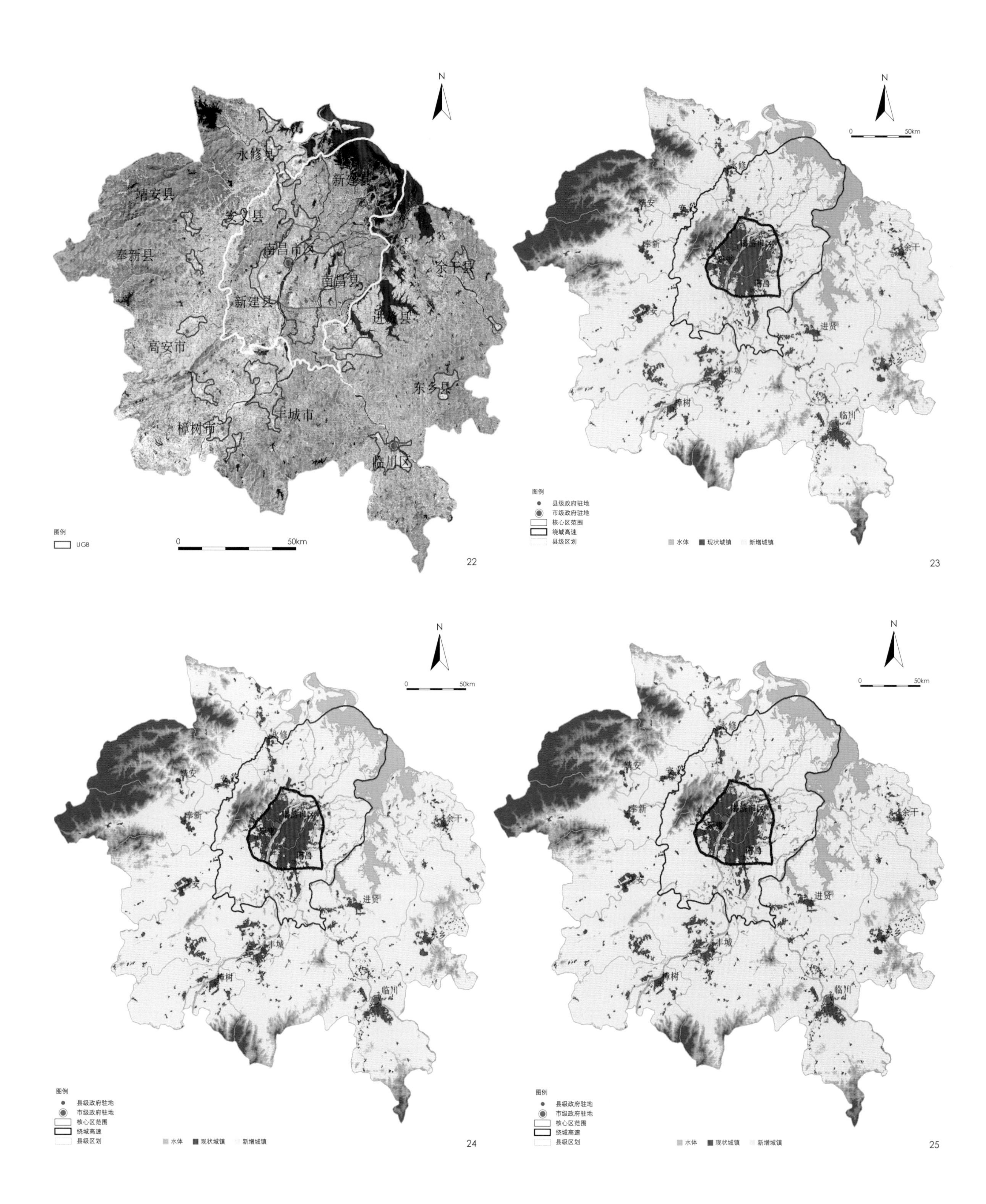
N
永修县
新建县
靖安县
安义县
奉新县
南昌市区
南昌县
余干县
新建县
进贤县
高安市
东乡县
丰城市
樟树市
临川区
图例
UGB
0
50km
22
图例
县级政府驻地
市级政府驻地
核心区范围
绕城高速
县级区划
水体
现状城镇
新增城镇
23
24
25

边缘扩张型发展情景下，直接利用历史变化规律进行模拟，使用要素计算以空间性约束变量为主，除不能占河流、湖泊、大型山体与水库外，城市发展过程不做任何制约。重点考虑为满足经济快速发展对建设用地的需求，以及城乡建设用地的合理布局。根据模拟结果显示，所有新增城市用地将围绕着现状建成区扩张，南昌市核心区与周边城镇均延续历史发展规律，使得城市周边大量的林地和优质耕地被占用，对粮食生产和生态环境造成不可逆转的损害。城市扩张量与原有城市的规模呈现明显的正相关关系，南昌核心区城市扩张较快，周边县市扩张较慢，整个区域内城市的发展将符合优势集中的规律，大城市所在地区开发建设条件和发展基础较好，对周围的辐射带动作用强，城市扩张较大。

（2）生态保护优先情景

生态保护优先情景下，以生态敏感性图层作为约束要素输入，只发展生态敏感性较低的区域，同时，以刚性增长边界作为约束条件，重点考虑区域生态环境的改善，生态敏感区等，合理布局和保护。根据模拟结果显示，在生态敏感分区的约束下，南昌市核心区的发展规律与边缘型扩张有显著不同，如核心区西北部的林地，南昌市周边的重点生态敏感区都得到了保留，在预设发展规模的设定下，城镇出现跳跃式发展，形成新的开发区。城市扩张量与其原有规模的相关性较低，表现为一定的去中心化，大城市的扩张强度与小城市的扩张强度之间的差距减少，这在很大程度上受到城市所在区域生态重要性的影响。在此情景下，城市扩张选择区域内生态重要性较低的斑块进行，生态重要性越高，转化为城市斑块的可能性越低。

（3）协调发展情景

协调发展情景下，城市扩张模拟以交通区位因子等要素作为扩张适宜性图层，同时使用刚性增长边界对模拟边界进行约束，获取城市快速扩张和生态保护的平衡。根据模拟结果显示，通过生态红线的约束保障了基本生态用地的安全，而生态红线以外，将选择区域条件良好、交通便利等最具有发展潜力的区域进行开发，这样既保障了生态安全，同时也能最大限度地满足城市发展的需要。在城市周边的发展依然按照城市的自有规律进行扩张，但是，首先应符合生态保护的约束，使城市的增长在可控的生态保护目标下进行，由此实现更加可持续的城市发展战略。

3. 弹性增长边界的划定

综合评估三大情景模拟，确定协调发展情景为推荐方案。在此基础上提取城市空间扩张边界线，以此确定南昌大都市区弹性增长边界。规划确定2030年弹性增长边界内的城镇建设面积为1 725.91km^2，占大都市区总面积的7.5%。

五、思考

城市增长边界研究离不开定量的深入分析，基于遥感应用的分析技术正好提供了定量分析的平台，以支撑更为可信的分析结果。但是，城市是一个复杂的动态系统，受到各种因素的影响和制约，城市增长边界的划定方法仍处于探索阶段，依然存在一些问题需要进一步研究。

城市空间扩张仅仅是从增量上去考虑，没有考虑到土地类型转化的问题，譬如，哪些类型用地转化为城市用地、各占多大比例等。

CA模型的建立与约束要素的设定直接相关，目前仅以强调综合的生态敏感性分区和土地等级作为规划控制约束引入规划控制情景的模拟过程。如何将复杂的空间增长影响要素与定性的规划控制导向用科学量化的形式反映，仍处于探索阶段。

现有的空间增长模拟是宏观层面的模拟，仅以限建等级作为模拟的条件。下一步如何将城市增长模型扩展到多种土地利用，实现街区尺度的精细化城市增长模拟，将具有更深层次的借鉴意义。

城市扩张具有动态性和不确定性，划定的城市增长边界如何进行动态调整，以及增长规模的理性评估，都需要进一步研究。

注释

① PCI Geomatica 软件集成了遥感影像处理、专业雷达数据分析、GIS/空间分析、制图和桌面数字摄影测量系统，成为一个强大的生产工作平台。

② ERDAS IMAGINE 是服务于不同层次用户的模型开发工具，具有高度的遥感图像处理和地理信息系统集成功能。

③ eCognition是智能化影像分析软件。突破了传统商业遥感软件单纯基于光谱信息进行影像分类的局限性，提出了革命性的分类技术——面向对象的分类方法，大大提高了高空间分辨率数据的自动识别精度。

④ 元胞自动机（Cellular Automata，简称CA）具有强大的空间运算能力，常用于自组织系统演变过程的研究。它是一种时间、空间、状态都离散，空间相互作用和时间因果关系都为局部的网格动力学模型，具有模拟复杂系统时空演化过程的能力。

参考文献

[1] 张振广．城市增长边界划定方法研究[D]．同济大学硕士学位论文，2013．

[2] 李爱民．基于遥感影像的城市建成区扩张与用地规模研究[D]．解放军信息工程大学博士学位论文，2009．

[3] 龙瀛，韩昊英，毛其智．利用约束性CA制定城市增长边界[J]．地理学报，第64卷第8期．

[4] 黄明华，高峰．中国城市发展特征视角下的城市生长边界研究[D]．生态文明视角下的城乡规划——2008 中国城市规划年会论文集．

作者简介

胡　方，上海同济城市规划设计研究院规划三所，副主任规划师，高级工程师；

姚　凯，上海同济城市规划设计研究院规划三所，副所长，高级工程师；

艾　彬，中山大学海洋学院遥感与地理信息研究中心副教授，主要从事环境遥感及城市模拟相关研究。

项目负责人：周俭、裴新生

主要参与人员：姚凯、张乔、刘振宇、吴亚萍、兰子健、彭灼、阳周、周国锋、胡方、阮梦乔、张博钰、龙微琳、张博、黄华、王建蓉

同时感谢中山大学项目团队的技术支持。

22.南昌大都市区弹性增长边界划定
23.南昌市大都市区生态保护优先情景
24.南昌市大都市区协调发展情景
25.南昌市大都市区边缘扩张型发展情景

智能规划机器人助手“小优”
——构想、实现路径和关键技术

Intelligent Planning Robot Assistant Small Excellent
—Idea, Implementation Path and Key Technology

张 照
Zhang Zhao

[摘 要] 本文从微软的小冰、苹果公司的Siri等得到启发，设想了一种智能规划机器人助理，可以回答城市规划专业问题、给出专业建议，甚至辅助设计师完成设计任务，然后从云端数据库、行业垂直搜索引擎和人工智能三个阶段分别展开论述其实现路径和关键技术，最后简单介绍了云规划团队最近几年在该领域的相关实践和研究进展。

[关键词] 智能规划；垂直搜索引擎

[Abstract] From Microsoft's wheatgrass, Apple's Siri, inspired envisages an intelligent planning assistant robot, can answer problem of city planning major, give professional advice, and even help the designers to complete the design task, then from the cloud database, industry vertical search cited Qing and artificial intelligence in three stages respectively discusses the realization path and key technology, and finally briefly introduce the cloud planning team in recent years in the field of practice and research progress.

[Keywords] Intelligent Planning; Vertical Search Engine

[文章编号] 2016-73-P-062

1.2016云规划首页
2.案例众包收集表单

如果你看过《超能陆战队》，应该会对里面的医疗机器人“大白”印象深刻，他是一个家庭医生机器人，可以给你检查身体、诊断病情、给出医疗建议，甚至做应急性急救工作。当然，“大白”是个科幻存在，还很遥远，但就在2016年3月，GOOGLE的人工智能系统AlphaGo以4:1的比分击败围棋世界冠军李世石后，这个遥远模糊的存在似乎又变得清晰起来。不仅仅是GOOGLE，还有微软的小冰、苹果公司的Siri，甚至百度的“度秘”，人工智能正在快步朝我们走来。

作为一个城市规划师，我们不禁要问，未来有没可能会出现一个智能规划辅助机器人（我们暂且叫它“小优”），他可以回答我们关于城市规划的专业问题，给出专业建议，甚至辅助设计师完成设计工作。

从2013年开始，云端城市规划设计中心团队就致力于互联网和云技术在传统设计行业的应用探索，其中目标之一就是打造一个智能城市规划辅助系统。经过3年多的摸索，“小优”也从朦胧的构想慢慢清晰起来，并最终确定了“三步走”的实现路径。即首先从“云端数据库”入手，收集、整理海量城市规划数据和资料、并存储到云端；然后打造“行业垂直搜索引擎”，设计师可以通过互联网，用多种方式实现准确搜索定位；最终实现“人工智能”，机器人可以理解设计师的问题，并提供解决方案。

一、云端数据库

就像GOOGLE训练AlphaGo一样，需要先把人类的棋局输入到AlphaGo的数据库中，“小优”也需要先学习城市规划知识。当然，城市规划的复杂性意味着“小优”需要掌握的知识远比棋局要复杂，包括各种案例、书籍、杂志、文本、规范、论文、视频、总图和数据等，所以，“小优”的数据库至少需要解决以下三个问题。

1. 如何用数据来定义设计方案——人工分类+机器学习

很多规划知识都是电脑无法识别的图像化信息，如何让“小优”能像规划师一样“读懂”一个设计方案，就需要把一个图像方案转译为电脑可以理解的数据。比如，一个居住区的方案设计总图，可以通过组织信息、基地特征、业态和功能、形态结构及各类结果类标签数据来定义和界定。

这些标签中，有些标签比较容易理解，比如基地形状，自然特征等，但有些标签没有统一的标准，比较难定义，比如一个区分不同设计的很重要的标签——项目的肌理特征，这是一个用来描述设计的标签，通过提炼，可以分为行列式、围合式、块状、中轴等构图语言。

通过众多标签的人工分类，就可以把一个设计方案以数据形态进行存储，不要小瞧人工分类（或者叫专家分类），这是未来人工智能学习的基础。所谓用机器理解数据，其核心就是用算法解读出案例的特征，这个特征可能是人容易理解的，如项目规模、GDP等量化指标，也可能是经过处理不容易理解的，但是数学上是个显著的特征，如基地形状、山水要素等特征向量。常用的机器学习的算法，分为有监督和无监督，有了人工分类，就可以完成更有效率的有监督的机器学习。

2. 如何收集和处理海量数据——众包模式(Crowdsourcing)

人工智能需要海量数据支持，GOOGLE技术团队用RL network自我对弈的3 000万棋局作为AlphaGo的训练数据，如何让“小优”也能拥有如此海量的数据？城市规划数据的复杂性意味着不可能像围棋数据那样通过机器自动完成，而需要人工收集和处理，这将是一个极其庞大的工程，如果通过传统

的工作模式，几乎是个不可能完成的任务，但是，基于互联网的众包模式让这个工作成为可能。

所谓众包模式，就是通过一个网络分众工具平台，把一个庞大任务分解为无数小任务，让任何人，在任何地方、任何时间，都可以来共同参与完成。以案例收集为例，只要输入一个网址，或扫描一个二维码，就可以按照规定的格式要求整理和提交数据，然后通过一个在线提交系统汇总成为一个完整的成果，所有人上传的数据都会集合到统一的数据库后台保存。想象一下，我国现有近200所规划院校，近4万在校学生，如果每个学生每个学期处理10个案例，一个学期就是40万个。

3. 如何存储多类型复杂数据——非结构化数据库（Unstructured database）

AlphaGo的棋谱可以用单一的文本信息来描述和存储，但一个城市规划知识点，除了常规的文本信息外，还包括图片、视频、CAD文件和SU模型等众多不同类型的关联数据和文件。

要处理这样一个复杂的数据结构，就需要用到非结构化数据库技术，即字段长度不等，且每个字段的记录又可由可重复或不可重复的子字段构成的数据库。用它不仅可以处理结构化数据（如数字、符号等信息），而且更适合处理非结构化数据（全文文本、图像、声音、影视、超媒体等信息）。此外，所有数据都直接存储在云端，而非本地电脑，通过分布式对象云存储系统，保存在阿里云、七牛等云存储平台。

二、行业垂直搜索引擎（Vertical search engine）

当“小优”积累了海量知识后，如何能让他像人类一样回忆、提取自己的记忆？这就需要通过搜索引擎技术，相比GOOGLE、百度等通用搜索引擎，小优需要一个城市规划行业的垂直搜索引擎。一般来说，通用搜索引擎虽然具有海量信息，但也更无序化，特别是面对城市规划专业的搜索请求时，往往无法给出满意的结果，而行业垂直搜索引擎则更加专注、具体和深入，可以从公众的（包括公开的网页等）和获得授权的资源中，发掘、建立起一个异常庞大的、经过组织的数据库，再利用高级的自然语言算法进行处理，最终构造出一个更智能、更高效的搜索系统。具体核心技术包括：

1. 跨知识域搜索——知识图谱技术（Knowledge Graph）

城市规划知识往往分散在很多不同渠道之中，如书籍、文本、法规和规范、论文和视频等，而不同的专业内容保存在不同的专业库当中。那么，如何能在同一个搜索入口，通过一个关键词就可以搜索规划知识全领域内容？

人脑的精妙在于它同样也存储了很多不同类型的信息，但这些不同内容并非相互隔离存在于不同库中，当你回忆某个名词，可能意味着你去过旅行的地方，也可能是一个以此命名的餐馆，甚至还可能是有一本小说就叫这个名字，并且已经改编成了同名电影。

“知识图谱”技术能让“小优”实现类似人脑的功能，通过构建一个与搜索结果相关的完整知识体系，并对这些数据进行归纳整合、高度匹配，并标签化，打通不同知识和信息媒介之间的隔离，串联同一知识线索下的关联信息，将搜索结果进行知识系统化，任何一个关键词都能获得完整的知识。

2. 基于地理位置搜索（LBS）

城市规划需要落地到空间，所以需要赋予“知识”空间属性，比如可以根据你所在的位置，提供有针对性的内容建议，或者可以搜索某个特定区域的案例。这种基于地理位置的兴趣点搜索技术，已经被广泛应用，并且有非常成熟的系统解决方案。

但对于“小优”来说，所谓的“位置相近”，除了空间距离外，还有很多其他衡量指标，“小优”还需要理解“知识”所在的区域特征，比如不同经济发展水平、城市规模、地域气候和文化习俗。具体来说，当你说要找某个类型的城市综合体项目方案时，“小优”不仅要考虑需要找的项目本身特征，还会考虑项目所在地区的情况是否与目标对象一致。

三、人工智能

所谓的人工智能，就是如何能让“小优”听懂、理解设计师的指令和问题，能自动搜索合适的答案，并与设计师进行互动沟通和交流；甚至可以不仅限于输出现存的知识，还能根据现有知识基于

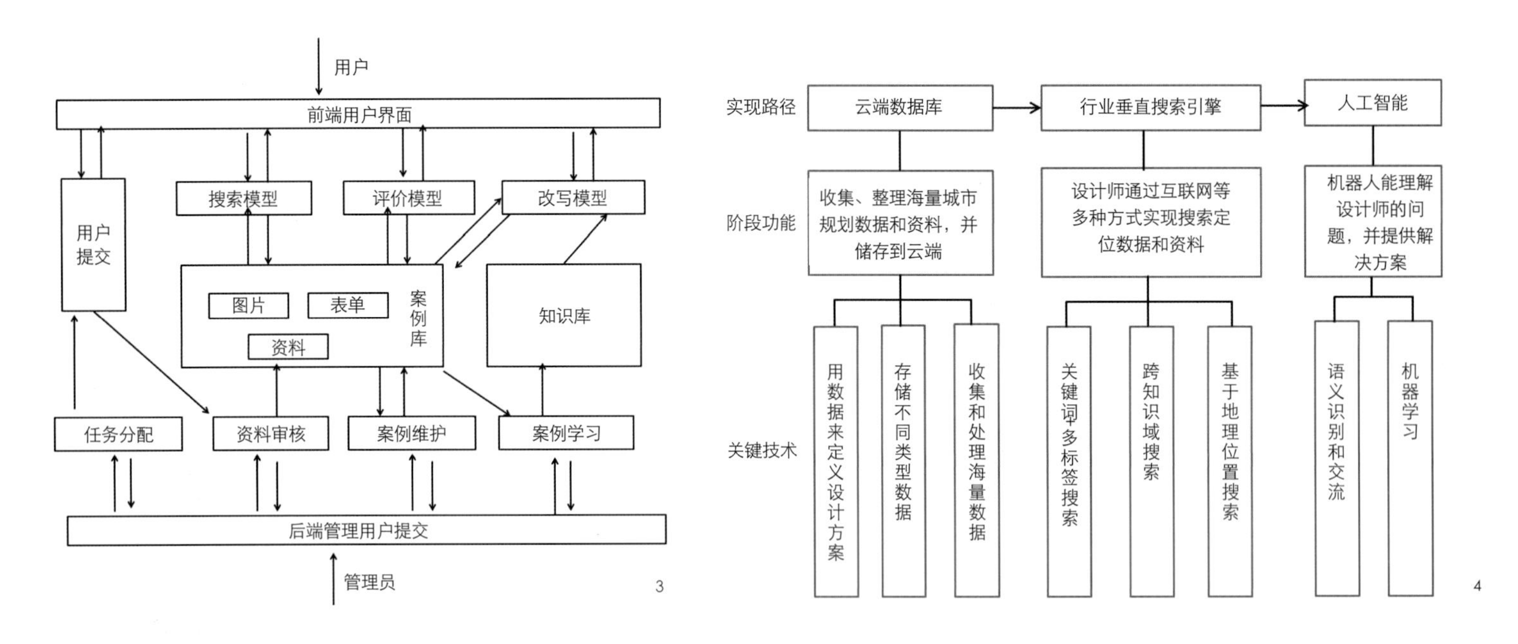

3.cbr技术路线
4.技术路线
5-6.数字定义图像
7.机理特征模式图

特定问题和需求进行修改，然后输出一个更合适的答案。相信有了以下几种技术的帮助，“小优”会变得更加智能。

1.认知技术（Cognitive Computing）

认知技术的目的是让机器人能像一个普通人一样，听得懂、看得进，并与人类实现正常交流，具体包括计算机视觉、机器学习、自然语言处理和语音识别技术等。其中，机器学习将会使计算机系统通过分析数据来提升自己的表现，而不必遵守清晰的程序指令；自然语言处理（NLP）让计算机能够像人类一样处理文本，例如从文本中提炼出意义，甚至生成可供阅读、文风自然、语法正确的文本；语音识别让计算机具有自动并准确地将人类语音转化成文本的能力。

大家最熟悉得认知技术应用是苹果公司的Siri，她可以支持自然语言输入，并且可以调用系统自带的天气预报、日程安排、搜索资料等应用，还能够不断学习新的声音和语调，提供对话式的应答。

但问题是，要打造Siri这样一个系统需要庞大得资金支持，“小优”作为一个面向小众人群的专业应用，如何有足够的人力和财力来打造这样一个智能系统？幸亏谷歌等公司给出了开源的认知技术解决方案，让未来各类认知技术应用可以像插件一样被简单调用，而不用去从头独立研发，就像建站程序wordpress一样，不需要你掌握任何网页前后端开发的技术，只要通过简单的拉拽，就可以新建、管理和维护一个网站。

2.基于案例的推理技术（Case-BasedReasoning）

除了让“小优”能像人类一样沟通外，更重要的，是要让他可以像人类一样思考，只有这样才算是一个真正的人工智能，而非简单的问答机器，就像AlphaGo是在没有人工干预飞状态下自主思考下棋一样。

有很多模型和算法能让机器具有这样的能力，比如复杂神经网络、LSTMs（长短期记忆网络）、注意力模型（Attention Models）等，对于“小优”来说，基于案例的推理技术（Case-BasedReasoning，简称CBR）可能更适合他。CBR是人工智能领域的一个重要分支，它强调人在解决新问题时，常常运用自己或他人积累下的经验进行思考、推理和解决问题，并通过适当修改过去类似情形的处理方案来解决新问题，其核心思想可以用一句话来概括，那就是“相似问题具有相似的解”。

CBR技术已经被广泛应用于很多领域，比如企业决策、法律案例、医疗诊断和天气预报等等，也都取得了比较好的效果，但CBR在设计领域的应用，目前大多处于模型理论阶段，具体实践应用较少，还有很大的潜在应用价值。2014年，笔者在欧洲规划院校联合会（AESOP）上宣读论文，探索如何将CBR的方法应用于城市规划，建立一个基于CBR的城市规划支持系统（简称CBRUPSS），并从案例的表达、收集、评价、搜索、学习和应用等方面详细叙述CBRUPSS的关键技术难点和解决途径。

利用CBRUPSS模型，“小优”首先从案例库中寻找同种或近似的案例，如果找到的案例与待求解案例的描述完全一致，则将找到的案例中对该案例的处理结果、存在问题或解决方案输出；否则，根据对待求解问题的描述，对检索出来的案例进行修改，以产生一个符合问题求解要求的解并将其输出，同时将这个问题的求解作为一个新的案例再存储到案例库中。

四、研究进展

从2013年到现在，云规划团队花了近3年时间，走了一步半，即完成了云端数据库、垂直搜索引擎，以及CBRUPSS模型的前期结构工作，并于2016年5月推出了“小优”的初代产品——云规划知识图谱，这是第一个包含资料、案例、总图、模板、素材和数据等六大子库的城市规划行业垂直搜索引擎。设计师只需要打开云规划知识图谱的首页，像使用百度一样输入关键词，选择要找的资料类型后点击搜索（或确认键），就可以一键直达你需要查找的内容，也可以点击搜索框下方的链接，进入相应子库后，选择更多标签，实现更精确搜索定位。

但越是简单的操作体验，也就意味着越复杂的后端技术和海量数据支持。以案例库为例，云规划组建了一个由30个学生组成的内容团队，经过3年时间，整理了6大类53中类200多小类，近5万个案例，每个案例又包含了对应的现状照片、航拍图、规划方案和文本等资料数据，所有数据都存储在由云规划技术团队研发的云端非结构化数据库中。

除了案例名称、概述和项目分类等基本信息外，云规划数据团队还通过人工或半人工方式，为每个案例标注了14个标签数据，共有超过50万条标注数据，实现了更精确的多标签搜索功能，规划师可以根据项目具体情况提出更为针对性的搜索要求，比如一个在水边、基地形状是三角形、面积在15~20hm^{2}左右、建筑自由布局、以绿色低碳为特点的别墅住区。在案例库的搜索页面，通过自然要素、基地形状、基地规模、核心构图、项目特色和项目类型等6个标签交叉选择就能实现准确定位，而海量的案例覆盖又确保了搜索结果。

当然，通过人工方式标注的标签数据会有很多错漏，所以，案例库可以通过收集大家的使用反馈对标签数据进行校核和修正，预计2年以后可以达到百万个以上的标注数据。

下一步，可以让“小优”通过自我学习，用这些标签数据对识别算法进行训练，让“小优”可以自动识别案例的自然要素、基地形状等信息，自动完成案例的标注和整理。例如，如何能让“小优”看出某个居住区设计方案是行列式结构呢？云规划团队已经人工标注了近千个行列式的居住区，而通过对这些标注数据进行学习（有监督的机器学习），“小优”就可以具有识别的能力了。此外，还可以通过数据抓取，自动采集网络上的相关数据和内容，甚至可以通过CBR模型、借助多维度大数据对案例进行评价。再加上语义识别模块，“小优”就可以听懂设计师的指令，回答问题。

现在看，“小优”离我们还很遥远，但历史告诉我们，不要质疑一个新技术能带来的变革。在19世纪末开始的电力革命中，人们架设电线，只是为了照明，从没想过还能用电来做别的用途。电灯出现20年后，真正改变人们生活的电器才大量出现。互联网到今天也才20几年的时间，谁能想象到还会发生什么?

也许最终“小优”不会在云规划团队手里实现，但再先进的人工智能也离不开前期海量、枯燥的数据整理工作，我们不介意做一次炮灰，为后来者打好基础。

参考文献

[1] Yeh, A.G.O. & X. Shi, 1999. Applying case-based reasoning to urban planning - a new PSS tool. Environment and Planning B-Planning and Design 26（I）：101－116.

[2] 张照．基于CBR的城市规划支持系统及其关键技术[D]．2014年欧洲规划院校联合会（AESOP）论文．

作者简介

张　照，上海同济城市规划设计研究院城开分院主任规划师，上海云端城市规划设计中心，架构师。

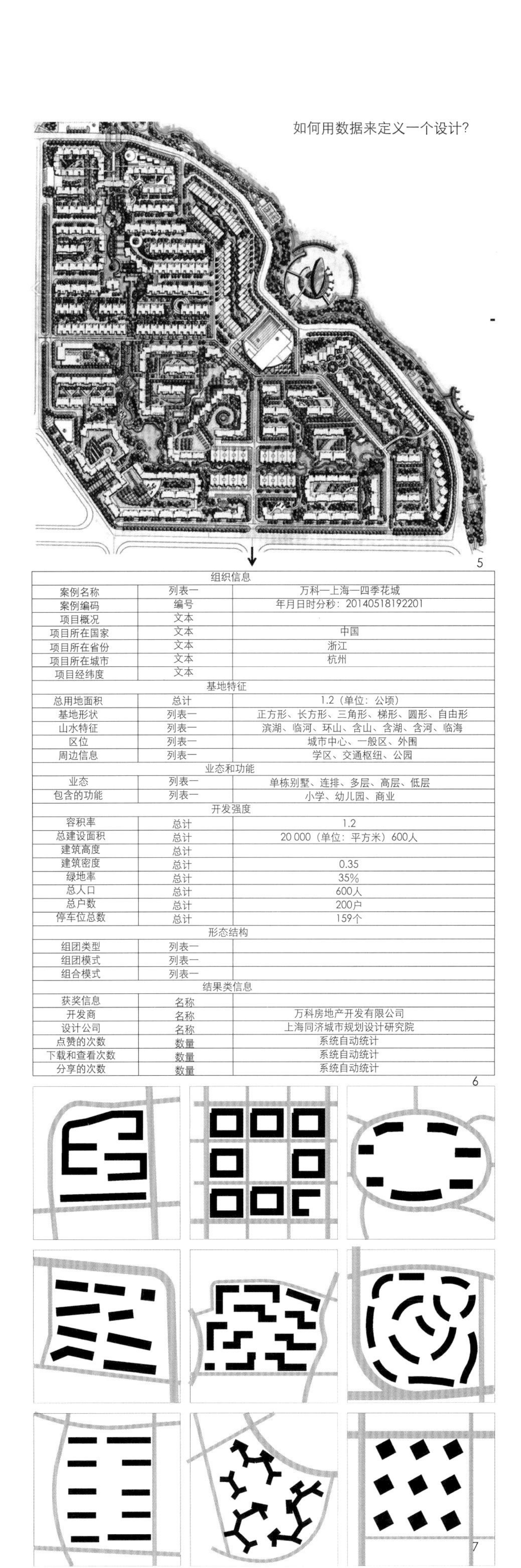

组织信息		
案例名称	列表一	万科一上海一四季花城
案例编码	编号	年月日时分秒：20140518192201
项目概况	文本	
项目所在国家	文本	中国
项目所在省份	文本	浙江
项目所在城市	文本	杭州
项目经纬度	文本	
基地特征		
总用地面积	总计	1.2（单位：公顷）
基地形状	列表一	正方形、长方形、三角形、梯形、圆形、自由形
山水特征	列表一	滨湖、临河、环山、含山、含湖、含河、临海
区位	列表一	城市中心、一般区、外围
周边信息	列表一	学区、交通枢纽、公园
业态和功能		
业态	列表一	单栋别墅、连排、多层、高层、低层
包含的功能	列表一	小学、幼儿园、商业
开发强度		
容积率	总计	1.2
总建设面积	总计	20 000（单位：平方米）600人
建筑高度	总计	
建筑密度	总计	0.35
绿地率	总计	35%
总人口	总计	600人
总户数	总计	200户
停车位总数	总计	159个
形态结构		
组团类型	列表一	
组团模式	列表一	
组合模式	列表一	
结果类信息		
获奖信息	名称	
开发商	名称	万科房地产开发有限公司
设计公司	名称	上海同济城市规划设计研究院
点赞的次数	数量	系统自动统计
下载和查看次数	数量	系统自动统计
分享的次数	数量	系统自动统计

基于Fluent技术的城市形态与通风环境相关性研究

A Study on Correlation between Urban Morphology and Ventilation Environment Based on Fluent Technology

许 路 刘 沛
Xu Lu Liu Pei

[摘 要] 本文基于计算机流体力学，通过运用Fluent模拟仿真技术，对城市基本形态对于城市通风环境的影响进行模拟研究和对比分析，推测出城市通风环境与城市形态之间的关系。将分析所得推论应用于阳江城南新区绿色低碳片区的城市设计案例中，通过对实际案例的模拟结果分析，得出与推论相同或不同的结果，用以指导接下来的研究工作。

[关键词] 模拟仿真；计算机流体力学CFD；Fluent技术；城市通风环境；城市形态

[Abstract] This research based on computational fluid dynamics. By using the fluent simulation technology, we make a simulation research and comparative analysis on the influence of urban basic form on Urban Ventilation Environment, speculate the relationship between urban ventilation environment and urban form. With the analytical deduction applying to the urban planning of Yangjiang South New District Green low carbon area, an analysis of simulation results on real cases came out. By the simulation results of an actual case analysis, we draw conclusions from that inference in conformity with or different results, so as to guide the following research work.

[Keywords] Simulation; Computational Fluid Dynamics(CFD); Fluent Technology; Urban Ventilation Environment; Urban Form

[文章编号] 2016-73-P-066

一、引言

随着国家对于生态城市的关注度日益提高，城市规划工作也逐渐与众多跨学科部门合作，寻求科学而又精确的分析方法，从而寻求更精准、更科学的城市解决方案。在众多跨学科合作的领域中，模拟仿真是一项拥有广阔前景的合作技术，尤其是在城市通风模拟研究方面，通过计算机精确模拟，摆脱了过去对于通风状态的经验式的描述，从主观性的判断转为客观的判断分析，从而为科学规划奠定了一定的基础。

二、模拟仿真技术及Fluent简介

模拟仿真技术是指用一个系统模仿另一个真实系统的技术。由于计算机技术的发展，仿真技术逐步自成体系，成为继数学推理、科学实验之后，人类认识自然界客观规律的第三类基本方法，而且正在发展成为人类认识、改造和创造客观世界的一项通用性、战略性技术。

本文主要探讨的是计算机流体力学（Computational Fluid Dynamics，简称CFD）。它以电子计算机为工具，应用各种离散化的数学方法，对流体力学的各类问题进行数值实验、计算机模拟和分析研究，以解决各种实际问题。

现今CFD技术领域里常用的CFD软件有CFX、Fluent、Phoenics等。本次研究采用的是Fluent软件，因其是目前国际上比较流行的商用CFD软件包。Fluent开发了适用于各个领域的流动模拟软件，这些软件能够模拟流体流动、传热传质、化学反应和其他复杂的物理现象，软件之间采用了统一的网格生成技术及共同的图形界面，而各软件之间的区别仅在于应用的工业背景不同，因此大大方便了用户。

三、城市通风环境研究简介及技术路径

城市通风环境与城市形态息息相关，由于城市形态复杂且具有多样性，在街区建筑层面具有多个形态限定因素，包括建筑密度、容积率、建筑形态组合、建筑高度等；在建筑组合之间也存在着许多限定因素，如建筑与街道的高宽比、建筑群高度组合等；此外对于风环境本身也存在着较多影响因素，包括风速、风向、温度等当地气候条件。

鉴于影响城市通风环境的因素众多且繁杂，此次研究通过简化建筑模型，选取主要控制变量，对城市街区建筑的建筑形态、建筑密度、容积率、街道建筑高宽比、建筑高度组合形态及街道建筑迎风角度等多个限定因素进行研究。通过多项模拟结果及对结果数据的统计分析，大体得出以上各个城市形态要素对于城市通风环境的影响。最后，结合阳江城南新区低碳城区项目，进行实证研究，得出最终研究结论。

四、城市通风环境研究

此次研究分为建筑形态组合、街道迎风角度、临街建筑高宽比和建筑高度组合四组。由于阳江市夏季主导风向为东南风，风频最高为2.7m/s（10km/h），因此，设定研究风速为2.7m/s。研究数据截取自距模型地面1.5m处的风速云图及统计数据，通过对比分析云图与统计数据图表来分析模拟结果。

随着研究的进行，我们发现在竖直纵剖面上的风速模拟中，以2.7m/s的风速进行模拟，在竖直方向上的风流动不够明显，不能满足研究所需的要求，同时，因需要探究垂直于街道的风向对于城市街道通风的影响，故在第三项临街建筑高宽比和第四项建筑高度组合中，选取5m/s的正东风向，作为外部条件。

1. 建筑形态组合对于城市通风环境关联性研究

城市中的建筑形态变化万千，尤其是居住与商

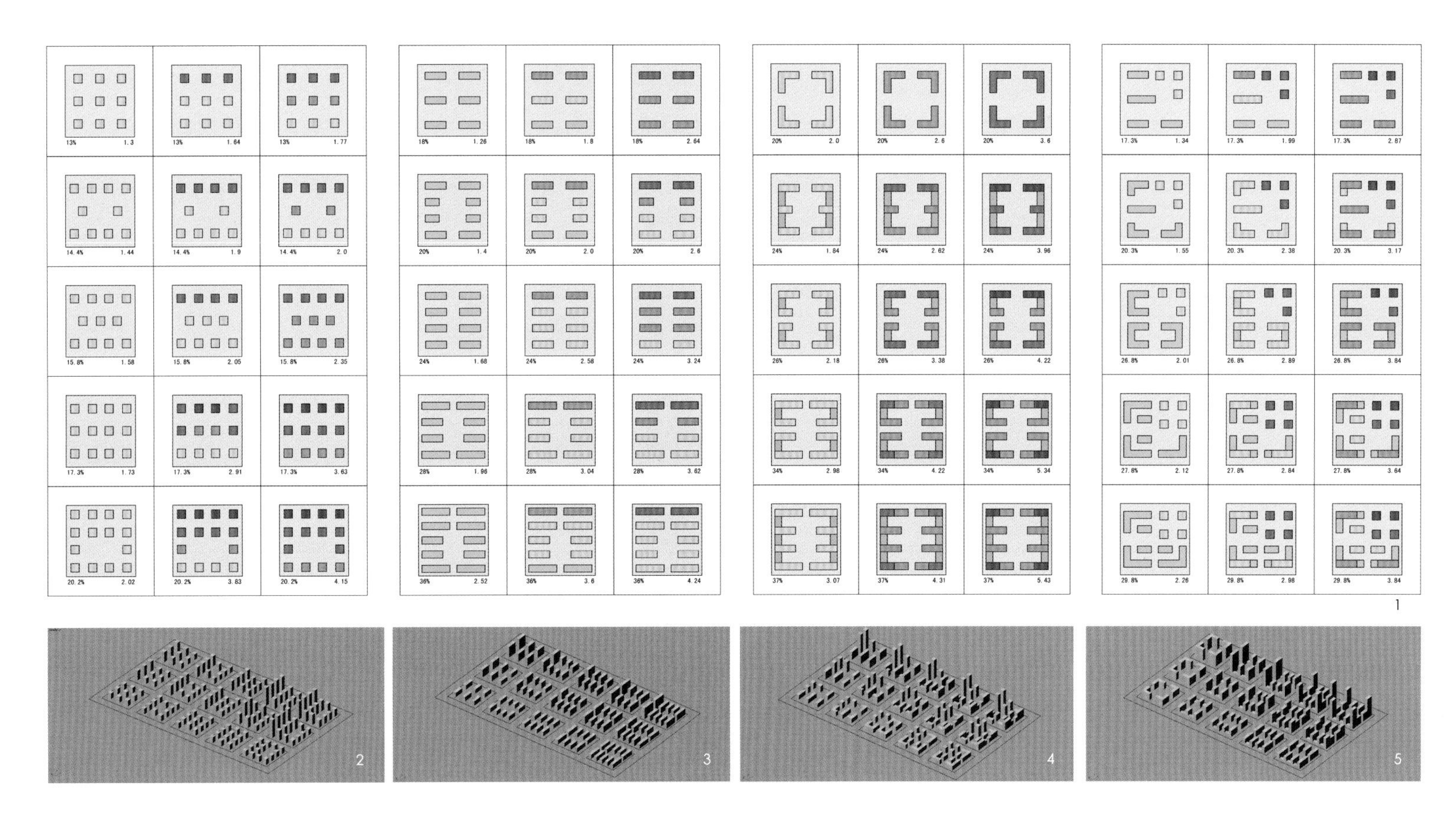

1.四种建筑模式平面图
2.点阵式模型
3.行列式模型
4.混合式模型
5.围合式模型

业建筑，存在着多种形态控制因素。此次研究为简化实验过程，我们建立了四组实验模型，分为点阵式建筑、行列式建筑、围合式建筑和混合式建筑。

建筑数据统计以150m×150m地块为界，建筑模式高度分部以一层3m为标准，分为3层、7层、10层、13层、18层、32层六个高度。每一组模型中横向为建筑密度不变，容积率逐渐升高；而每一组纵向第一列为建筑高度不变，建筑密度依次升高。计算域为230m×230m×150m，统一以东南风进入计算域，风速2.7m/s，计算结果截取距地面1.5m的风速云图，并统计距地面1.5m截面上各网格节点的速度大小数据。

点阵式建筑模型由于其建筑密度低，建筑孔隙多，拥有足够的廊道供气流进入，从而在建筑群之间形成多条通风廊道。又由于迎风向前部建筑对后部建筑有较多的阻挡，所以风速在建筑群后部降速趋近于零，形成较多的风影区。

行列式建筑模型建筑呈条状分布，建筑群侧面有多个进风入口，底层风向由于建筑物阻挡而顺着模型表面前行在建筑之间能形成较多的通风廊道。北侧建筑以北由于没有建筑物阻隔，空气流动趋近于静止，易形成较大的风影区。

围合式建筑模型采用低层裙楼+中高层塔楼布置，由于周围进风口较少，主要依靠有限的进风口使空气进入建筑环境内部形成环流。而外部由于大部分被建筑物阻隔，只能通过有限的出风口形成空气流动，因此在建筑背风向形成较大面积的风影区。

由于混合式建筑排布有众多形态和方法，本次研究的混合式模型组成包括点阵式、行列式和围合式，从速度云图上分析，可以看到之前三种模式的各个特点：点阵式建筑之间形成多条风道，行列式沿建筑表面形成通风廊道，围合式在建筑内部空间形成空气回流，并通过出风口向外界排放。

通过前面分析判断的标准，气流经过城市区域时减小的速度越小，所得建筑空间风环境越为优质。在2.7转折处左边部分的曲线低，而在转折处右边的曲线高，这表明气流经过区域时风速降低的区域比较小，而原风速及风速提高区域较多，是比较理想的通风状态。

因此，从以上计算结果的显示表明，低密度、低容积率的建筑环境更易通风，而通透的点阵式及行列式布局，总体通风环境要比围合式布局要顺畅。现如今的城市建设也逐渐从封闭街区转向开放街区式建设，这也与缓解城市通风不无关系。

2. 迎风方向对于街区通风环境关联性研究

进风角度是影响城市风环境的重要因素之一，建筑物迎风角度不同，其对，于空气的分流也有相应的区别。因此，对于迎风角度的模拟，采用单一模型控制风向角度变量法，最后通过数据统计进行对比研究。

此次风向角度研究的模型选取320m×480m的街区模型，模型中有两条宽40m组成的十字街道，在街道分隔出的地块有多条宽为20m的内街，整体模型放在900m×900m×200m的计算域内。

设置计算风速统一为2.7m/s，风向角度自北风顺时针旋转，每旋转15°设定下一风向，至南风180°为止，总共包括北、东北、东、东南、南风等13个风向。在模拟计算完成后截取距地面高1.5m的速度云图，并统计截面上网格节点的速度数据。

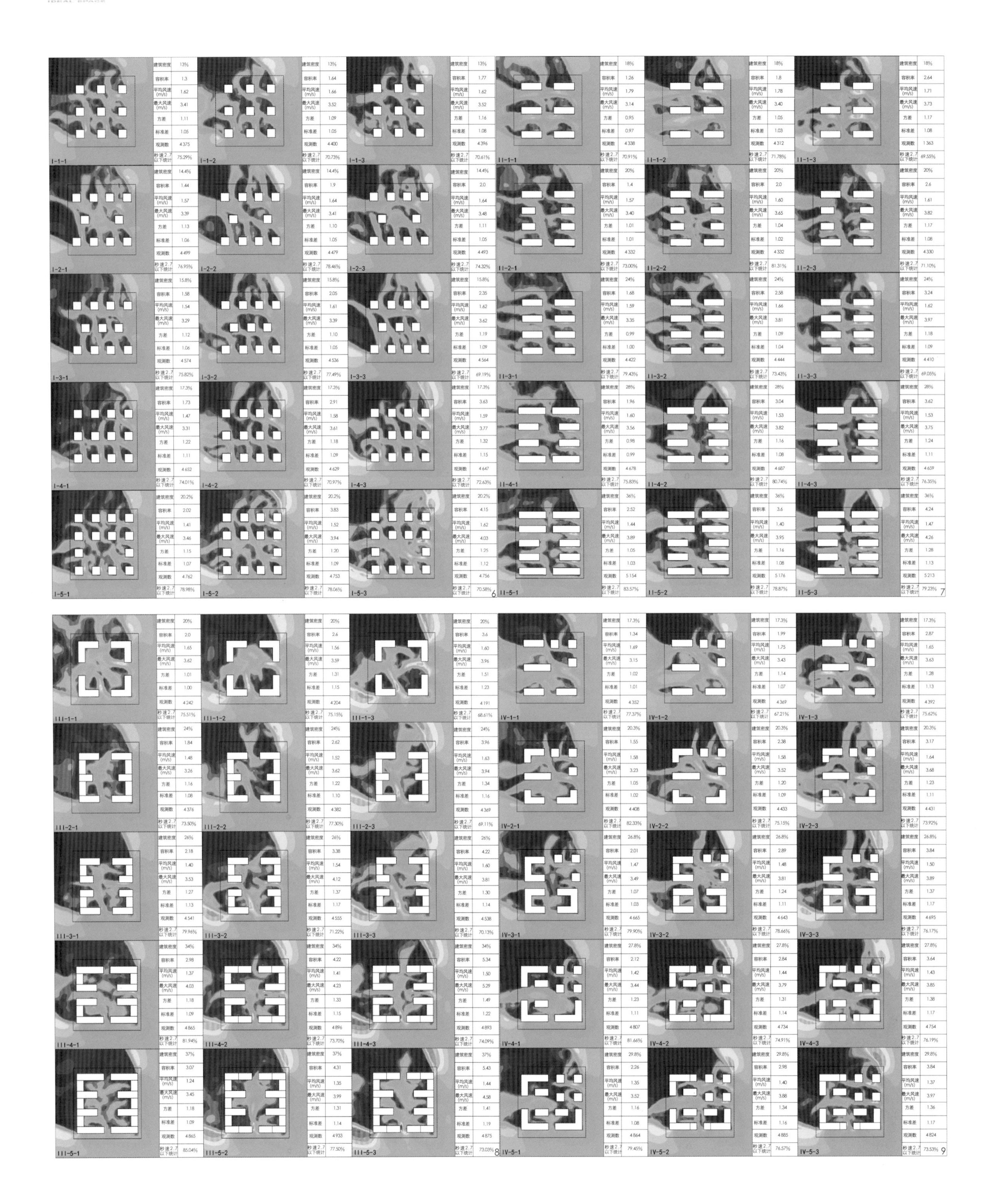

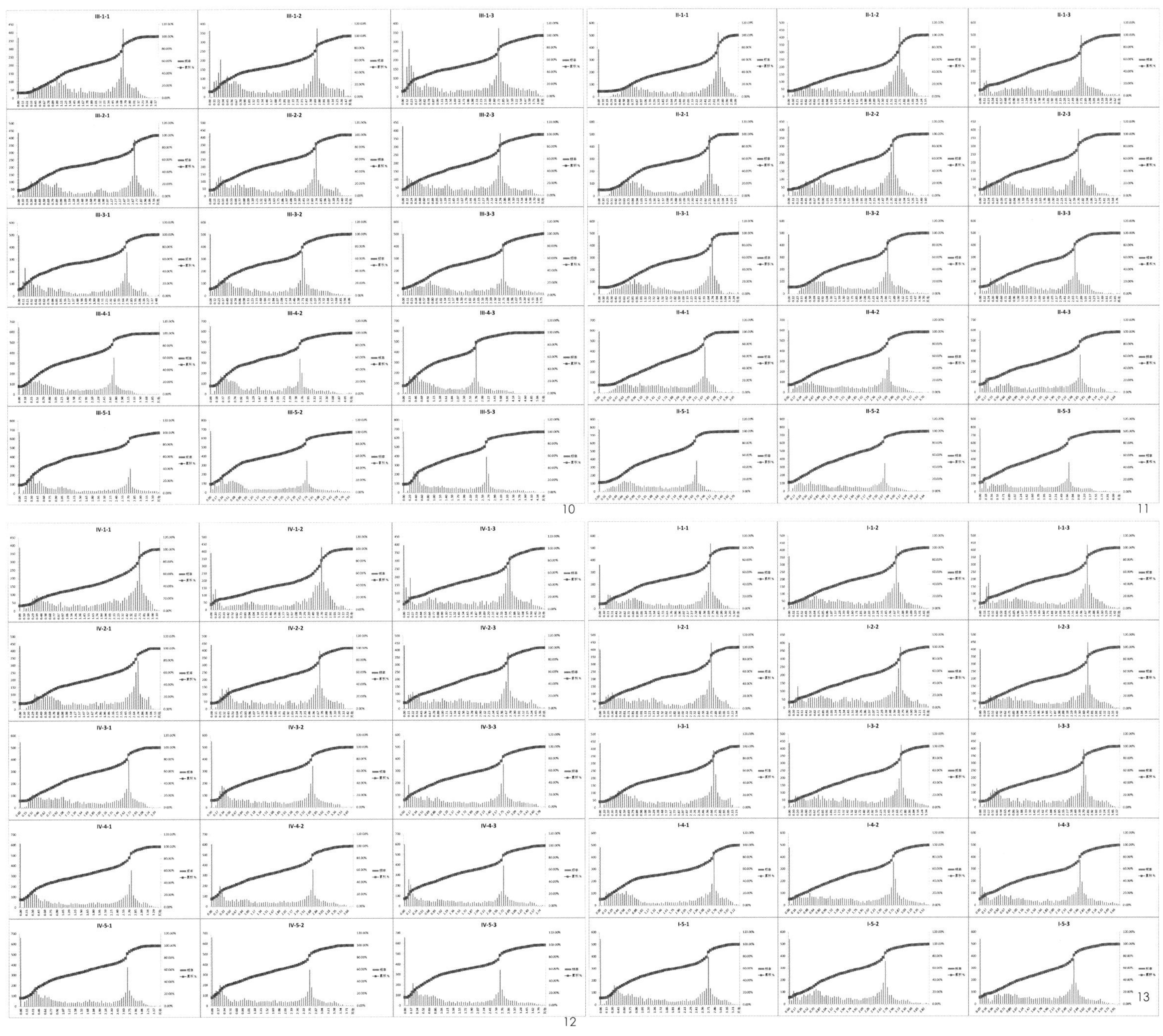

6.点阵式模型组速度云图
7.行列式模型组速度云图
8.围合式模型组速度云图
9.混合式模型组速度云图
10-13.距地面1.5m风频统计与累积图
（点阵式、行列式、围合式、混合式）

从云图整体分析结果来看，建筑物与迎风方向呈锐角时会明显将风向分流到两侧，从而将气流引向建筑环境内部。而正交风向由于前方建筑物阻隔的影响，位于后方建筑基本处于风影区之内，使强风难以进入内部空间，而且，由于空气湍流作用，建筑物围成的纵向风廊的中后部的风速衰减较大，导致建筑物后半部分空间基本以静风区为主。

根据数据统计，将各风向的速度频率统计以折线图进行展示，其中横轴为速度标量，纵轴为频率。可以看出，在所给的全部模型中，45°及135°（即东北风和东南风）风频统计在1.9~2.3m/s段处于下方，而在靠近2.7m/s附近明显处于其他风向统计的上方。这说明在各角度风向的频率统计中，东南风和东北风在整体风环境中速度衰减率比其他各风向都小，从而说明，在通风效果中，与建筑正立面斜45°的风向可以为街道及地块内部建筑环境提供更为良好的风环境。

3. 临街建筑高度与街区通风环境关联性研究

临街建筑高宽比值会影响街道通风环境的优劣，尤其是与街道垂直的横向风；临街建筑的进深值也会

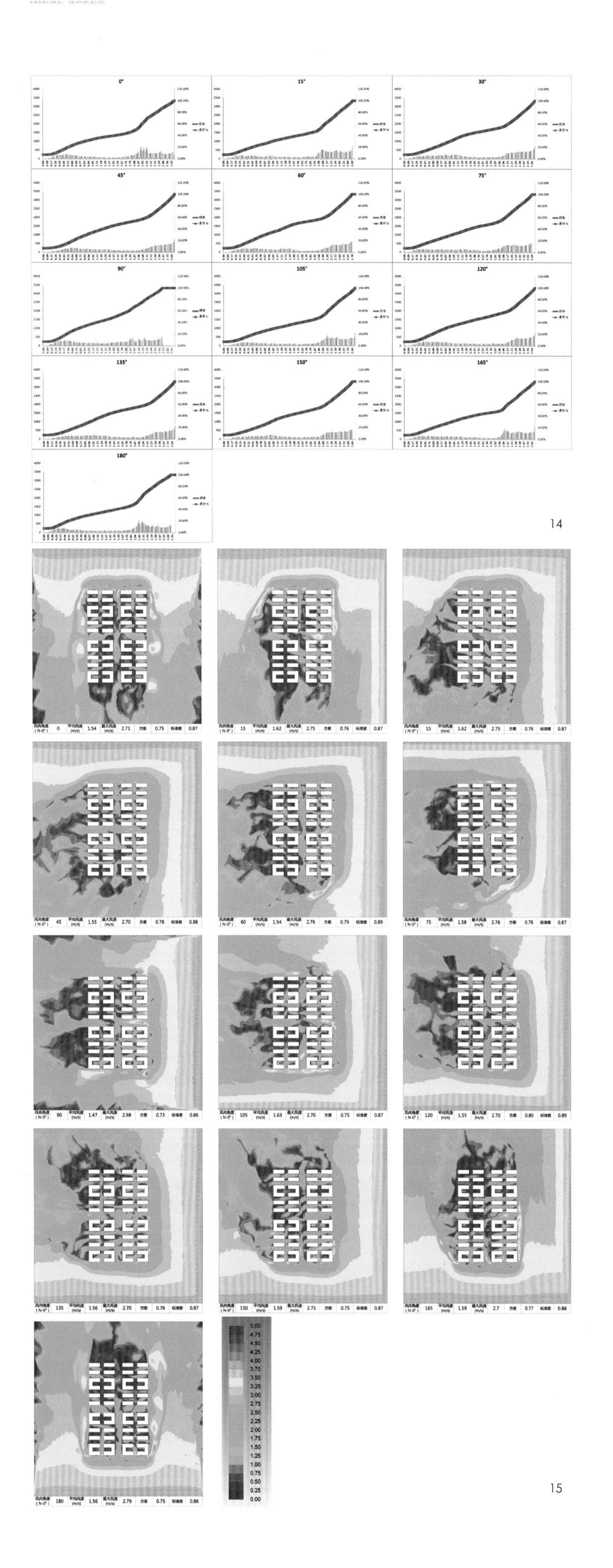

14

15

影响街道内的通风环境，因此在研究街道通风的同时也需要考虑临街建筑的宽度对于通风环境的影响。

建立模型的时候选择以160m长，宽度为25m、35m、45m的建筑为基底，构建起宽为60m的街道平面，外围建立360m×360m×200m的计算场域。街道高宽比自0.2起以0.2递增至2.0，共分为10档，建筑高度也根据街道高宽比自12m至120m之间变化，总共建立3×10共30个模型。

为使计算结果更加明显，设置计算风速统一为5m/s，风向为东风，垂直于街道方向。在模拟计算完成后截取距地面高1.5m的速度云图及垂直于街道中心纵剖面的速度云图，并统计横截面上网格节点的速度数据。

从模拟结果整体来看，气流自建筑顶部跃到街道上空会因第二层建筑的影响会有一定的回旋，从而给街道内部形成气流影响。而建筑高宽比越大，其街道内部通风环境越差。

在建筑与街道高宽比不变的前提下，建筑进深宽的平均风速比进深窄的模型高，在竖向剖面图中也可以明显看到进深宽的建筑街道进风会比进深窄的街道进风明显。

在建筑进深不变的前提下，由于建筑与街道高宽比例越高，其底层通风环境越不畅，平均风速由3.3m/s左右降至2.7m/s左右。但由于建筑高度提高，底层的角隅效逐渐加强，在建筑物两侧形成高速气流，其最高速度从5.3m/s左右升至8.7m/s左右，说明随着建筑物高度的增加，低层风环境的速度差别越发明显，强弱对比加大，易在局部形成极端气流。

4. 建筑高度组合与城市通风环境关联性研究

在城市中，通常会有多组建筑组合成为建筑街道，在街道围成的地块内部也有不同高度建筑围合成的内街空间。建筑组合高度的不同，其带来的通风环境也不相同。通过合适的建筑高度控制，可有效地诱导空气在建筑环境内部的流动，从而减少无风区的出现。

构建建筑基底为30m×210m，建筑之间间隔60m，设置在400m×400m×200m的计算场域。建筑高度分为40m、60m、80m三种，通过排列组合形成多种不同建筑高度组合形式。从中选取16组具有代表性的组合进行模拟分析。

设置计算风速统一为5m/s，风向为东风，垂直于街道方向。在模拟计算完成后截取距地面高1.5m的速度云图及垂直于街道中心纵剖面的速度云图，并统计横截面上网格节点的速度数据。

风速在经过第一条街道时易形成静风区，在经过第二条街道时则会形成下沉气流，引导空气吹入街道。迎风向第二层建筑高于第一层建筑时，高度相差大者第一条街道内的通风越好，而迎风向第三层建筑比第二层建筑高时，由于建筑将角隅效应形成的气流阻挡回地面，第二条街道的底面风速会有明显的提高。由此看出，建筑群在迎风向呈递增高差，且前排高差明显时，对建筑环境底层通风会有明显的改善。

从统计结果看，第一层迎风建筑高度越高，其产生的角隅效应越明显，最高风速也有对应的提升。因此在城市设计中，应当

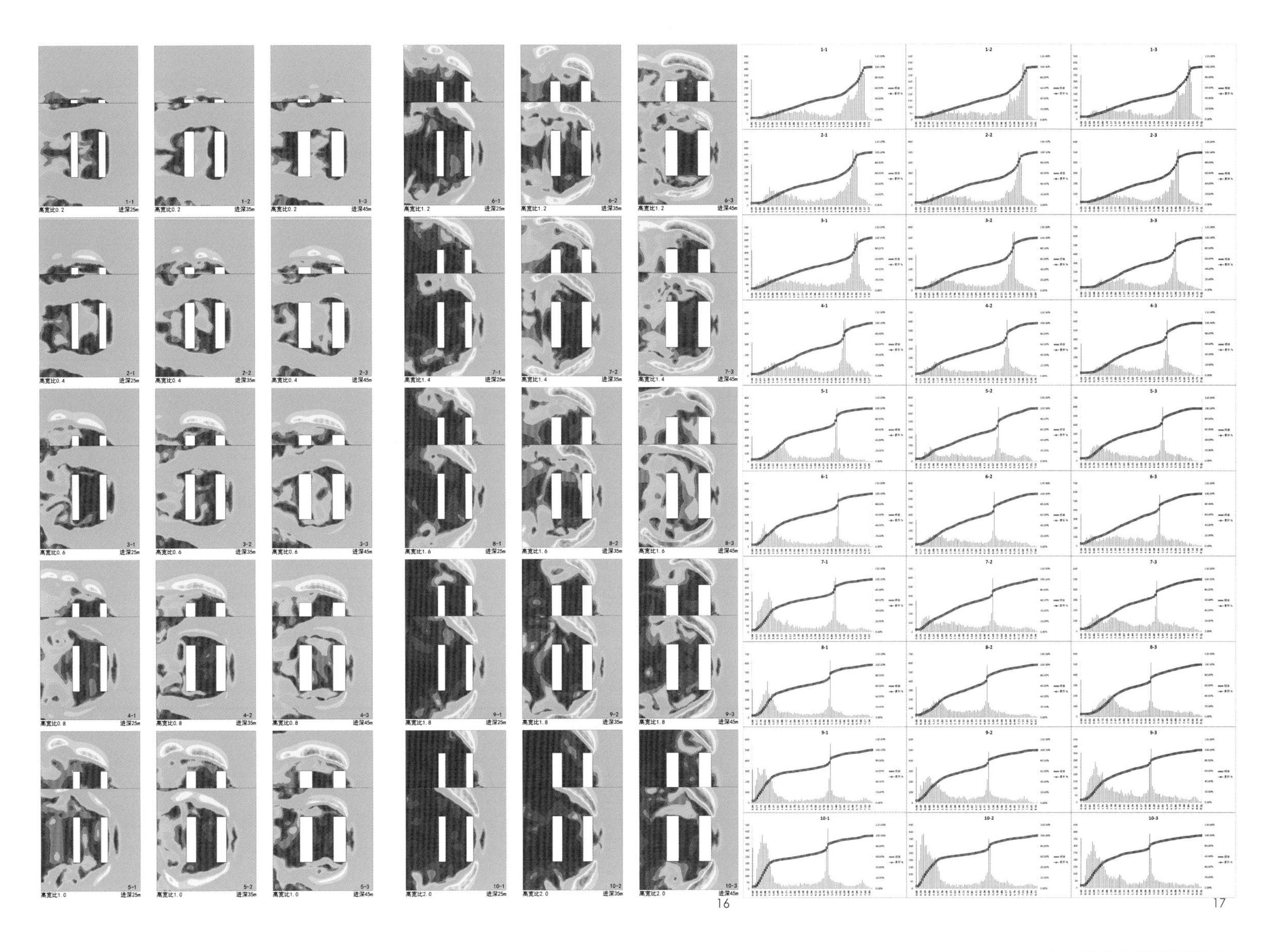

14.距地面1.5m风频统计与累积图
15.各风向距地面1.5m模拟速度云图
16.街道高宽比模拟速度云图
17.距地面1.5m风频统计与累积图

避免在主要街道两侧设置过高建筑，以免形成极端气流。

五、城市形态与城市通风环境关联性在实际案例中的分析——以阳江城南新区绿色低碳片区城市设计为例

阳江市位于广东省西南部，位于回归线以南，属亚热带气候，由于靠近海边，受到海陆气候的影响，夏季盛行东南风，冬季盛行东北风。阳江城南新区作为阳江市着重开发的新区项目，选择在阳江拟建高铁站北侧及漠阳湖周边地块作为绿色低碳片区，因此，借助之前研究得到的结论，在此片区内结合用地规划、自然环境和实际建设状况，进行了新的城市设计。

城市设计遵循以下原则：

（1）将水系、公园等开敞空间作为主要的通风廊道，避免在通风廊道主方向上进行建设。

（2）城市道路作为城市主要开敞空间，其设置方向尽量避免与盛行风形成垂直角度，以形成一定角度为宜。

（3）中心商务区遵循小地块开发原则，塔楼与周边裙楼设置多种高度，增加城市表面粗糙度。

（4）商务区裙楼宜在东南、东北方向设施进风入口，尽量避免半包围或全包围的设计出现。

（5）居住区不宜出现半包围式结构，宜采用点状式＋行列式的排布，并在东南及东北方向加大开敞空间，增加进风口的区域面积。

（6）除核心商务区外，整体城市设计宜采用低层、中层、小高层的建筑设计，不宜采用高层建筑。

在城市设计过程中，为了简化风环境模拟计算，此次设计去除了绿化以及周边环境的影响，故在平面表现图上没有体现绿化与环境等信息。

此次案例里模拟了在10km/h的风速下，东北风及东南风对于低碳生态城区通风环境的影响，并分别截取了1.5m和3m处的风速云图。由云图中我们可以

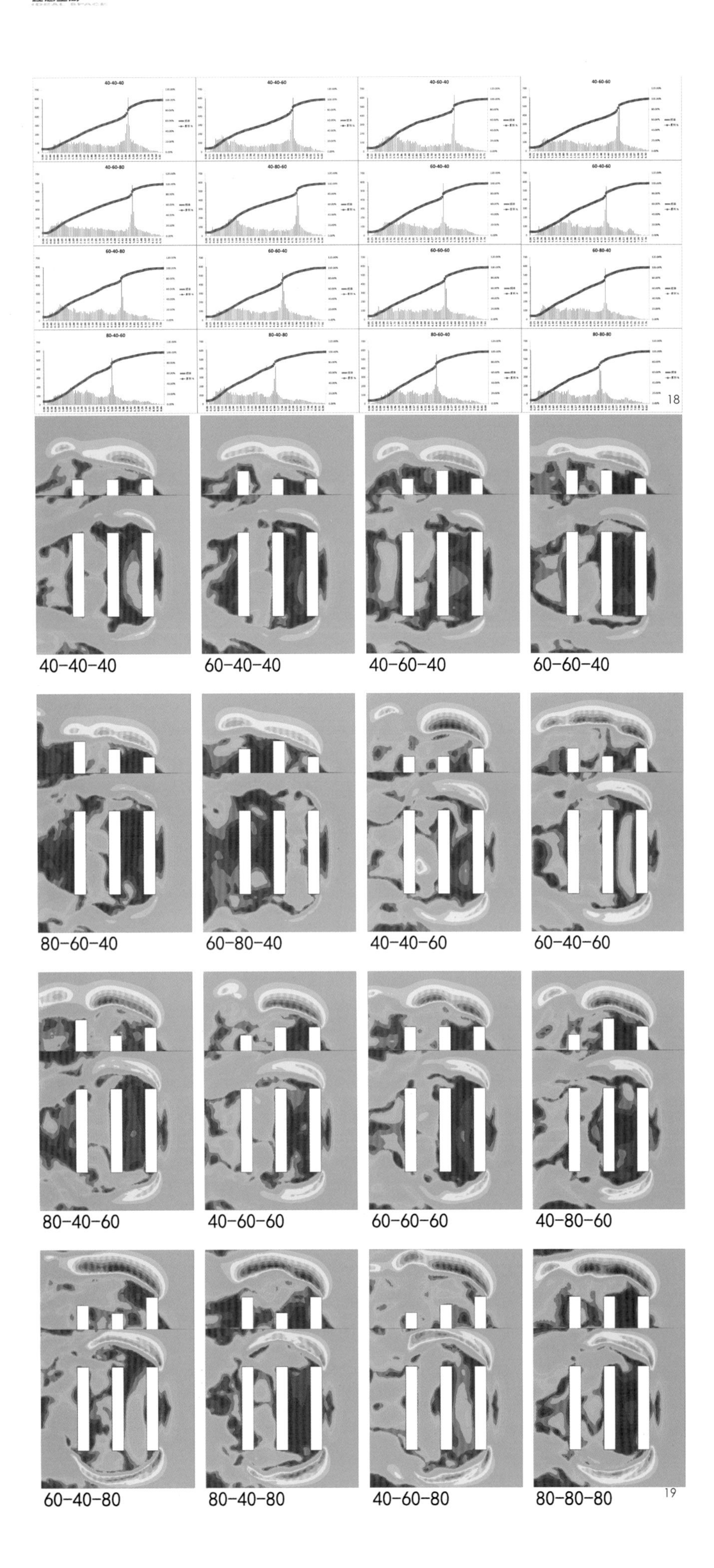

看出：

（1）绿地与水域形成的开敞空间成为城区中的主要通风廊道，将自然风引入城市内部，为城市提供主通风廊。

（2）城市道路形成的开敞空间，其进风口区域的宽度及入风速度很大程度上影响道路内部的通风状况。并且气流以一定角度进入街道时，由于街道两侧的阻碍作用，会使得风向形成一定角度的回弹，而经过回弹的气流则会寻找下一条街道前进。

（3）相比起围合式，开敞行列式居住区的内部通风环境具有良好的改善。

（4）在局部封闭的开敞环境中，周遭围合建筑在竖直方向上影响气流的方向，会使得底层风速受到影响。

从此次案例实验的结果来看，在城市尺度下，公共开敞空间、道路空间依然是主要的通风场所。相比单独考虑地块及居住区的微通风环境，在不影响城市格局的前提下，打通公共开敞空间廊道、梳理道路空间的连通环境就显得尤为重要。当然，城市街区、居住区级的通风环境改善也需要被关注，不仅因为微环境通风贴近实际，而且能够通过局部改造明显地解决通风效果的问题。但从城市区域尺度来看，居住区级的地块尺度仍受制于城市大环境通风状况的影响。因此，为了打造一个良好的城市通风环境，需要从更大的尺度上设置切入点，并结合之前所做的各个不同城市形态对于通风要素的研究，通盘分析城市尺度，乃至区域尺度的通风质量，由上而下地指导城市通风环境的建设。

六、总结

此次城市形态与风环境相关性研究，通过选取不同的城市形态模型，对模型的通风环境进行了对比分析，并以阳江城南新区绿色低碳片区为案例进行了仿真模拟。从研究中可以得出：在城市建设中，通风环境的影响除了建筑密度与容积率之外，还受到建筑形态的排布、街道朝向、临街建筑高度及建筑群体组合等多项因素的共同作用。而对于具体城市的通风环境来说，模拟区域增大时，气流受到城市群建筑的弱化影响十分明显，原本在居住区尺度的通风变化在更大尺度上变得十分微小，因此，只有通过在更大区域尺度的通风引导，将通风廊道引入城市内部，疏通城市内部风廊，才能有效提升在下一级街道与社区尺度的通风环境。

由于城市空间的复杂性，城市区域的通风环境存在更多变化和不确定性因素，因此，城市通风还需要更加多元、更为细致的研究分析。此次运用Fluent模拟仿真技术进行研究，因其属于跨学科、跨专业的新兴技术，尚处于起步与探索阶段，且具有广阔的发展应用空间，过程中还存在很多疏漏和不足，在此欢迎各位同行讨论与指正。

作者简介

许　路，广东省城乡规划设计研究院，规划师；

刘　沛，广东省城乡规划设计研究院，规划师。

18.距地面1.5m风频统计与累积图
19.建筑高度组合模拟速度云图
20.城市设计平面图
21.东南风向1.5m高度云图
22.东北风向1.5m高度云图
23.东北风向3m高度云图
24.东南风向3m高度云图

基于腾讯迁徙大数据的人口流动与城市经济间关联与差异关系的探索

Exploration the Relationship of Population Migration and Economy Relevance and Difference in Cities, Based on Tencent Open Resource

陈清凝 马 靓 郝新华 王 鹏
Chen Qingning Ma Liang Hao Xinhua Wang Peng

[摘　要]　人口流动是城市间经济、文化等相互作用的重要媒介与表现形式。而现在，腾讯、百度等互联网公司根据自身产品的用户LBS（location Based Service）请求，通过清洗、计算，能够得出不同城市间每天的人口流动情况。利用城市对之间的人口流动数据研究城市间的相互作用，对研究区域合作、促进一体化经济及促进社会资源合理分配等具有积极意义。本文利用腾讯迁徙大数据，探索性地研究了北京、上海、广州、深圳、重庆5个观测城市的主要人口输入、输出范围，并且定量计算城市间的经济重力模型下的经济联系度指标与经济差异指标，探究人群流动与各城市经济发展的关系。

[关键词]　大数据；人口流动；经济发展；城市群

[Abstract]　Phenomenon of population movement is a very important represrntation of economy and culture interaction between different cities. Now, the internet company like Tencent and Baidu can get the real data of population movement between different cities based on their LBS(Location Based Service) production. It's positive for studying regional cooperation and rational allocation of social resources that to use open resource's population movement data to study the interaction between distinct cities. This paper will explore the relationship between population movement and economy in five city including Beijing, Shanghai, Guangzhou, Shenzhen and Chongqing. Mainly, this paper observes the range of people migrating, and uses the degree of economic relevance index which based on Trade Gravity Model, and the Economic Disparity Index to explore the relationship of population movement and economy.

[Keywords]　Big Data; Population Movements; Economy Development ; Urban Agglomeration

[文章编号]　2016-73-P-074

一、研究背景

随着社会经济的发展，城市地区经济的加强推动了地区内部与地区之间的社会、经济、文化等交流。人口流动在很大程度上反映和促进了这一现象的发生。从时间跨度上，人口流动可分为不固定的短期人口流动，包括商务活动与旅游，等等；与较为固定的长期人口流动，例如长期的异地就业。不固定的人口流动通常反映了城市间的经济、文化、政治等方面的相互影响。较为固定的长期人口流动则往往由于社会发展中的不平衡导致的社会资源不均衡。这里所指的社会资源不均衡主要体现在社会环境差异、收人待遇差异、工作条件差异、地域差异、经济差异等。社会资源差异往往导致人才的流动，差异越大，人口的流动性就越大。

本文旨在探究两种人口流动形式与城市经济联系、城市经济差异之间的关系，进一步验证长期以来关于日常城际往来与异地就业的推动力与影响力的固有观念。本文首先假设短期不固定的人口流动与长期的人口异地就业分别与各城市间的经济联系、各城市间的经济差异度呈正相关关系，即经济联系越大，短期不固定流动人口越大；经济差异越大，距离越近，异地就业人口越多。在此基础上，利用经济重力模型计算得到的经济联系指标与经济差异指标分别与两类人口流动类型进行相关性分析，进而检验假设是否成立。本文选择北京、上海、广州、深圳、重庆五个观测城市，来探究城市人口流动与城市经济之间的关系。

二、研究数据

传统研究中，由于缺乏实时、详细的数据，研究者通常采用传统统计口径的人口普查、经济普查、经济年鉴等数据，在空间上的衡量也倾向于采用直线距离，无法真实反映地区间的实际距离和经济影响，且缺乏时效性。随着信息与通信技术的发展，我们可以掌握更多城市间真实的情况数据。本文利用腾讯迁徙大数据来衡量城市间人口的流动情况。通过抓取2016年1月1日到2016年2月18日全国367个城市的腾讯迁徙公开数据，可以获得这段时间内全国范围内的人口迁徙情况。但由于数据本身限制，网站数据仅涉及每个城市的最热门的20条线路（10条出发＋10条到达）。数据共包含城市367个，迁徙路线7 340条。

考虑到经济发展数据的严谨和公信程度，本文仍然采用传统的2014中国统计年鉴的人口与地区生产总值数据（ Gross Regional Product）来衡量地区间的经济关联与差异。而空间上的联系则采用百度API上获取的基于道路网络的城市间陆路交通距离数据来进行衡量。

三、基于人口迁　的“城市腹地”

城市腹地一般指城市的吸引范围，意为城市的吸引力和辐射力对城市周围地区的社会经济起主导作用的一个区域，也叫“城市吸引范围”、“城市经济区”、“城市影响腹地”等。严格的城市腹地划分需要从金融流、经济流、物流、人流等多方面进行指标计算、建立模型等。本文从人流迁徙这一层面，利用一段时间内的细粒度人口流动数据，将每个城市出发与到达的前10名作为一种筛选过后的结果，通过这

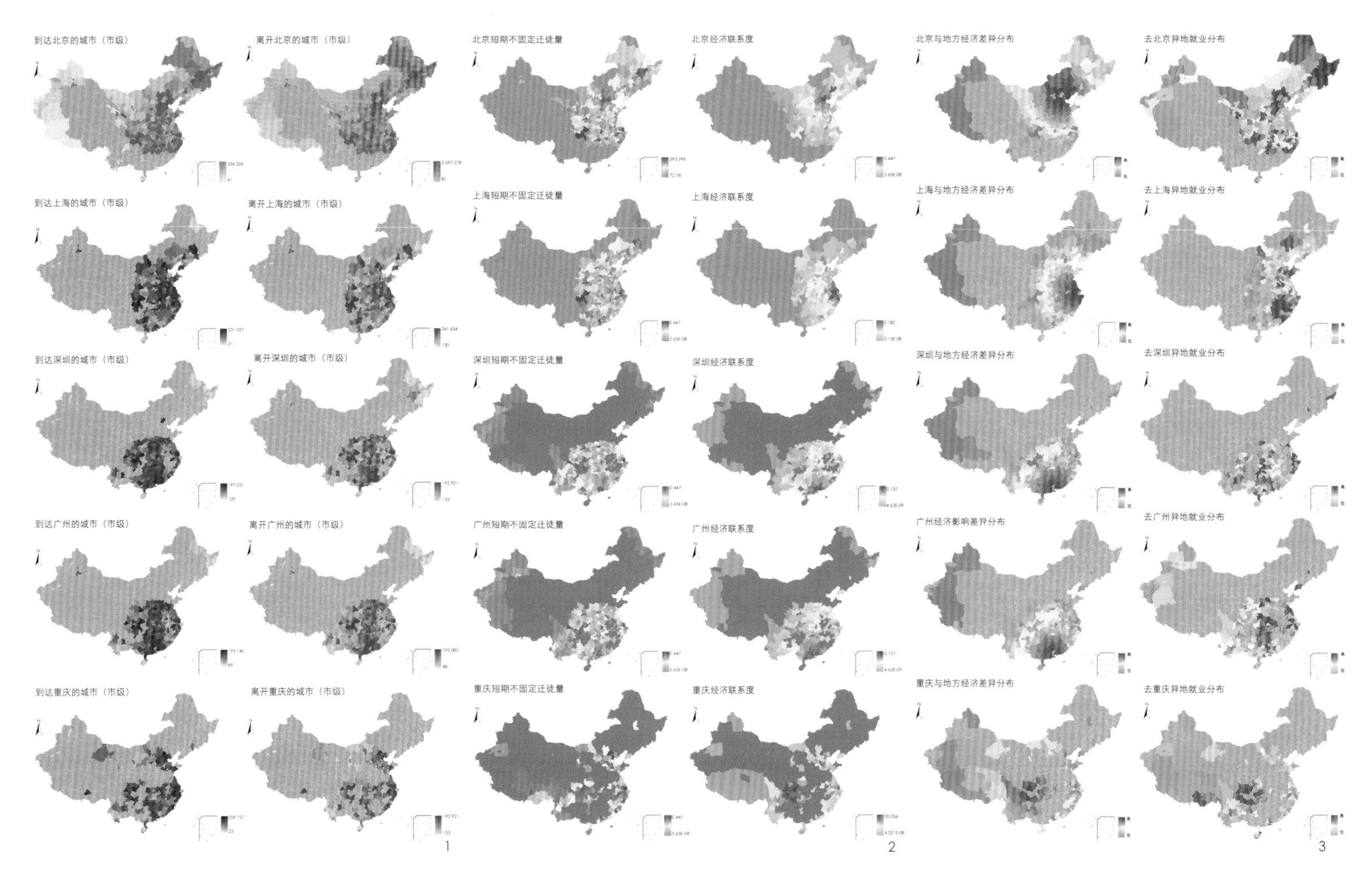

1.北京、上海、深圳、广州、重庆的迁徙覆盖范围（单位：人）
2.五城短期不固定人流迁徙及经济联系度分布图
3.北京、上海、深圳、广州、重庆异地就业吸引与经济差异分布图

20个相关城市的空间位置来界定观测城市基于人口迁徙的“城市腹地”，可视为对传统城市腹地划分标准与方法的补充与细化。。

图1中表现了五个观测城市基于人口迁徙的“城市腹地”范围。图中，北京的迁徙覆盖范围最大，全国近3/4的城市都与它有较强的联系。其中，虽大部分在长江以北，但总体不仅包括沿海地区，也包括中原内陆地区以及东三省。与北京联系最强的城市为重庆、上海和长沙。

上海、广州、重庆、深圳的辐射相差不大。上海的覆盖区域主要沿海岸线分布，向西可到宝鸡—重庆—柳州一线。在观测时间内，关联最强的到达城市为重庆、北京与苏州，而来到上海的人，最多来自北京、重庆和深圳这三个城市。

广州的辐射范围主要分布在延安—陇南—丽江沿线以东，延安—邯郸—莱芜以南，以及黑龙江东部。其中，与广州联系最密切的出发和到达城市，均是佛山、东莞和上海。

而深圳，虽然覆盖城市个数相对较少，但相关城市间的迁徙量都很大，与深圳联系最密切的是东莞、上海和成都。深圳基于人口迁徙的“城市腹地”范围总体上与广州相似。

重庆的覆盖范围则包括三个片区：东南沿海、重庆周边、山东及华北地区。前往重庆最多的城市是北京、上海和杭州，而深圳则取代杭州，与京、沪成为与重庆最紧密的的三大目的地城市。

四、经济联系度与短期不固定人流迁

1. 指标及数据选取

经济联系指数：利用经济学中的贸易重力模型（Trade Gravity Model），来表征城市间的经济吸引力。Tinbergen（1962）和Poyhonen（1963）认为两国间的双边贸易额与两国的经济总量呈正比，与两国间距离的平方呈反比。本文利用这一模型，定量计算城市间的经济联系指数，用以衡量两个城市的经济贸易联系。模型中，城市地区生产总值（Gross Regional Product）用以表示城市经济总量，以百度API计算的陆路交通距离作为两城市间的距离。即：

$$R_{ij}=(GRP_i \times GRP_j)/D_{ij}^2$$

其中，GRP_i为城市i的年度地区生产总值，D_{ij}为城市i与城市j之间陆路交通距离，i、j为任意两个城市。

短期不固定人流迁徙强度：依据我国人口流动的时间特性，采用春节前一个月（1月1日~2月1日）的人流迁徙反映城市间非节假日人流迁徙情况，即短期不固定人流迁徙情况。城市对间的短期不固定人流迁徙强度用双向人流迁徙量的平均值表示，即：

$$V_{ij}=(V_{ij进}+V_{ij出})/2$$

其中，V_{ij}表示城市i与城市j之间的短期不固定人流迁徙强度，$V_{ij进}$表示由城市i流向城市j的人口数，$V_{ij出}$表示由城市j流向城市i的人口数。

2. 分析结果

表1给出了与各观测城市经济联系度最大的前5

座相关城市。

表1 五城经济联系度前五名

观测城市	经济联系度前五名
北京	辽宁朝阳、天津、河北廊坊、河北唐山、河北保定
上海	江苏苏州、江苏无锡、江苏南通、浙江嘉兴、浙江杭州
深圳	广东东莞、广东深圳、香港、广东江门、广东清远
广州	香港、广东东莞、广东佛山、广东惠州、广东江门
重庆	四川成都、四川泸州、四川南充、四川内江、四川广安

将各观测城市与其关联城市间的经济联系指数与短期不固定人流迁徙强度进行空间可视化得到图2。

将观测城市与其关联城市间的经济联系指数及短期不固定人流迁徙强度进行线性相关分析，来判断各观测城市的经济联系度是否在其与其他城市的人流相互吸引中扮演重要角色。表2给出了相关性分析结果。除北京外，其余城市所计算的相关系数均可通过显著性检验，即此处所得相关系数可以用以代表整体特征。

表2 观测城市贸易吸引力与非节假日人流迁徙数线性相关性检验

城市	相关系数R	显著性
北京	.043	.0 477
深圳	.263	.000
重庆	.373	.000
上海	.409	.000
广州	.671	.000
总体	.194	.000

总的来看，观测城市与其他城市的经济联系度与短期不固定人流之间的线性相关性不大。但其中，广州则呈现了较强的线性相关关系，即对于广州来说，它与相关城市的经济联系度越强，两城市间的短期不固定人流流动可能越多。

经济联系度与短期不固定人流迁徙量的相关性一定程度上取决于城市的核心定位与主导产业。北京由于是政治文化中心，一些公司总部、分公司设在这里并非出于经贸便利因素的考量。另外，这里是中央政府机关所在地，一些与政务相关的社会活动及行政相关的经济活动也会产生短期不固定人流迁徙。对一向以贸易中心著称的广州来说，经济贸易类人流可能在平日对外人口流动中占有很大比重。

对于深圳、重庆和上海，由于数据所限，本文仅考虑了陆路交通距离，只能近似表征以公路运输和铁路运输为主的经济联系度，以内河运输和航空运输为主的经济活动则未被考虑在内。另外，一些以互联网为主导的经济活动，或不依赖实物交换的经济活动，可能一定程度上并不受空间距离的影响。所以，本文所指的经济联系度，仅指传统的、以公路运输和铁路运输为主的经济联系度。

五、经济差异与异地就业人口比例

1. 指标与数据选取

经济差异指数：区域经济的绝对差异是区域经济指标之间的偏离距离，反映的是区域之间经济发展的量上的等级水平差异。本文假设观测城市与关联城市经济实力差距越大，距离越近，会吸引更高比例的异地就业者。采用观测城市与关联城市之间的地区生产总值之差与距离的比值来作为两个城市的经济差异指数，即：

$$Q_{ij}=|GRP_i-GRP_j|/D_{ij}$$

其中，GRP_i，GRP_j为城市i和j的年度地区生产总值，D_{ij}为城市i和j之间陆路交通距离，i、j为任意两个城市。

异地就业人口比例：选取春节前一周（2016年2月2日—2016年2月6日）的人口纯流入量（纯返乡人数）与节后一周（2016年2月12日—2016年2月18日）人口纯流出量（纯返回工作岗位人数）的平均值表示相关城市前往观测城市的异地人口就业量，即相关城市的人口流失数量。然后，用相关城市的异地就业人口数与该城市2014年年末总人口的比值作为异地人口就业比，即：

$$N_{ij}=P_{ij异地就业}/P_{年末人口i}$$

其中，$P_{ij异地就业}$为相关城市i前往观测城市j的异地就业量，$P_{年末人口i}$为相关城市i的年末总人口数。

将异地就业人口在空间上可视化得到图4，数据显示，广东省的湛江、茂名及湖南的衡阳，为367个城市中异地就业人口流失净值最大的三个城市，其后是广东清远和江苏盐城。从图中可以看出，异地就业人口流失情况比较突出的主要集中在广东—湖南—湖北—河南一带，但其省会城市仍有较多人流流入。东北三省基本所有市级城市人口均呈流出状态。

图3给出了各观测城市与其相关城市间的经济差异与一起就业情况。北京周边的河北城市、东北哈尔滨与浙江温州、杭州、湖北恩施、咸宁、湖南株洲、衡阳等城市在北京就业人数居多，也能看出北京对周边河北城市人口的强大就业吸引力。而上海则吸引着大量来自福建、江西、山东以及内蒙古的就业人群。深圳主要吸引了湖南、湖北、江苏、浙江的一些城市，而广州对湖北北部城市异地就业 吸引更强一些。相比之下，重庆仅对其周边城市及西藏部分城市具有很强的吸引力。

2. 相关性分析

表3给出了地区经济差异与异地就业人口比重的线性相关系数及显著性检验情况。可见，广州和深圳凭借着其强大的经济实力吸引了很大一部分外来就业者。对于广州和深圳来说，关联城市与观测城市间的经济实力差距越大，距离越近，则会吸引更大比例的关联城市人口前往观测城市就业。不过，这个规律对北京、重庆和上海来说不那么明显。上海通过显著性检验，但是相关性较低，另外，重庆和北京此处的线性相关系数并未通过显著性检验，说明对于重庆和北京来说，计算得到的两个变量间的相关系数不足以表征其相关关系。

表3 地区经济差异与异地就业人口比重线性相关性检验

城市	相关系数R	显著性
北京	.068	.299
深圳	.767	.000
重庆	.032	.717
上海	.181	.006
广州	.787	.000
总体	.242	.000

六、总结

理解、挖掘城市流动与城市间经济关联、差异的关系有助于理解城市群及城市间的相互作用关系。不同于使用传统的统计数据、空间直线距离进行的城市分析，本文创新地采用了互联网大数据与互联网计算接口等数据源，利用腾讯迁徙大数据表征城市间人流迁徙，利用百度API接口计算陆路交通距离，并与传统统计数据结合起来，对两种不同类型的人口流动与地方经济的相关关系进行了探索性分析。

对基于陆路交通距离及城市地区生产总值的经济联系度来说，北京—辽阳、上海—苏州、广州—东莞、深圳—香港、重庆—成都分别是五座观测城市中经济联系度最大的一组。整体来看，观测城市对相关城市的经济联系度越大并不一定会促使短期不固定的人流迁徙量增多，即经济因素在平日人流迁徙中并不始终占主导地位。但对于一向以贸易中心著称的广州来说，这一规律则较为明显。另外，由于现代互联网行业的发展，对于一些以互联网为主导的贸易，或不依赖实物交换的贸易，可能一定程度上并不受空间距离的影响。

而在异地就业与经济差异的相关性分析中，广东省的湛江、茂名及湖南的衡阳为367个城市中异地就业人口流失净值最大的三个城市。根据相关性结果显示，对于广州和深圳来说，与关联城市经济实

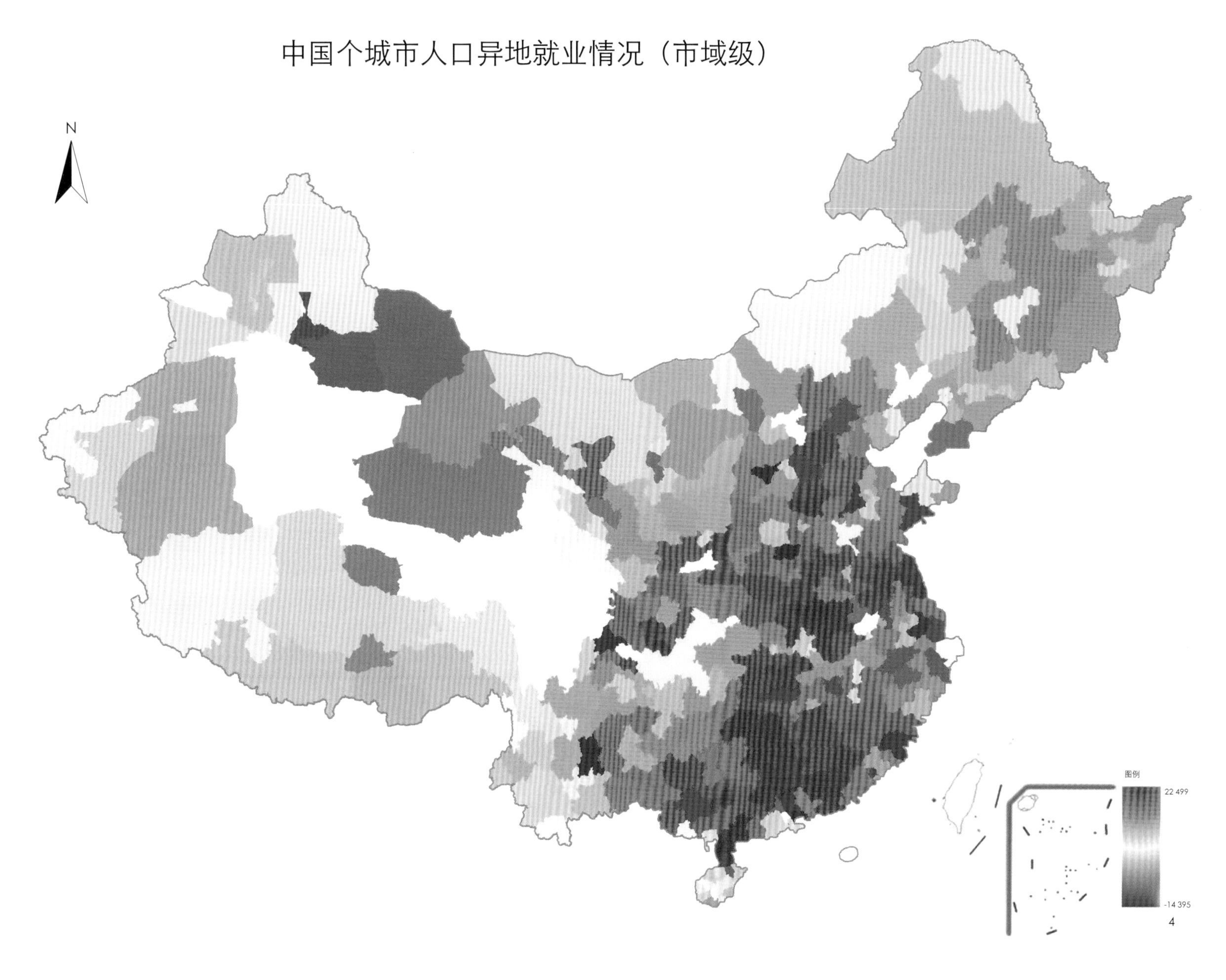

4.全国各城市异地就业人口流失情况

力差距越大，距离越近，往往会吸引更高比例的异地就业者。但对于其他3个城市来说，这一规律则不太明显。

总的来说，本文利用互联网大数据进行了全国层面上的主要城市与其“覆盖城市”的人流流动与经济联系的相关性探讨，虽然数据利用上有所创新，但是腾讯公开数据源的黑箱计算、空间距离的交通方式单一性及统计数据滞后性等限制性因子，仍然需要我们突破。

参考文献

[1] 李元卿．当前形势下我国人才流动的新趋势[J]．人才开发，2009（7）：14－14．

[2] 周一星．城市地理学[M]．北京：商务印书馆，1995．320－372．

[3] 李娜．我国区域发展差异及其协调发展对策[J]．四川理工学院学报（社会科学版），2008，23（1）：75－78．

作者简介

陈清凝，北京清华同衡规划设计研究院有限公司，城市数据分析师；

马　靓，北京清华同衡规划设计研究院有限公司，城市数据分析师；

郝新华，北京清华同衡规划设计研究院有限公司，城市数据分析师；

王　鹏，北京清华同衡规划设计研究院有限公司，注册规划师，高级工程师。

云计算数据中心与智慧城市规划技术
——以上海临港以及宁夏中卫云计算数据中心园区规划为例

Cloud Computing Data Center and Smarter City Planning Technology
—Case Studies of Cloud Computing Parks Planning in Shanghai and Ningxia

程 愚 张 珺
Cheng Yu Zhang Jun

[摘 要] 在智慧城市这一复杂而庞大的系统中，数据层是体系架构的核心，云计算数据中心是智慧城市系统的"中央处理器"。在此结合案例研究，介绍了两个云计算数据中心园区规划解决方案，并对相关术语加以解读。

[关键词] 智慧城市；云计算数据中心；规划解决方案

[Abstract] Smarter City is a large and complex system, in which the data layer is the core of the system architecture, Cloud Computing Data Center is the central processing unit of the system". With case studies, hereby introduces the planning solution of two Cloud Computing Data Centers, and interprets the related technical terms.

[Keywords] Smarter City; Cloud Computing Data Center; Planning Solutions

[文章编号] 2016-73-P-078

一、引言

2008年，国际商用机器公司（IBM）首次发布"智慧地球"（Smarter Planet）的新概念；同年，与上海世博局签署协议，成为中国计算机系统与集成咨询服务高级赞助商。

2009年，美国次贷危机引发全球性金融危机，各国纷纷推出投资刺激计划，IBM 推出"智慧城市"（Smarter city）概念，引起各国政府和产业各界的极大兴趣。

2010年IBM作为世博会计算机系统与集成咨询服务高级赞助商，配合"城市，让生活更美好"的主题，再一次成功推广了智慧城市理念。

二、技术背景

《智慧城市白皮书》（2012）阐明：智慧城市的建设离不开物联网、云计算、下一代互联网技术等新兴信息技术。从技术角度而言，智慧城市是一个多层次结构的复杂系统，它是以一个中心平台为基础，及之上的多个应用子系统组成的复杂而庞大的系统；智慧城市的体系架构自下而上分为：感知层、通信层、数据层、应用层，其中，挥数据的作用是智慧城市未来发展的必然趋势。数据层是智慧城市体系架构中的核心。数据层采用云计算的架构模式，体系结构主要分为三层：城市数据中心、城市基础库和城市的云服务。

云计算数据中心在国内尚处起步阶段，尤其是大型云计算基地，缺乏先进统一的规范和参考案例；各运营商之间处于竞争关系，技术标准不同，对许多技术难点加以保密。理解这些技术难点，可以更好地规划智慧城市的网络、更好地整合信息通信技术基础设施、更好地在相关产业布局交叉点上予以延伸，甚至取得突破。

2012—2015年期间，作者担任中国通信服务下属某公司建筑设计院长，带领团队完成了一批技术含量高，具有国内领先水平的云计算数据中心园区规划设计。现选两个代表性的案例分享（出于保护客户信息考虑，参数做了技术处理）。一方面，总结技术经验，对规划层面技术要点加以归纳总结，与业界同行分享；另一方面，不揣鄙陋汇集案例资料，请各行业专家批评指正。

三、规划案例

1. 案例一，宁夏中卫某云计算基地

（1）项目背景

宁夏是中国风景优美社会和谐的地方，是全国第一个以整个省域为单位的开放试验区，依托"中阿博览会"建设，有效推动中国与阿拉伯国家的经贸合作、科技文化交流，与国家制定的"一代一路"战略高度配合。

宁夏经济过去倚重能源和重化工特征明显，其中工业用电约占到全区电力的90%。因电力供需不平衡，宁夏电价排行为全国第30位（最低之一）。为实现产业结构调整，政府将把云计算产业作为未来推动经济转型升级的发展重点。中卫市政府制定了"工业强市"的目标，抓住国家西部大开发建设机遇，也抓住了智慧城市进程中行业的难点和痛点，提出"西部云基地"概念。

基地位于中国西北腹地，地质构造稳定，无活跃地震断裂带；典型的大陆性气候，冬冷夏凉，高温天气少；国家低丘缓坡未利用地试验示范区，土地资源丰富，地价优势极为明显。云基地提出"前店后厂"的概念，以北京中关村为"前店"，设立企业总部、研发中心、营销示范中心；中卫云基地为"后厂"，建设超大型数据中心，提供海量存储和巨型运算能力，通过光纤传输与客户端高速无缝对接。这一概念在北京营销成功，吸引了国际互联网巨头亚马逊AWS（Amazon Web Service）、赛伯乐投资集团等前来投资建设。

（2）项目简介

本项目位于园区核心地带，总地用地600亩，统一规划分期建设，总体规划包括云计算机房8栋，总建筑面积为16万km^2。总图结构采用以"动力轴"对称的布局，备用柴油发电机房设于中央轴线上，可对就近两组机房备份发电。通过技术创新，建筑底层设变电、电力备份机房，楼层设大平面工厂化数据机

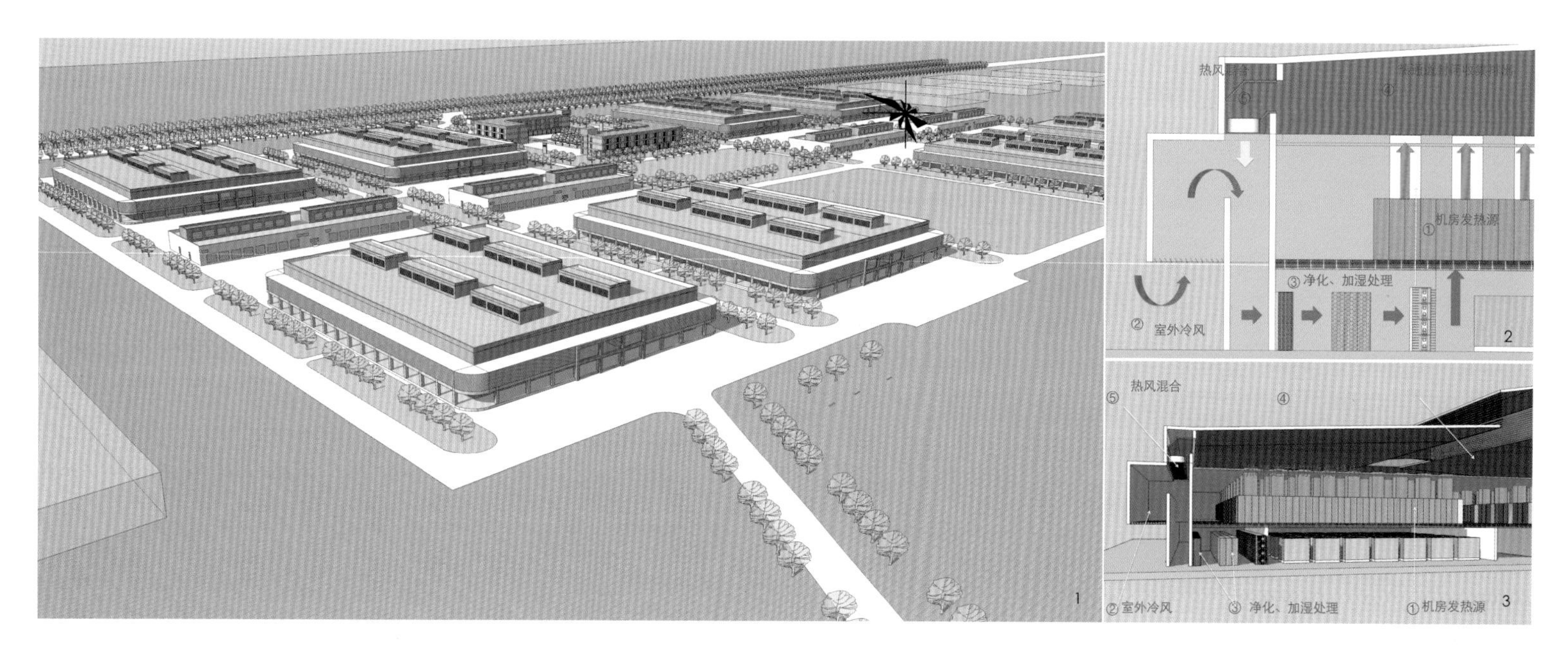

1.中卫鸟瞰图
2.中卫－空调1
3.中卫－空调2

房，单栋机架数2 100，总共设计标准化机柜22 400架，单个机架占地面积达到6.25km^{2}的较高水平。

表1　　主要经济技术指标表

项目名称	技术指标
总用地面积（km^2）	400 000（600亩）
总建筑面积（km^2）	140 000
建筑容积率	0.35
机房建筑高度（m）	12

（3）项目亮点

①选址优势明显

国家战略角度高度配合，区域经济角度符合政府导向，地质条件构造稳定，不存在地震断裂带；气象条件极为有利，电价、地价优势极为明显，为云计算数据中心运营成本带来极大优势。

②机房标准高

机房按照国际标准T3＋设置，基地整体安全性高，每个单元都按设备单元最优化设计，保证了设备维护的便利、未来扩展的弹性空间。主要数据中心均模块化设计，保证了主要设备的标准化，有效的降低了工程造价。

③空调方式行业创新

参考了美国亚利桑那凤凰城谷歌数据中心的全新风模式，结合国内规范、产品特点加以创新，结合中卫的气候、风向等自然条件，全年大部分季节采取100%自然新风冷却方式，备份水冷机组解决夏季气温高情况，结合多项新技术使PUE值达到1.1左右，达到了“绿色数据中心”要求，极大地节能、降低碳排放，实现绿色环保。

④建筑风格有很强的工业建筑设计感

机房建筑主要为通信设备使用，外观相对封闭，既保证了机房封闭管理的需要，同时为设备气流组织创造条件。

2. 案例二，上海临港某云计算基地（概念方案完成，配合获取土地）

（1）项目背景

某运营商临港IDC研发与产业化基地，定位以“立足华东、服务全国、辐射海外”为定位，是某运营商定义的一类IDC中心（对应于国家现行标准A级）之一，也是其成立以来最大的工程项目。以建立数据中心为目标，形成完整的互联网上下游产业，以期大力推动未来业务产业的快速、健康发展。项目建成将提升上海“智慧城市”发展水平，提升上海超大城市的辐射力和竞争力，助推上海建设具有全球影响力的科创中心进程。

（2）项目概况

该项目总用地16.6 593hm^2（约250亩），拟建总建筑面积约25万km^2，容积率1.5。包括10栋数据中心、柴油发电机房、维护支撑用房、2个互为备份的35kv变电站等。由于总图用地狭长，设计一条东西向中央干道，既是主要运输通道，也是地下管线走廊，数据机房和柴油发电机（简称“油机”）成组布置，位于中央轴南北侧，设备连接维护极为便利。

表2　　主要经济技术指标表

项目名称	技术指标
总用地面积（km^2）	166 593
总建筑面积（km^2）	249 860
建筑占地面积（km^2）	73 250
建筑容积率	1.499
建筑密度	44%
绿化率	11%

表3　　主要建筑物一览表

建筑名称	单栋面积（m^2）	数量	面积小计（m^2）
IDC机房、油机房	21 230	10	212 300
变电站	3 000	2	6 000
综合楼（办公）	17 000	1	17 000
网管研发楼	12 500	1	12 500
登陆站	2 000	1	2 000
门卫等	30	2	60

（3）项目亮点

①主要数据中心均模块化设计，每个单元都按设备单元最优化设计，即保证了设备维护的便利、未来扩展的弹性空间，也合理的通过标准化模块化降低了造价。

②内部机房布局工整，设备布局按机架模数排列，主要电源设备接近通信设备布置。

③注重人文特色

由于项目在上海临港开发区靠近洋山深水港和中国（上海）自由贸易试验区，是上海乃至长三角地

4

区先进制造业和现代服务业高效联动的新兴区域，地理位置独特，为了呼应了某运营商在北京郊区数据园区的“山”的概念，在这块靠近东海岸线数公里的地块，引进了“潮”的元素，沿着基地南侧两港大道，建筑外立面处理成波浪曲面，呼应了项目地点建造在上海、东海之滨，寓意着：信息革命浪潮排山倒海不可阻挡。

四、技术术语

1. 数据中心（Internet Data Center）

数据中心设施包括建筑或围护结构、电力系统、空调冷却系统、计算机系统和与之配套的通信和存储设备，还包含冗余的数据通信连接、监控设备及各种安全装置。根据重要性，把数据中心形象比喻是智慧城市系统的“中央处理器”。

传统IDC主要是支撑电信运营商数据业务，网络特征是跨网和跨地区服务会受到限制。服务类型一类是提供服务器运行的物理环境，服务器由客户自行购买安装；另一类是数据中心不仅提供管理服务，也向客户提供服务器和存储，客户使用数据中心所提供的存储空间和计算环境，无需购买设备。

传统数据中心一般按城市区域设置，需要服务提供商对设备维护操作，因而靠近用户端，尤其是在大城市里，土地成本高、能源供应不足对选址带来一定难度。

2. 云计算中心（Cloud Computing Center）

“云”的概念是客户感知端的差别，最早由一些互联网企业提出，后又被包装成产品和服务。云计算数据中心提供给用户的是服务能力即IT使用功能，是一种智慧城市的资源，客户不必关心机房在哪里、服务器在哪里，只需聚焦运营商提供的包括运算、存储的服务。数据中心的云化使得行业竞争加剧，未来更完美、更廉价及更丰富的可用资源已变得更加容易。

数据中心的云化使得客户体验加强，由于数据流以光纤传输，在物理的规划层面，云计算数据中心地点在哪里，对客户已不重要。建设地点可以向地价低廉、交通便利安全、能源供应充足、环境温度适宜的地区转移。

3. T3+，机房等级

美国电信行业协会（Telecommunications Industry Association）标准《数据中心的通信基础设施标准》TIA－942，将IDC分为Tier1，Tier2，Tier3，Tier4四个等级（tier英文是“等级”的意思）。标准规定基础设施的“可用性”、“稳定性”和“安全性”，级别最高T4机房就是安全性最高，可以提供容灾服务。中卫项目由于提供作为容灾备份的解决方案，按照惯例称为高级别的T3＋灾备中心（接近最高T4标准）可为银行金融业提供灾备服务。

现行的国家标准《电子信息系统机房设计规范》（GB50174—2008）中，将电子信息系统机房根据使用性质、管理要求及其在经济和社会中的重要性划分为A、B、C三级。每一个安全等级都有对应的电力、制冷设备冗余量，安全防范等规定，每一种规定都对应产生面积需求。等级越高，面积需求越大，投资成本也越大。

4. 能源使用效率PUE（Power Usage Effectiveness）

概念由绿色网格（Green Grid）组织提出，是行业衡量某个数据中心能耗管理水平的重要参数之一。计算方法是以数据中心设施所消耗的总功率除以IT设备所消耗的功率。

PUE值为1即为数据中心效率的理想水平，意味着输入电力全部用于IT设备；PUE值2.0即意味着IT设备每消耗一瓦功率，同时因提供配套电源及维持冷却，需要一个额外的瓦数。数据中心设计过程通常会采取各种各样的措施以减少PUE。

数据中心和其他民用建筑的重要区别在于，数据中心内部“使用者”绝大部分是通信设备，除了少量维护人员外几乎不考虑人的使用。通信设备使用中

4-5.临港鸟瞰图

耗电巨大，运行持续发热，为了冷却通信设备，防止半导体芯片因温度过高损坏，还要持续不断对设备降温，机房空调设备都是恒温恒湿精密空调，持续运行耗能巨大。

有统计显示，以一个10兆瓦通信设备负载的数据中心为例，不同的选址和设计，年的电费开支可能会差上亿元人民币。全生命周期的能源投入和运营成本始终是投资云计算数据中心的重要考量。

降低PUE值的手段，很大一部分依赖IT设备的技术进步。合理的选址在气候环境温度相对较低的地区、采用更多自然冷源降低空调能耗等手段都会获得很大收益。为了接近完美的能源使用效率，某些互联网企业甚至把选址定在北极圈或海底。

5.绿色数据中心（Green Data Center）

这一概念也是由绿色网格（Green Grid）组织率先提出，笼统地看PUE值在1.6以下的可以称为绿色数据中心。由于我国主要采用煤电，能耗高对应高污染，国内一些发达城市和地区，由于能耗巨大，政府不惜损失信息化方面的GDP也要忍痛拒绝本地数据中心建设。云计算技术的发展，可以使得数据中心离开城市，在能源供应更加便利的地方建设。

未来，采用清洁能源也是一个解决问题的方向。谷歌利用可再生能源来为基础设施提供动力，决定在未来10—20年间继续投资购买风能和太阳能，并声明：除了可再生能源之外，不会再通过其他方式来发电。

五、结语

2016年在北京举行的“迎接认知时代，IBM与您智胜未来”的论坛，宣布公司转型成为云平台公司，基于IBM的认知计算（Cognitive Computing）技术，推出新概念“认知商业”（Cognitive Business）战略。至此，标志着狭义的、作为IBM 产品线的“智慧城市”概念已成为过去。同时，基于信息技术发展、基于新一代互联网平台不断提高城市管理水平的，广义智慧城市还在不断进步、持续发展。

任凭商业模式如何变化，营销口号不断翻新，云计算数据中心始终是智慧城市的核心基础设施，云计算及数据园区的规划设计在智慧城市建设中始终占据“中央处理器”的重要地位。

参考文献

[1] 《智慧城市白皮书》（2012）[J]．中国通信学会、智慧城市论坛．

[2] 宁夏中关村科技产业园官网资料（nxetc.gov.cn）．

[3] The next big front for cloud competition：Location，location，location.

[4] 其他网络公开新闻资料．

作者简介

程　愚，同济大学建筑设计研究院（集团），工程投资咨询院，中国国家一级注册建筑师，美国建筑师协AIA会国际联合会会员，工商管理硕士，高级建筑师；

张　珺，中国电信创新孵化基地联合支部书记，上海翼之城信息科技有限公司总经理。从事智慧城市、云计算、大数据相关的研究与实践，理学硕士，工程师，经济师。

说明：“宁夏中卫某云计算基地”由上海邮电设计院团队深化设计实施，由于项目的复杂性和高标准，规划过程中受到业主方项目总经理彭俊先生大力支持，独特先进的空调工艺受到来自英特尔研究院的Larry Zhang先生的技术支持，在此一并感谢。

城市智慧水务建设方法探讨
——以安徽省巢湖市为例

Method Discussion of Wise Water Affair Management —A case Study of Chaohu City, Anhui

缪斌 尚文 高雅
Miao Bin Shang Wen Gao Ya

[摘　要]　智慧水务建设是当前我国城市水环境治理工作的一项重要内容，事关城市防洪排涝、雨污水收集处理、水污染控制、水资源调度等多个方面。以安徽省巢湖市智慧水务建设为例，介绍了智慧水务的发展方向、基本架构、总体内容和应用实例等，可为目前正在开展的其他类似城市的智慧水务建设工作提供借鉴。

[关键词]　智慧水务；水环境；巢湖市；管理平台；信息系统

[Abstract]　The wise water affair management is of importance for urban water environment treatments in China, which is refers of flood control and water logging, collection and treatment of rainwater and sewage, water pollution control, water resources scheduling, etc. This paper discussed the direction, framework, overall scheme and application example of wise water affair in Chaohu City, Anhui Province, aiming to give an example for the current constructions of wise water affair management in other similar cities.

[Keywords]　Wise Water Affair Management; Water Environment; Chaohu City; Management Platform; Information System

[文章编号]　2016-73-P-082

1.智慧水务基本技术架构
2.巢湖水环境综合信息管理平台构建
3.巢湖市河道监测点布置图

一、引言

城市水环境综合治理是现阶段我国国家和地方政府工作的重中之重，智慧水务建设是全面提升水环境管控水平和服务能力的一项重要举措，已得到越来越多的系统研究和工程实践，目前在我国北京、武汉、成都、深圳、南京、大连等地已进行了智慧水务建设，并取得了一定的成效。

智慧水务是指利用物联网、云计算、大数据、地理信息系统等新一代信息技术实现城市水务系统规划、建设、管理和服务的“智慧化”。它通过将传感器装备到水循环系统中，并通过普遍连接形成“感知物联网”；然后通过超级计算机、云计算将水务物联网整合起来，以多源耦合的水循环模拟、水资源调控、水务平台等为支撑，完成数字城市水务设施与物理城市水务设施的无缝集成。依托机制创新，整合气象水文、水务环境、建设交通等涉及水环境领域的信息，构建基于数据中心的应用系统，为电子政务、水务管理、跨行业协调管理、公众服务等各个领域提供智能化支持，从而能以更加精细、动态、灵活、高效的方式对城市水务进行规划、建设和管理。巢湖流域是全国五大淡水湖之一，也是国家“十一五”“十二五”“十三五”水污染防治重点流域，巢湖智慧水务建设是巢湖市“综合规划、综合治理、综合开发、综合利用”水环境总体战略的一部分，以“互联互通、资源整合、信息共享、形成应用”为具体目标，搭建水环境管理平台统一框架，为服务于巢湖市可持续发展和利用提供基础支撑。

二、智慧水务基本架构

智慧水务基本架构主要包括软硬件基础层、数据中心层、服务平台层和智慧应用层。

（1）软硬件基础层主要包括系统建设所需的软硬件设备，是水务系统信息采集和传输的基础，包括操作系统、数据库管理系统、GIS平台、监测设备以及网络、服务器等。

（2）智慧水务数据中心集成开发平台，简称数据中心，包含数据仓库、功能仓库、工作流管理及搭建平台，可以提供应用搭建和业务协同机制，支持用户灵活配置、扩展系统，实现数据与功能共享，为水务业务精细化、科学化管理提供支撑。

（3）智慧水务服务平台将供水业务功能和数据以“服务”形式提供给不同的业务应用方，为供水业务系统的构建提供外部环境。

（4）最上层为智慧应用层，包含厂站及管网管理、巡检、检漏、水力模型、水质监控预警、商务智能、智能调度等。

三、智慧水务总体设计

智慧水务的主要功能包含城市雨污水处理、防洪排涝、水文水质管理、综合决策分析四大方面。具体解决的业务需求包括：排水设施管理、水文水质监测、防汛应急、水动力及水质模型、排水系统追踪溯源分析、综合统计分析、方案优化、决策支持、规划管理、基础信息管理、知识管理等。智慧水务系统设计内容如下。

1. 数据输入与传输系统构建

（1）厂站SCADA系统实时数据采集

SCADA数据系统通过各个厂站（污水处理厂、泵站、管网、调蓄池、河道等）数据接口获得实时数据，并按照统一数据格式发送给数据中心服务器。另有人工填写数据报表以备份。

（2）厂站数据传输管理

将SCADA自动采集数据存储到本地数据库，起到数据缓存和备份作用。重要厂站配置一台数据采集服务器，专用于厂站本地数据采集和传输，保证外网故障时正常存储。

2. 数据中心建设

（1）建立调度中心数据库

通过建立集实时监控、数据采集、数据分析、决策支持、指挥调度于一体的高度集成化信息系统，解决各个厂站位置分散、信息传输慢、运营调度不统一等问题，采集数据包括所有下级污水处理厂、泵站和其他节点，是水环境管理的中枢神经系统。

（2）调度中心网络建设

建立与所有厂站实时数据通信连接的调度中心网络，通过与各个厂站的SCADA系统进行接口，实时监测各个厂站的关键运行数据。调度系统应兼容现有各个厂站的SCADA系统平台，并通过数据转发网关将污水厂、泵站SCADA系统和外网隔离，满足严格的安全要求。

（3）监控数据采集、存贮和分析

信息管理平台主要负责监控管理污水处理厂运行数据、城市积涝点、河道监测、管网监测以及泵站监测等。以上所有采集数据，通过数据传输系统上传至平台后，存储在平台服务器内。结合现有数据建立的模型，能够提前判断趋势，为整体管控提供数据支持和依据。

3. 综合监测子系统构建

（1）污水处理厂监测

通过综合运营管理系统对生产过程中各个工艺环节进行集中监视，收集展示各个污水厂的生产数据、能耗数据和水质等数据，真实反应并掌握生产过程情况。并将监测和监控数据、视频等传输至调度中心，可利用手持设备和远程设备操作监控云台。

主要包括运行数据监视、视频监控、门禁监视、集中监控传输、运行数据分析、运行数据报警等监测内容。

（2）泵站监测

通过运行调度管理系统对所有泵房进行集中监控，集中展示各泵站的设备状态、流量、水质等数据，实时反应生产过程。同时进行视频监控、门禁监视、动态报警和数据分析反馈。

（3）管网监测

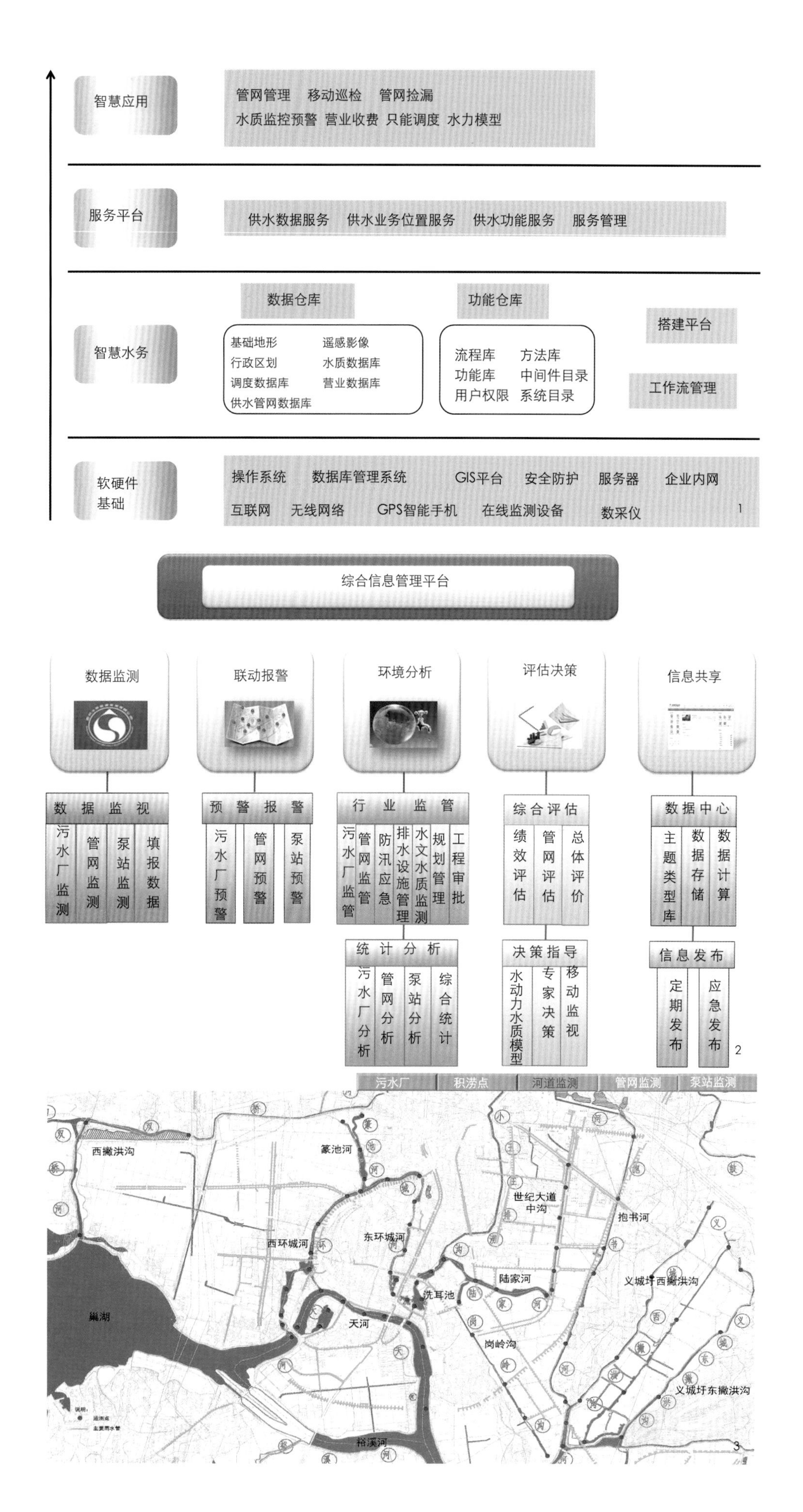

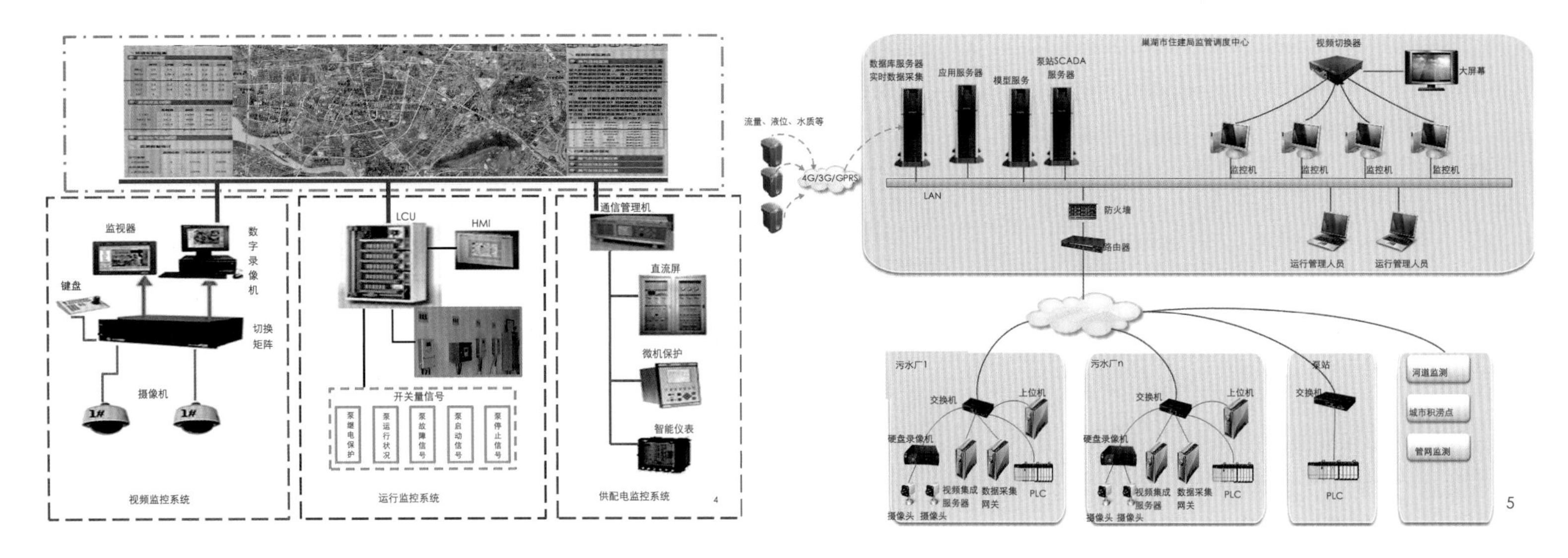

4. 泵站监测系统组成

5.系统构成及通讯方式

管网监测模块通过对管网 /泵站实时监测，即时掌握管网 /泵站的水位涨落工况，指导排水调度应急预案的实施。

管网监测模块包括：水位监测、阀门监测、水质监测、监测数据分析、管网监测数据查询与统计、监测数据压缩与存储、管网监测数据报警、监测模块与其他系统的集成等方面。

（4）监控视频集成

选择基于流媒体的视频集成服务器平台软件，通过视频协议转换方式统一视频流的格式。在运营监管平台中使用单一视频插件实现对所有厂站的实时生产视频的浏览、回放和云台操作。并通过构建水务系统的视频监控集成系统，实现视频监控资源集中管理和多级访问权限控制。

4. 防汛管理子系统

实时监控洪涝灾害点，在数据中心集中展示防汛数据，并进行洪涝分析和预测，辅助水文气象等信息，建立调度指挥管理系统以应对洪涝灾害，实时控制防洪防汛。

5. 排水管网水力模型

对排水系统实现模拟预警，根据天气预报或流量数据等，利用雨量分析软件计算出降雨数据，再利用降雨数据输入模型中进行模拟运算，预测泵站、管网的运行情况和积水状况等。

6. 报表管理

通过数据处理软件和报表分析方法进行各种数据动态分析、优化处理、修正，最终可以实现数据可视化查询和展示，以辅助指导厂站运行管理。

7. 生产运营门户系统

通过网络平台实现管理人员实施查询业务运行状况，实现“单点登录，全网通行”，并为客户提供内容公开、反馈互动等方面咨询信息。

8. 系统管理

系统管理模块提供针对系统权限、系统维护、存储备份等的管理机制，制定严格的登录管理、操作管理、权限管理、存储备份上传管理、日志管理。

9. 数据集成接口

信息平台系统预留与其他管理信息系统对接，提供良好的扩展接口，以保障与其他各系统的对接和通讯。

四、巢湖市智慧水务建设

1. 巢湖市水环境概况

巢湖流域是全国五大淡水湖之一，也是国家“十一五”“十二五”“十三五”水污染防治重点流域，受周边地区生活污水、工业废水及农业面源污染等多因素影响而导致其水污染状况十分恶劣，雨污水管网系统建设滞后和管控水平较低也导致洪涝灾害频繁。巢湖市作为巢湖流域重点城市，城区水系丰富，主要水系有天河、东环城河、西环城河、洗耳池、西撇洪沟、抱书河、双桥河、龟山河等，水环境状况直接影响到整个巢湖流域。巢湖市大部分地表水域的水质状况较差，为V类、劣V类水质。其中，天河、洗耳池的水质最差。巢湖市城区水域水质与“远期达到Ⅲ－Ⅳ类水质标准”的目标相差甚远。目前，巢湖市还未建立水环境数据采集和环境监控网络及信息平台，数据获取存在监测不全面、数据非整体性和滞后性等问题；水环境管理工作缺少集中统一信息化平台的支撑，面临时效性、综合协调性和预防性差等问题，无法实现跨部门、各层级之间业务协同；水务信息目前处于被动服务阶段，在主动性、便捷性、人性化等方面存在较大改进空间，尚未实现应用层面的共享联动。如何利用数据科学平衡水环境管理与城市发展之间的关系一直是巢湖市水环境治理工作面临的巨大挑战。

近年来，巢湖市实施了大量的水环境治理工程，包括截污管建设、河道清淤、河道生态修复、污水厂及泵站建设等。然而水环境污染是一个综合问题，据分析目前巢湖市城区水环境问题有：

（1）城区内道路雨污水管网不完善，雨污水管道错接、漏接、混接，老旧小区内部雨污水处于散排状况，雨污水直排入自然水体。

（2）雨水径流污染。雨水冲刷城市道路产生大量污染物流入水体，尤其以初期雨水径流污染物浓度最高。农业面源污染也通过雨水进入自然水体带来大量污染物。

（3）缺乏统一的水环境信息管理平台。城市污水、雨水、防洪排涝等系统相对独立，协同性差，相互之间无法有效配合。水系内缺乏信息监控系统，管理部门无法准确掌握城区水系情况，无法及时作出管理调整。

目前，巢湖市在水环境治理工程建设上仍在大力投入，从工程措施上不断完善，但是在非工程措施上较为滞后，尤其是在水环境管理方面十分落后，进行巢湖市智慧水务建设已经迫在眉睫。利用亚洲开发银行贷款支持进行巢湖市水环境治理工程为智慧水务建设提供了良好的建设契机。巢湖市将陆续开展泵站及污水厂改扩建、雨水及污水管网完善、合流污水截流、初期雨水调蓄等工程措施，以进一步提升巢湖市地表水环境，并探索和尝试“智慧城市”建设模式，开发多位一体的水环境管理与决策信息系统，以实现巢湖市水环境管理的智能化、科学化、自动化、高效化。

2. 巢湖市智慧水务建设目标

巢湖市智慧水务建设主要包括：①巢湖市水污染源及水文水质监测系统开发；②巢湖市中心城区水动力水质模型及泵闸调度系统开发；③巢湖市中心城区水环境管理与决策支持系统开发。

通过智慧水务建设，巢湖市将实现以下水环境管理基本目标：

第一步：实施全面日常监管工作，实时掌握水环境数据，形成“城市水务物联网”，支持数据监测、水务分析、评估决策、信息共享等功能。

第二步：加强对突发事件的响应，包括预警和预测，以控制水污染和防洪排涝。

第三步：数学建模搭建智慧水务系统，落地生态城市建设。

3. 巢湖市智慧水务系统功能

巢湖市智慧水务集成了数据库管理系统、地理信息系统、水质预测模型及城市雨量信息系统等功能，能实时、直观地对区域水环境信息进行可视化表达，具有自动警报和决策支持功能，自动响应监测值超标的紧急情况并给出应对措施建议，实现对区域水相关数据的动态管理，提高区域水环境管理的自动化程度。

4. 巢湖市智慧水务系统构建

（1）巢湖市信息管理中心

信息管理中心由数据库服务器、应用服务器、模型分析服务器、监控服务器等组成，将各个厂站监测数据集中处理后实时反映到信息中心平台上，并由一个大型显示屏作为集中式终端。信息管理中心起到数据监测、联动报警、环境分析、评估决策、信息共享等功能。

巢湖信息管理中心平台建设位于东坝四站，主要由信息中心办公室和调度中心办公室组成，另配备门厅、值班室、控制室、设备间。在信息中心配备一个大屏幕显示系统，该显示系统主要由15块70寸显示屏组成，作为信息集中反馈和中心调度显示平台。

（2）水环境监测点

①污水处理厂监控点

目前已有3个污水厂监测点（岗岭污水处理厂、城北污水处理厂和南岸污水处理厂），厂内已建成控制系统，智慧水务建设对污水厂控制系统数据进行传输至信息管理中心，实现信息中心与污水厂联动控制。

②泵站监测点

目前监测的泵站包括城防站、光明泵站、东坝四站、蔡岗泵站、草城路泵站、健康路泵站、月牙塘泵站、新安城圩泵站、财校立交桥站、西坝换水站、东桥路、官圩泵站、湖光泵站、西坝泵站、洗耳池泵站、安成路泵站共16个点，通过实时监控和在线监测仪表进行泵站监测与数据采集，然后输送至综合管理平台，可以实时进行泵站组态画面监控。同时，管理者能随时随地收到管理平台信息，并实现远程查看与操作。

③城市积涝点监测点

巢湖市已经确定19个积涝点，主要分布在巢湖城区外环以内的重点积涝区域。城市内涝监控内容主要包括：电子水位、雨量监测、路面积水情况（视频监控）、应急监测车等，城市积涝点监测系统主要包括：水位计、雨量计、监控摄像头、应急预警处置平台等。

④河道监测点

设置56个河道监测点，主要在天河、东环城河、西环城河、洗耳池、篆池河、双桥河等河道间隔布置。河道监控点主要监测河道水位、水质（pH、COD、氨氮、TP/TN等）。

⑤管网监测

结合巢湖市雨水污水管网分布，共设置60个管网监测点，监测点按照管道长度和位置间隔布置。通过设置在管网中的在线监测设备来采集数据，然后通过数据传输层输送至数据管理层。

（3）数据传输系统

对大型厂站、管网、河道和积涝点进行数据监测后通过数据传输装置输送至信息管理中心。数据传输主要通过无线数据传输和有线通讯两种方式，将信息与上一级监控中心通讯，最终传达至信息中心。

五、结论

“智慧水务”是巢湖市实现水环境管理信息系统的最终建设目标，是指导巢湖市实现国家级“生态文明先行示范区”的重要工作内容。目前已经基本完成智慧水务系统框架搭建，将逐步实现水环境管理的智能化、科学化、自动化、高效化。今后将在智慧水务系统框架指导下，重点对综合信息管理平台建设、监测系统融合与联动、多维调动指挥与联动控制、信息公开与智能化共享反馈等方面进行研究与实践，在实际运行过程中不断完善，最终推动巢湖市水环境建设的“智慧化”，服务于“智慧城市”建设。

参考文献

[1] 刘璐璐. 城市智慧水务建设路径探讨[J]. 安庆师范学院学报（社会科学版），2016（1）：99－101.

[2] 田雨，蒋云钟，杨明祥. 智慧水务建设的基础及发展战略研究[J]. 中国水利，2014（20）：14－17.

[3] 张小娟，唐锚，刘梅，等. 北京市智慧水务建设构想[J]. 水利信息化，2014（1）：64－68.

[4] 史建兵. 南京市高淳区智慧水务信息化系统建设初探[J]. 中国水利，2014（9）：52－53.

[5] 北京市水务局. 北京市智慧水务顶层设计[S]. 北京：北京市水务局，2013.

[6] 孟婷婷，陈厦，王玉辉. 巢湖流域水环境治理回顾及治理对策研究[J]. 环境科学与管理，2016，41（4）.

作者简介

缪　斌，同济大学环境科学与工程学院环境工程系，高级工程师，同济大学建筑设计研究院（集团）有限公司环境设计院环境工程设计负责人，研究方向水环境综合治理、污泥处理与处置；

尚　文，同济大学建筑设计研究院（集团）有限公司，环境工程设计师；

高　雅，同济大学建筑设计研究院（集团）有限公司，环境工程设计师。

1.荔波樟江国际旅游度假区效果图
2.旅游云的技术体系结构

"全域旅游"战略的智慧化设计策略研究
——以贵州省荔波县为例

Wisdom Design Strategy Research on Global Tourism Strategy
—Cased by Libo County,Guizhou

刘 波
Liu Bo

[摘　要]　荔波是喀斯特地貌的"世界自然遗产地"，拥有丰富的旅游资源和人文资源。2015年，荔波提出"全域旅游"战略，全县推进旅游开发。"全域旅游"是对于一定区域内不同时空旅游资源的全面整合，是互联网时代旅游发展的里程碑。作为"全域旅游"战略的有力支撑，智慧设计策略将旅游资源与旅游设施进行跨时空整合，一方面提高了旅游资源利用效率、降低生态风险，另一方面建立游客与旅游设施、旅游景点之间的智慧互动网络，提高旅游体验水平。本文以贵州省荔波县为例，阐释"全域旅游"和"智慧旅游"的框架体系和设计策略，以飨读者。

[关键词]　全域旅游；智慧旅游；设计策略；荔波县；世界自然遗产

[Abstract]　Libo is the karst "World Natural Heritage", is rich in tourism resources and human resources. By 2015, Libo proposed "Global tourism" strategy to promote tourism development in the whole county. "Global tourism" is that tourism resources are fully integrated in different time and areas, is a milestone in the Internet era of tourism development. As a strong support for the "Global tourism", wisdom design strategies integrate tourism resources and tourism facilities across time and space. So, on the one hand to improve the efficiency of utilization of tourism resources and reduce ecological risk; on the other hand to establish the intelligence interactive network between tourists and tourist facilities,and to improve the travel experience level. This paper explains the "global tourism" and "intelligent tourism" cased by Libo County in Guizhou Province , and shares with readers.

[Keywords]　Global Tourism; Wisdom Tourism; Design Strategy; Libo; World Natural Heritage Site

[文章编号]　2016-73-P-086

近年来，中国旅游业发展迅速。2015年，境内外旅游人次与境内外旅游消费额均列世界第一。[①]旅游业的蓬勃发展也促进了旅游方式和发展模式的转变。2016年伊始，国家旅游局倡导国内旅游模式由“景区旅游”向“全域旅游”转变，并公布了首批创建“国家全域旅游示范区”的名单[②]。荔波县是全国首批“国家全域旅游示范区”之一，2015年共接待游客超过1 000万人次，同比增长57%[③]，预示着荔波旅游进入高速发展期。同时，荔波旅游也面临着提质增效、经济发展、生态保护、全域发展和重点突破的矛盾。本文结合荔波县总体旅游发展规划和县城总体城市设计项目案例，通过系统地研究智慧化的设计策略，提升荔波旅游的空间环境效益、经济效益和生态效益。

一、“全域旅游”的智慧体系

1.“全域旅游”的概念解析

全域旅游是相对于景点旅游、景区旅游模式而提出的，与前两个模式相比，全域旅游强调的是旅游资源的整合和链接。根据国家旅游局提供的释义，“全域旅游是将特定区域作为完整旅游目的地进行整体规划布局、综合统筹管理、一体化营销推广，促进旅游业全区域、全要素、全产业链发展，实现旅游业全域共建、全域共融、全域共享的发展模式”[④]。因此，发展全域旅游依托的不仅仅是旅游资源的质量和数量，还有区域内旅游资源的整合方式和链接方式，是一种规划统筹和人类智慧的体现。在全域旅游的模式中，利用先进的规划理念和技术促进各旅游要素聚变反应，从而实现旅游资源价值的从“量”到“质”的跨越，是关键所在。

2. 全域旅游的智慧系统架构设计

国内学者对“智慧旅游”的概念进行了广泛的探讨，对智慧旅游的技术支撑、参与主体和应用方向进行了详细的研究，而对智慧旅游的“智慧性”探讨略显不足。“智慧旅游”和“非智慧旅游”之间最大的区别在于“智慧性”，而非“技术性”。

由此可见，智慧旅游强调的是“情”与“景”的结合与互动，是基于传感器、智能终端和大数据技术实现实体空间的“智慧性”——即时的感知、交流与互动。与数字旅游相比，智慧旅游是实现全域旅游模式与目标的最优方式。因此，基于先进的技术（如云计算和云平台技术、大数据等），将全域旅游的各要素数据实现更加高效的集成、交互与处理，然后将这些数据转换成具有商业价值的在地体验，从而丰富

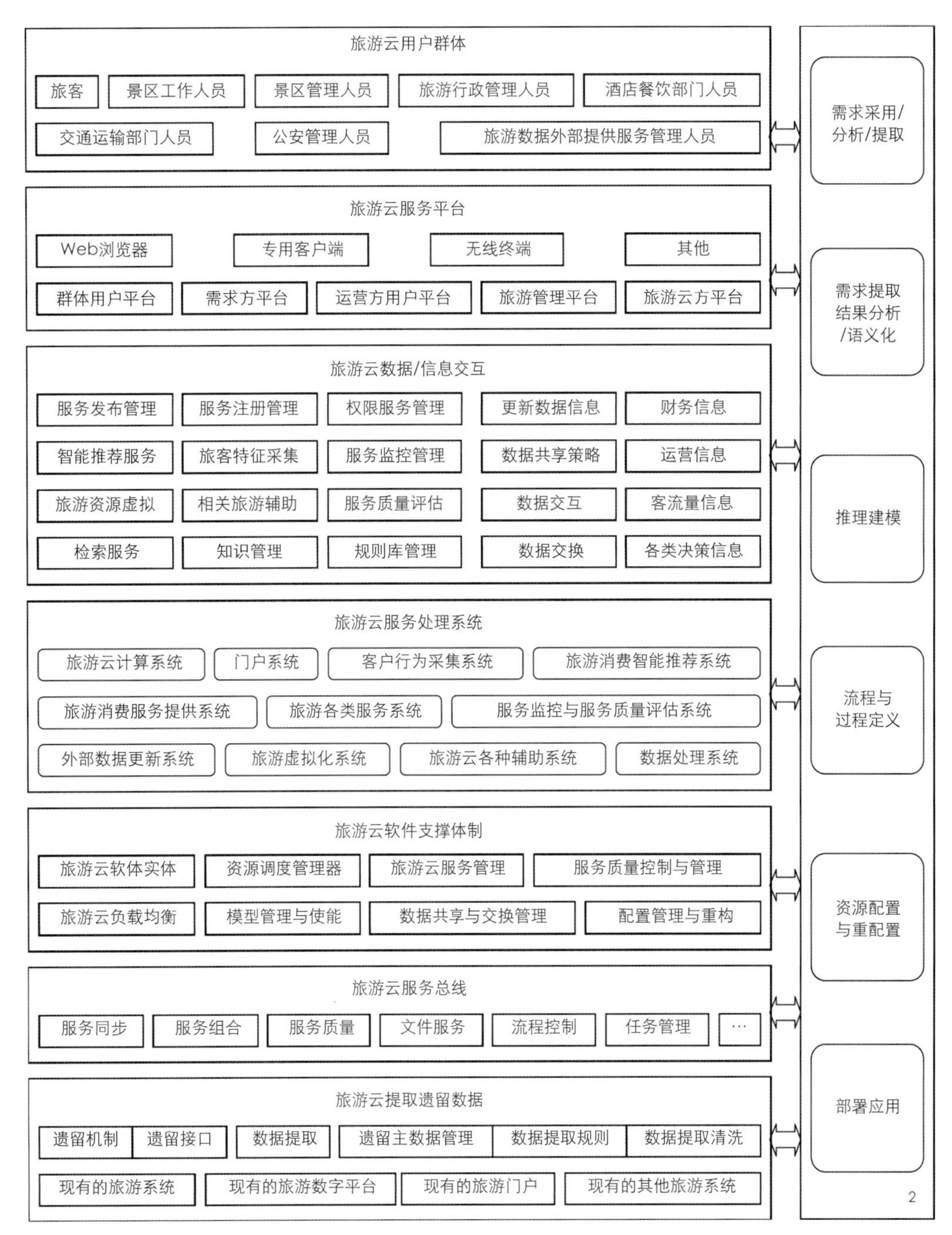

2

表1 全域旅游与景点旅游、景区旅游模式比较

要素比较＼旅游模式	景点旅游	景区旅游	全域旅游
规模形态	点状，不成规模	面状或线状，能容纳一定规模的游客	网状，超越规模界限，可以是一个区域也可以是多个区域的联合
资源价值	强调独特的观赏价值和品味价值	强调某一种类型的体验价值，一般具有突出的主题	是多个景区资源的链接，价值在于资源的整合，将旅游融入产业、融入生活
业态模式	比较单一，相关业态的依附性差，经济收入以门票形式为主或免费	围绕某种旅游体验组织产业链，门票收入只是景区收入的一部分或较小比例	取决于旅游资源的链接方式和整合方式以及旅游资源自身的价值，高效的整合将旅游变为一种产业
体验方式	单一性，提供点对点的体验，独特性或猎奇性的体验	主题性，链条状，提供多元的体验	生活性，网络状，提供跨时空的体验
设施配套	无配套或满足基本需求的配套	提供吃住游购娱的完整配套	除了吃住游购娱的配套之外，还需提供信息咨询、交通、安全救护、指挥中心等
小结	是一种自然的长期的存在，旅游价值取决于游客的品位	是多个景点资源的链接，通过人们的改造提升旅游价值	是一个全新的概念但并非是全新的模式。其价值体现在景区资源价值的整合，具有一定的门槛，但难以横向对比和评估

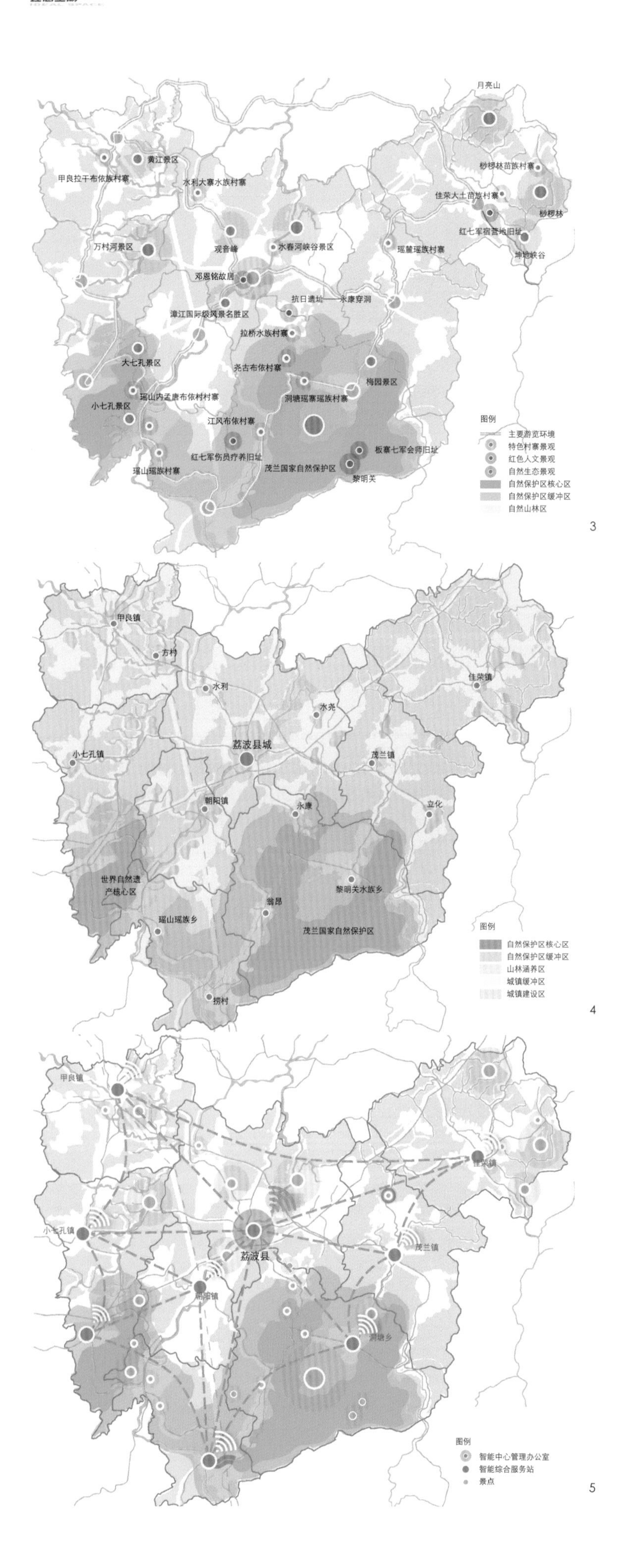

游客体验、提高社会经济效益和区域可持续性，即打造全域的智慧旅游系统。

全域旅游的智慧系统架构包括“一个平台、三个应用体系”。一个平台即旅游综合云平台，是为政府、社会组织（旅行社、公司等）、游客提供共同的数据中心和数据处理平台，它由旅游云用户群体、旅游云服务平台、旅游云数据、信息交互、旅游云服务处理系统、旅游云服务支撑体制、旅游云服务总线和旅游云提取遗留数据组成。

基于旅游云平台衍生出全域智慧旅游的三个应用体系，即面向政府的应用体系、面向企业的应用体系和面向游客（或居民）的应用体系。面向政府的应用体系主要包括智慧交通服务、景点（区）流量监控、旅游景区信息查询与推介、游客投诉及信息反馈、旅游产品推介及产业服务等。面向企业的应用体系主要包括旅游设施（酒店、餐饮、娱乐、购物等）信息服务、产品（或服务）信息交互与发布、内部流程管理等。面向游客或居民的服务主要包括信息查询与预订、导游与导航、信息分享、虚拟体验、投诉与评价等。

表2　数字旅游、智慧旅游、全域旅游的比较（参考Ulrike Gretzel等整理，2015）

要素	数字旅游	智慧旅游	全域旅游
范围	数字空间	连接数字空间与实体空间	全域全要素、跨时空
核心技术	互联网	传感器和智能手机	云平台、云计算
旅游过程	旅游前或旅游后	贯穿与整个旅游过程	全过程体验
命脉	信息	大数据	资源与整合
范式	交互性	科技中介、共同创造	全民参与，旅游即生活
结构	价值链/中介	生态系统	网状结构、社会经济系统
交流	CB2B，B2C，C2C	公共机构—私人机构—消费者的集合	公共机构—私人机构—消费者—居民的集合

3.荔波县的“全域旅游”战略

荔波县具有良好的生态环境和旅游资源，拥有世界自然遗产地和国际人与生物圈保护网络成员2个国际品牌，是贵州省优先发展的重点旅游区、国家5A级景区，更被誉为“地球上的绿宝石”。发展全域旅游是荔波现实的需求，把荔波作为功能完整的旅游目的地来建设，通过完善交通设施和信息通信设施，依托智慧旅游系统，实现景点内外一体化、旅游空间全景化。

荔波县规划实施四个维度的、四个支撑和五个结合的全域旅游发展战略。四个纬度是指从全空间拓展、全天候畅游、全产业融合和全面参与四个维度来理解全域旅游战略的内涵；四个支撑是指交通的支撑、金融的支撑、大项目支撑和人才的支撑，为全域旅游提供软硬件条件；五个结合是指要与生态环境保护、文化、新的社会需求、良好的商业模式、“互联网+”和“+互联网”相结合，促进经济社会转型升级，带动县域经济发展。可见，荔波全域旅游战略将促进基础设施建设、城镇发展、社会经济发展和生态保护的全面整合。全域智慧旅游系统的打造将促进

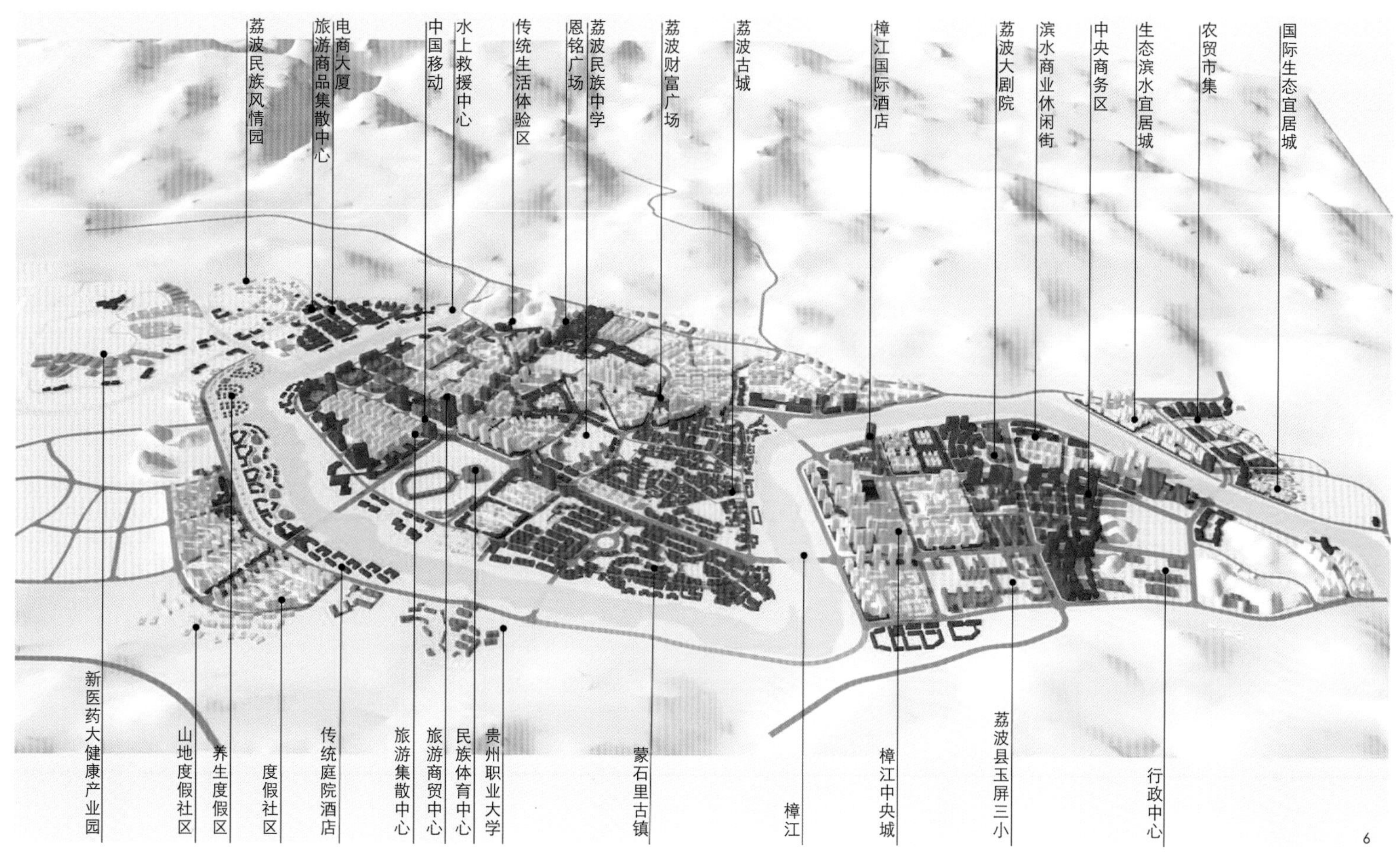

3.荔波旅游资源分类及分布图
4.荔波自然保护区及生态风险源分布图
5.荔波全域旅游的智能网络系统图
6.荔波县城各类旅游设施规划布局图

荔波全域旅游各要素的整合与互动，提高全域旅游战略的实施效率。本文着重对全域旅游生态风险管控、全域旅游设施的智慧互动和全域旅游的智慧体验三个方面展开讨论。

二、全域旅游资源生态风险管控策略

1. 荔波全域旅游资源的智慧链接

荔波拥有丰富的旅游资源，包括大小七孔国家5A级景区、樟江风景区、茂兰喀斯世界自然遗产地和布、水、苗、瑶等特色民族村寨景点，全域广泛分布。通过旅游云平台将全域旅游资源进行智慧链接和数据集成处理，实现全域旅游资源的查询、导航、检测、反馈与管理等功能。由于是基于旅游云平台的服务模式，政府、企业组织和游客均可以实现实时数据交互与反馈，随时掌握各景区的游客数量、活动安排、交通状况、安全风险，从而根据这些信息调整自身行为。对于政府管理部门来说，可以利用旅游云平台的优势主动调整旅游资源的配置，以更快的速度应对突发事件和安全事故，保障旅游安全和生态安全。

对于各景点、景区数据，通过手机、PDA设备、智能监控设备、景区电脑等各种终端设备实现数据收集，再通过信息基础设施网络和综合服务站实现与旅游云平台的数据集成、交互与处理。政府管理部门可以通过设在旅游服务中心的服务端软件实现各种旅游资源的管理、配置、户外救援等应急处理。旅游资源智慧链接系统建设的重点是旅游云平台的建设和数据处理与传输的速度，这取决于云平台的数据架构和数据算法，基本点是数据收集端和服务端这两个应用端的软件开发。旅游云平台的建设具有公益性，是由政府主导开发建设；而对于应用端开发政府仅提供标准和政策引导，可以由使用者通过商业开发的形式实现。

2. 生态风险与智慧反馈体系

旅游资源生态风险的监控是基于智慧旅游系统的典型公益性应用。荔波县生态环境敏感，是喀斯特地貌的世界自然遗产地和国际人与生物圈计划的保护区，过度的旅游开发势必会对自然生境造成不可修复的破坏。这些生态风险包括增加外来生物入侵风险、造成自然保护区的环境污染、干扰野生动物的个体行为、减少自然保护区的生物多样性、增加保护区的火灾风险系数、破坏自然景观与原始风貌、重开发轻保护的生态风险隐患、破坏原有的生态平衡等。荔波全域旅游战略原则之一就是保护生态环境，在维护自然生境的前提下实现全域旅游的发展目标。

首先，在生态风险源识别与分类的基础上，对各类生态风险源进行“一云、两端”的智慧系统建设。“云”仍然是指旅游云平台系统；“两端”分别为生态风险的感应端和服务端；感应端是感应探头、红外线传感器等设备端，实现数据收集功能；服务端是各类应用软件，可由政府或社会组织进行独立的开发，包括环境监测与风险评估、容量监测评价与预警系统、生态风险管理系统等。其次，智慧反馈体系是基于云端的各类应用。有了“一云、两端”系统的支撑，各类生态风险源将得到及时的监测和管理，从而

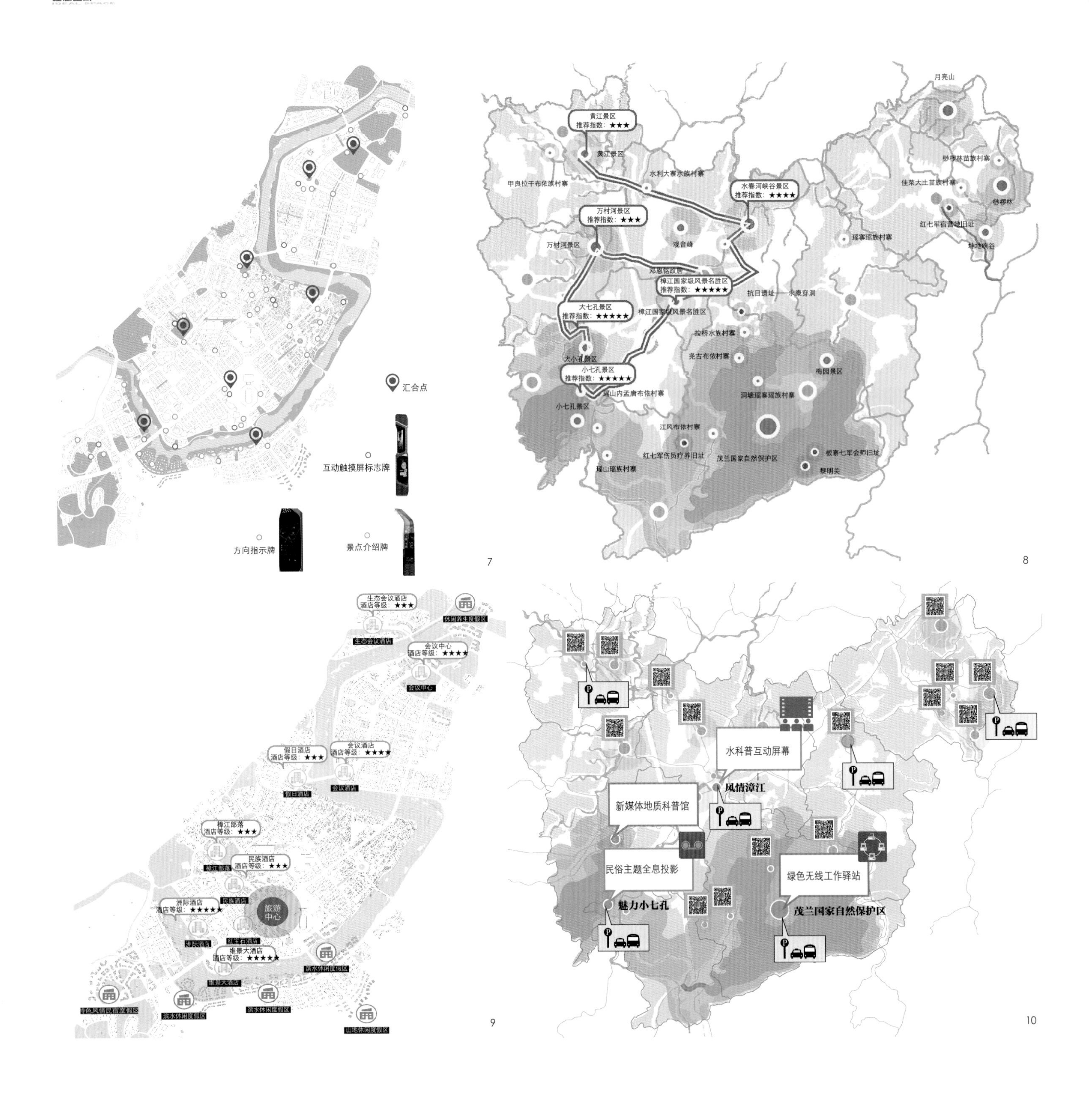

避免或减轻生态风险。

三、全域旅游服务设施的智慧互动策略

1. 荔波旅游服务设施水平预测与评估

至2015年底，荔波县旅游人数超过1 000万人次。根据《荔波县旅游发展总体规划（2015—2030年）》，2030年，旅游人口将达到2 000万人次以上，县城作为旅游服务中心，接纳的游客量在1 000万人次左右。对于土地有限的荔波县城和各城镇来说，巨大的游客量将对荔波旅游服务设施的承载能力带来考验。据预测，荔波县城在旅游人口达到1 000万人次 /年时，所需各类酒店建筑面积约为90万m^2，各类商业设施约35万m^2，休闲娱乐设施约14万m^2。

2. 旅游服务设施的智慧链接与互动

旅游云平台与旅游服务设施之间可以通过

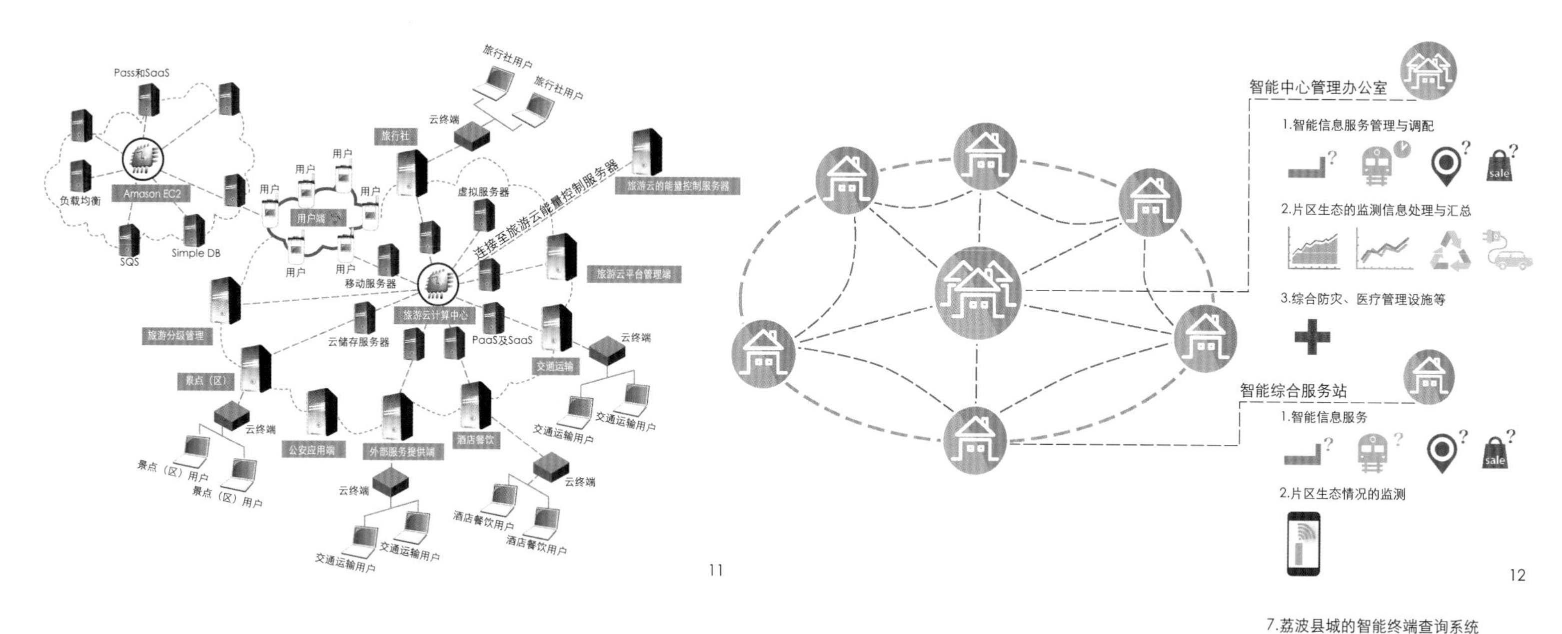

7.荔波县城的智能终端查询系统
8-9.各项旅游设施的智慧连接示意图
10.荔波全域特色旅游多媒体体验分布图
11.旅游云的laaS体系结构
12.全域旅游的智能管理模式图

laas、PaaS、SaaS等云平台服务模式建立链接，并实现数据共享。旅游服务设施的各种终端设备，如手机、电脑、PDA设备等均可与旅游云平台实现实时的数据交互。通过开放端口，旅游云平台还可让各种终端自行研发的APP或软件实现自由连接。

四、全域旅游的智慧体验设计策略

1. 景点与游客体验的链接

旅游云平台不仅提供了旅游数据的集成、交互与处理，同时也提高了游客的体验。一方面，旅游云平台提供了远程感知和虚拟环境感知能力，使游客可以身临其境地感受旅游环境；另一方面，旅游云平台提供了大量的景点相关信息，还可以与同样感受过该景点的游客进行交流互动。同样，游客体验是一个动态的过程，旅游云平台强大的数据处理能力使得游客体验的交互与动态更新成为可能。

2. 智慧旅游体验设计

智慧旅游体验包括影像体验、声音体验、Web体验等，具体方式有二维码信息连接、全息影像展示、智能终端查询系统等。

五、结语

荔波县目前正在进行大量的旅游基础设施建设，如高速、铁路、道路、景区环境改善等旅游硬件设施建设。服务平台建设方面也在加速推进，如创新探索成立大数据工作局或“互联网”服务中心，整合大数据服务中心、智慧旅游4D体验馆、物流配送服务中心、会议展览中心、动漫梦工厂等综合配合服务功能，加快推动荔波4.0智慧旅游建设升级。

旅游云平台建设需要大量的网络基础设施投入和专业的团队运营与维护。目前，荔波旅游云平台建设相对滞后，在打造世界一流国际旅游度假区和国际化、专业化旅游城市及实现全域智慧旅游战略实施的道路上，荔波仍任重而道远。

注释

① http://news.hexun.com/2016-01-11/181732898.html

② 国家旅游局网站.http://www.cnta.gov.cn/zwgk/tzggnew/gztz/201602/t20160205_759900.shtml.

③ 荔波旅游局网站.http://www.liboly.com/page197?article_id=125.

④ 国家旅游局网站. http://www.cnta.gov.cn/zwgk/tzggnew/201602/t20160205_759900.shtml.2016.02.01.

参考文献

[1] 张美微. 基于云计算的智慧旅游系统的研究与构建[D]. 兰州：西北师范大学，2013：25－27.

[2] 周相兵，马洪江，苗放. 一种基于云计算的旅游云架构模式研究[J]. 重庆示范大学学报（自然科学版），2013（2）：79－86.

[3] 王平平. 智慧旅游云平台需求及总体架构研究[J]. 电信科学，2014（11）：61－65.

[4] Ulrike Gretzel，Marianna Sigala，Zheng Xiang，ChulmoKoo. Smart tourism: foundations and developments[J].Electron Markets，2015（25）：179－188.

[5] 尹德俊. 实施全域旅游战略奋力决胜脱贫攻坚[J]. 当代贵州，2016（9）：46－47.

[6] 韩学伟. 基于旅游云的景区户外安全救援体系的构建[J]. 安全与环境工程，2015（11）：104－108.

[7] 黄思思. 国内智慧旅游研究综述[J]. 地理与地理信息科学，2016（2）：97－101.

[8] 张凌云，黎巎，刘敏. 智慧旅游的基本概念与理论体系[J]. 旅游学刊，2012（5）：66－73.

[9] 刘军林. 智慧旅游的技术图谱、构成体系及实现图景研究[J]. 牡丹江大学学报，2015（11）：36－40.

[10] 文军，魏美才. 我国自然保护区旅游开发的生态风险及对策[J]. 中南林业调查规划，2003（11）：41－44.

作者简介

刘　波，硕士，国家注册规划师，上海同济城市规划设计研究院，工程师。

本项目组成员包括：沈清基、刘波、李林希、孟海星、巩尹子、夏莹、陈天航、张雪梅、万一郎。

基于物联网构建智慧旅游综合服务平台

Build a Smart Integrated Tourism Service Platform Based on the IOT

梁忠鹏
Liang Zhongpeng

[摘　要]　智慧旅游是一种以物联网、云计算、下一代通信网络、高性能信息处理、智能数据挖掘等技术在旅游体验、产业发展、行政管理等方面的应用，使旅游物理资源和信息资源得到高度系统化整合和深度开发激活，并服务于公众、企业、政府等的面向未来的全新的旅游形态。通过在旅游景区建设各种类型的传感器网络，收集温度、湿度、气体、空气质量等相关数据以营造智慧空间环境，通过建设蓝牙探测器、RFID探测器实现人员定位和资产管理，通过游客端和管理两套APP系统打造未来的智慧旅游综合服务平台。

[关键词]　智慧旅游；物联网

[Abstract]　Base on various integrated technology such as IOT, Cloud Computing, Next Generation Communication Network, High Performance Information Processing, and Smart Data Mining, Smart Travel combines wide applications in multiple areas including Tourist Experiences Management, Tourism Industry Development, Administration Management and etc. Through Smart Travel, both of online and offline tourism resources can be deeply integrated and developed to form a new type of future tourism serving the public society, enterprises and government. Smart Travel will collect several environmental feeds including temperature, humidity, air quality index and etc. through widely deployed sensors in each scenic spot. Meanwhile, RIFD and Bluetooth sensors have been embedded for personnel locating and assets management. Smart Travel is the integrated tourism service platform with frond end app to customers and backend app to management team.

[Keywords]　Smart Travel; IOT

[文章编号]　2016-73-P-092

一、智慧旅游的概念和功能

智慧旅游是一种以物联网、云计算、下一代通信网络、高性能信息处理、智能数据挖掘等技术在旅游体验、产业发展、行政管理等方面的应用，使旅游物理资源和信息资源得到高度系统化整合和深度开发激活，并服务于公众、企业、政府等的面向未来的全新的旅游形态。智慧旅游以融合的通信和与信息技术为基础，以游客互动体验为中心，以一体化的行业信息管理为保障，以激励产业创新、促进产业结构升级为特色，其核心是游客为本、网络支撑、感知互动和高效服务。

智慧旅游系统作为信息时代和互联网时代的产物，对于整个旅游产业的发展具有重要意义。对于旅游者来说，智慧旅游系统可以让他们在旅游前全面了解目的地旅游信息，预订产品和进行结算；能在旅游过程中动态地了解旅游信息并获得帮助；并在旅游结束后通过该系统进行有效的信息反馈。游客在旅游信息获取、旅游计划决策、旅游产品预订支付、享受旅游和回顾评价旅游的整个过程中都能感受到智慧旅游带来的全新服务体验。智慧旅游体系的建成，将改变游客的行为模式、企业的经营模式和行政部门的管理模式，引领旅游进入“触摸时代”、“定制时代”和“互动时代”，从而逐步改变整个产业的运营模式，提高旅游业的现代服务水平。

先进的物联网技术与旅游业的融合顺应了旅游业的发展，严谨的物联网架构使旅游产生了智慧。未来基于物联网构建的智慧旅游综合服务平台将集中体现旅游的信息智慧化、服务人性化、过程优质化、性价比实惠化及行程实控化。

二、物联网产品在智慧旅游构建中的特色

1. 低功耗的物联网感知系统

在景区的主要场所架设基于低功耗技术的物联网感知传感器，如温湿度、光照度、异味及甲醛探测、雷达探测、PM2.5空气质量、烟雾气体探测等一系列主动探测的传感器系统。感知景区环境、游客流向，结合以人为本的建设理念，为游客和景区管理管理者提供一个环保、绿色、安全的舒适环境。

2. 主动及被动相结合的定位导览系统

景区结合游客的智能终端打造基于蓝牙和NFC技术的一个双向定位导览系统，既可以主动定位导览也可以被动定位导览，实现电子地图、景区导览、生活服务、人员疏导、爱心关怀、社交网络分享、儿童离散预警等便捷、人性化的应用。完善可带走的景区，提高掌上的文明建设思想。

3. 基于总线架构的能耗管理系统

景区所有灯光照明及空调新风系统采用总线弱电系统建设、强电回路集中端接形式，结合季节变化、天气变化、温湿度采集数据、光照度采集数据、人物探测数据的物联网感知系统平台，实现策略管理、时间逻辑管理、季节管理、远程管理的形式建设能耗管理系统，呼应当前节能减排的绿色建筑思想。

4. 基于RFID技术的资产管理和定位轨迹查询

景区建设低功耗的RFID基站设备，用于对贵重资产的定位和轨迹进行查询管理，资产信息的录入、资产信息的状态、资产信息的异常报警，为景区贵重资产的管理提供了一套无线的管理平台。

5. 基于RFID技术的智能停车管理

景区建设低功耗的RFID基站设备，用于对地下停车系统的管理，游客可通过手机APP系统查询空车位、预定车位、支付停车费等。

6. 基于移动APP系统的智慧安防平台

景区通过移动端APP系统查看防盗报警信息、电子围栏信息、摄像安防信息，结合景区电子地图的形式建设一套全面的立体安防系统，实现预警信息推送、实时摄像视频查看、电子围栏设防感知、紧急疏

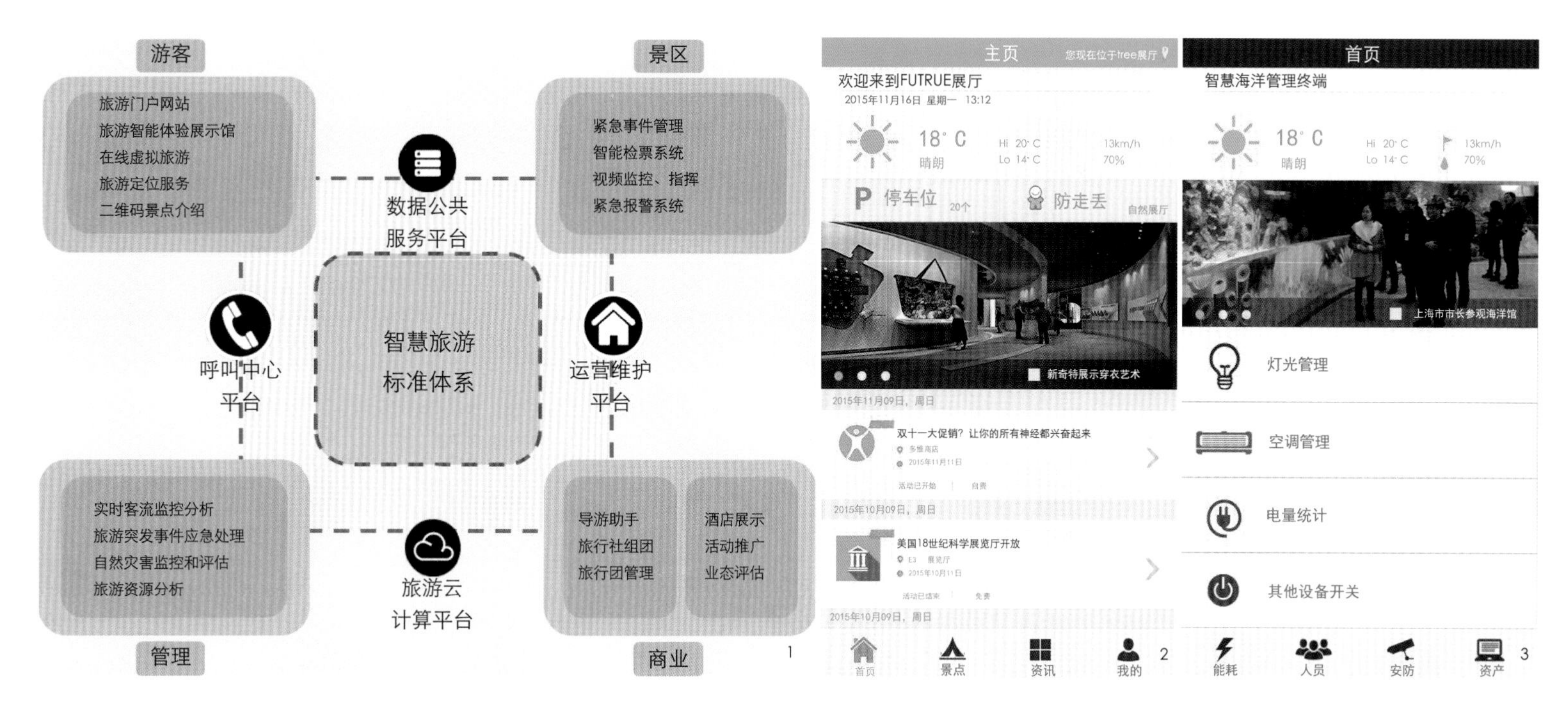

1.智慧旅游
2.智慧展厅管理示意
3.智慧海洋管理终端

散指挥、踩踏预警、火灾及自然灾害预警。

三、智慧旅游的核心内容

相关内容见图1表示。

四、物联网系统实现智慧旅游

利用物联网传感器网络的广泛分布，使我们的旅游景区成为一个有生命的感知区域，管理方可利用这些感知到的数据来管理工作人员、贵重物品、景区的能耗、远程的设备和景区的安全。

凭借物联网的快速发展及物联网在旅游行业的智能应用，为各大旅游景区提供智慧旅游解决方案，并使用游客端应用APP系统和管理方APP系统为旅游景区提供移动导览系统设计。

五、基于物联网架构的大数据分析

加强对旅游大数据的开发与利用，延伸旅游服务业价值链。加强对旅游景点、宾馆饭店、交通运输等环节旅客人数的大数据统计分析，提高大数据的预测和预判能力，指导和提高服务保障。丰富完善旅游业务数据库，加强对游客消费偏好的数据收集、积累与分析，指导旅游和购物产品创新优化，实现精准营销。鼓励互联网企业发展线上线下融合服务，利用车联网运营平台积累的特定路段经行乘客的旅游购物、社交娱乐、餐饮住宿等大数据信息，采用大数据分析技术，向过往车辆用户提供推荐“吃住行游购娱”信息和精准的营销信息推送服务。

六、互联网＋时代的旅游发展前景

通俗来说，“互联网＋”就是“互联网＋各个传统行业”。

互联网＋智能家居，冰箱就能自我完成采购信息的生成，并且直接连线商家，完成采购。

互联网＋医疗行业，无论身在何处，就医时出示身份证即可跳过咨询病人资料、病史及过敏史，直接进入到诊断过程。

互联网＋交通行业，现在盛行的滴滴打车APP就是互联网＋运用得比较成功的实例。

“互联网＋”将越来越多的实体、个人、设备连接在一起，互联网已不再是虚拟的，而是主体社会不可分割的一部分，每一个社会细胞都需要与互联网相连，互联网与万物共生共存，这将成为未来的大趋势。

七、旅游信息化的阶段

旅游信息化建设呈现智能化、应用多样化发展趋势，多种技术和应用交叉渗透至旅游行业的各个方面，全面的智慧旅游时代已经到来。

八、智慧旅游的发展机遇

1. 云计算、物联网广泛应用在移动通信和移动互联网领域是智慧旅游的必要条件，现在，这些条件已经具备，智慧旅游进入建设阶段

国内不少地方正在和准备建设云计算中心。

2009年，温家宝总理在无锡提出“感知中国”，打开了我国物联网建设的新局面。

4G的推出，极大地推动了移动互联网的发展，使人们不受场地和时间的限制，随时随地都可以上网。其上行和下行速度媲美电脑的特点，也推动了上网本和智能手机的销量。

2. 智能手机和平板电脑的发展，为智慧旅游提供了强劲的硬件支撑

智能手机除了具有手机的功能，也具有许多电脑的功能。

电脑也在逐渐克服其不足的一面，超便携是其发展方向。功能更多，体积更小，便携式电脑经历着从笔记本到上网本再到平板电脑的发展历程。

智能手机和平板电脑的超便携性，为智慧旅游提供了硬件支撑，使移动互联网有了依附的载体。

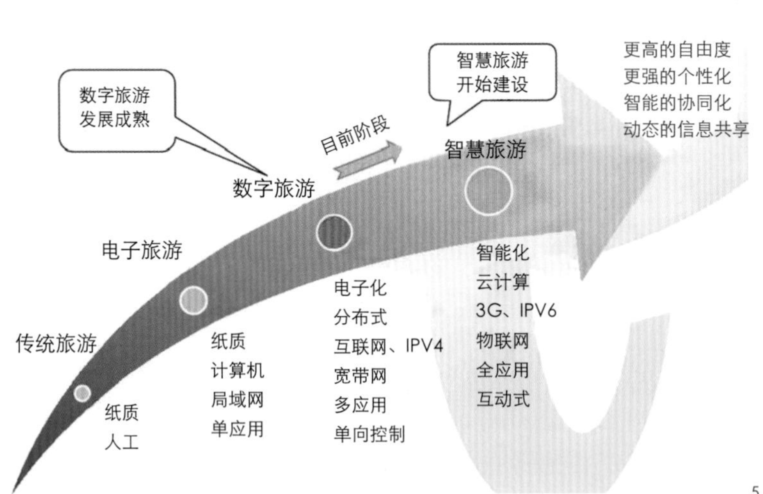

4.物联网＋表达示意图
5.旅游信息化发展阶段

3. 政策环境日益优化

《国家中长期科技发展规划纲要（2006—2020年）》第三部分（重点领域及其优先主题）中第7点（信息产业及现代服务业）首先提到了优先主题：“重点研究开发金融、物流、网络教育、传媒、医疗、旅游、电子政务和电子商务等现代服务业领域发展所需的高可信网络软件平台及大型应用支撑软件、中间件、嵌入式软件、网格计算平台与基础设施，软件系统集成等关键技术，提供整体解决方案”，从政策层面上把旅游和云计算（网格计算）结合起来，作为信息产业优先发展的主题，也说明了基于云计算技术的旅游信息平台是智慧旅游的基础。

2009年，国务院出台了《关于加快发展旅游业的意见》，第五条提出“建立健全旅游信息服务平台，促进旅游信息资源共享”。第十条提出“以信息化为主要途径，提高旅游服务效率。积极开展旅游在线服务、网络营销、网络预订和网上支付，充分利用社会资源构建旅游数据中心、呼叫中心，全面提升旅游企业、景区和重点旅游城市的旅游信息化服务水平”。这说明旅游信息服务政策已提上议事日程，尤其是要建立一个能共享旅游信息的大型平台。

九、智慧旅游的发展目标

1. 全面物联

智能传感设备将旅游景点、文物古迹、城市公共设施物联成网，对旅游产业链上下游运行的核心系统进行实时感测。将云计算、物联网、高速通信技术等信息技术加以有机整合，使旅游业的信息化水平超前于服务业整体的信息化水平，达到与工业信息化同步发展的水平。

2. 充分整合

智慧旅游战略不仅包括智慧旅游景区的建设，还包括智慧城市、智慧交通、智慧酒店、智慧餐饮等。智慧旅游的目标在于实现城市景区、景点、酒店、交通等设施的物联网与互联网系统完全连接并融合，将数据整合为旅游资源核心数据库，提供智慧的旅游服务基础设施，为游客提供更高阶的信息服务，从而提升旅游互动体验质量。智慧旅游用网络、信息通讯等技术把涉及旅游的各个要素联系起来，有利于有效地整合区内资源、加强城市间的旅游合作。

3. 协同运作

基于智慧的旅游服务基础设施，能够实现旅游产业链上下游各个关键系统和谐高效的协作，达到城市旅游系统运行的最佳状态。通过信息技术，可以及时准确地掌握游客的旅游活动信息，实现行业监督的动态化、适时化；通过与公安、工商、卫生、质监部门的信息共享和协作，可实现对旅游投诉以及旅游质量问题的有效处理，维护旅游市场秩序；依托信息技术，全面了解游客的需求变化、意见建议以及旅游企业的相关信息，以实现科学决策和科学管理。

4. 引领发展

鼓励政府、旅游企业和旅游者在智慧的旅游服务基础设施之上进行科技、业务和商业模式的创新应用，为城市发展提供充足动力。国家旅游局提出，争取用10年左右的时间，在我国初步实现智慧旅游的战略目标，这必将使我国在世界旅游竞争格局中占据优势地位，成为引领世界旅游产业发展的重要力量。

作者简介

梁忠鹏，上海耀影信息科技有限公司，联合创始人、执行总经理，主要负责战略规划、渠道运营、资源整合等统筹工作。对管理、品牌推广有15年经验。

1.鸟瞰图

智能工作+智能生活
——青岛信息谷智能生态体系规划

Smart Work, Smart Life
—Intelligent and Ecological Planning System of Qingdao Info Valley

陈静文
Chen Jingwen

[摘　要]　青岛信息谷项目所处的青岛开发区提出了建设生态智慧城的发展目标，以促进开发区二次转型与腾飞。在此目标之下，青岛信息谷以对产业及城市转型发展的新探索，提出了一个生态、低碳、智能的新型发展模式。项目运用智慧技术，营造智慧环境，打造以互联化、物联化、多网融合、智能化和信息化为特征的智慧之城。

[关键词]　智能生态；信息产业；产城融合

[Abstract]　Qingdao Info Valley is located in Qingdao Technological Development Zone, which is now raising the goal of building an ecological smart city, in order to promote the regional transition and the second take-off. Qingdao Info Valley planed a new mode to build an ecological, low-carbon, intelligent area. This project is now using intelligent technology to create a smart environment, including the interconnection, networking, network integration, intelligence and informatization for the characteristics of a smart city.

[Keywords]　Intelligence and Ecology; Information Industry; City—industry Integration

[文章编号]　2016-73-P-095

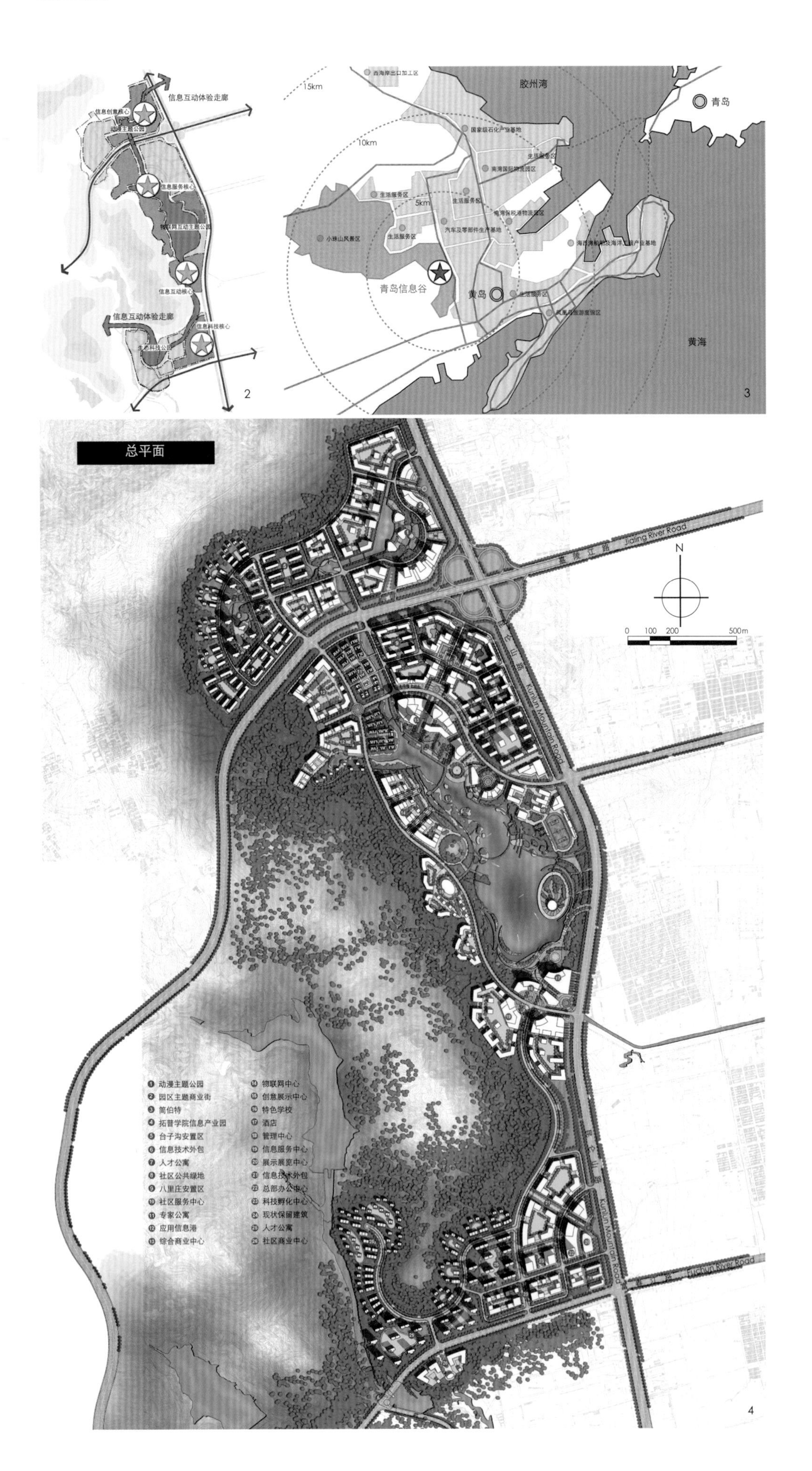

一、生态智慧城大背景下的发展契机

1. 区域背景

青岛整体信息产业已经初步显现了“东园—西谷—北区”集聚发展的格局，以开发区、崂山区、高新区为三点支撑。“东园”即崂山高科园，“西谷”即黄岛区“青岛信息谷”，“北区”即青岛高新区。青岛信息谷作为信息产业的重要发展基地，在建设初期计划导入动漫产业、培训、居住、福利服务等功能，未来将打造成为以信息产业为主导的服务基地，本项目在此背景之下展开规划。

2. 产业背景

信息服务业，经历了萌芽、起步、发展、壮大、深化几个阶段。工业化阶段已有萌芽；工业现代化时代处于起步阶段，信息服务业基本停留在出版等领域；在信息化时代，出版等传统信息服务业得到了迅速发展；互联网时代信息服务业则迅速发展壮大，基于数字内容的信息服务业开始爆发；未来，在物联网时代，信息服务业将会进一步深化，对各个领域的渗透也会加强，将会延伸出新型产业。

3. 发展条件

青岛信息谷位于青岛开发区，可通过胶州湾隧道与青岛主城区相连。项目西部是黄岛的主城区，北部是生活服务区、汽车及零部件生产基地。周边配套条件良好，项目区西部是小珠山风景区，良好的景观资源，为项目提供了优良的发展条件。

基地可通过昆仑山路与滨海大道连接，通过胶州湾隧道，直达青岛主城区。基地内部环境优越，拥有三座水库，分别是荒里水库、戴戈庄水库、周家夼水库，其中戴戈庄水库是青岛重要的水库资源。

二、项目发展目标

1. 战略角色

青岛信息谷在开发区打造“生态智慧城”的大背景下承担着重要角色，是青岛开发区实现整体战略转型的重要组成部分，其目标是实现信息产业升级，营造文化氛围，彰显区域特色。项目整体定位为一个宜业、宜居、宜游的信息产业主题片区，打造成为信息时代的智力

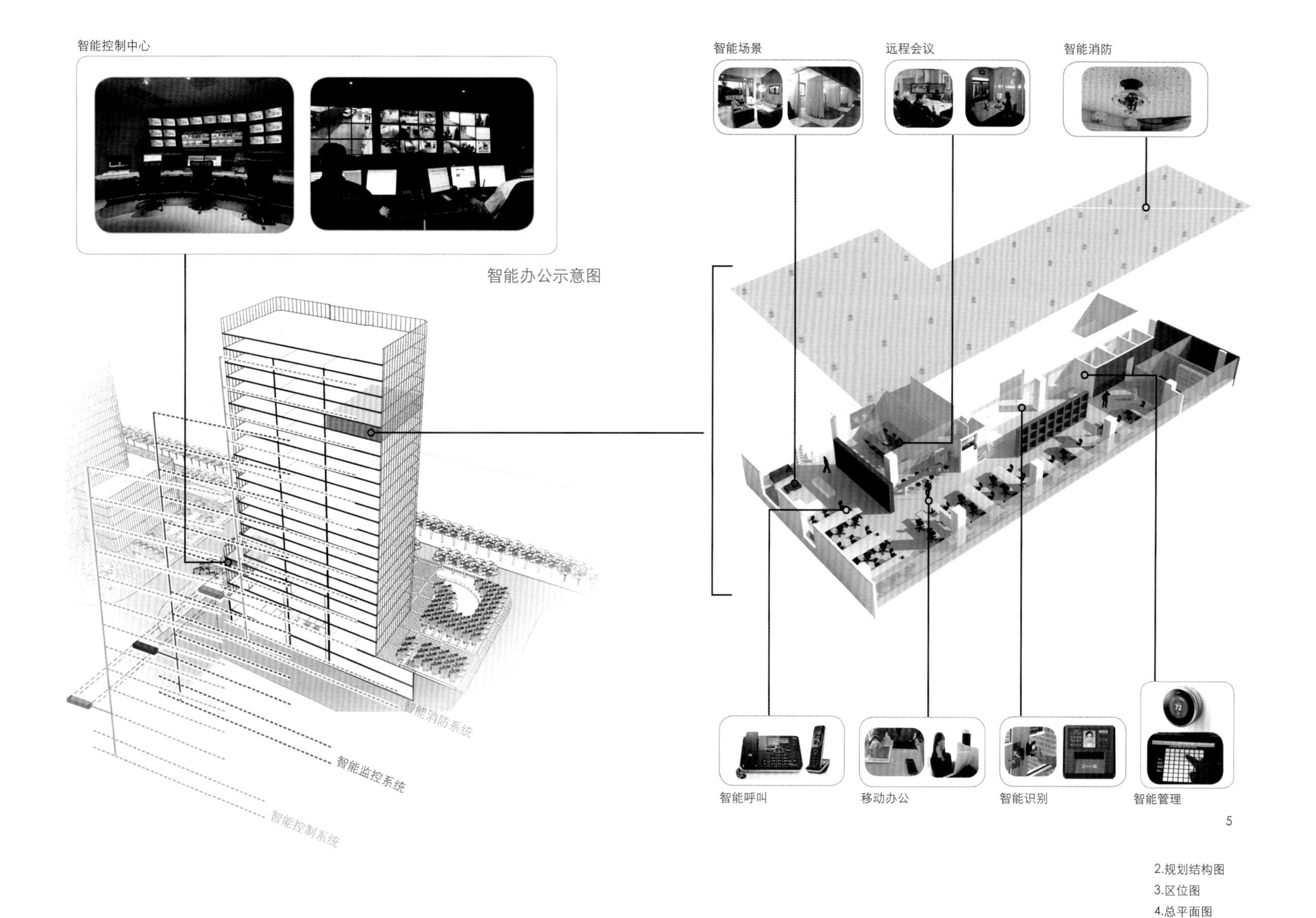

2.规划结构图
3.区位图
4.总平面图
5.智能办公示意图

引擎、多元时代的文化展台、低碳时代的生活模式、有机生长的绿色小城。

2. 产业生态圈

青岛信息谷的产业配套借鉴了仿生学的理论，目标是构建一个新型的信息产业生态圈。它涵盖了四个圈层：第一圈层为园区产业自身的配套功能；第二圈层为生产性服务功能，包括金融服务、展示交易、信息服务、研发设计等；第三圈层为非生产性服务功能，主要包括文化、休闲、娱乐、教育、居住、酒店等生活性配套功能；第四圈层则包括水电、通信、交通等基础设施服务。

3. 空间特色

（1）体现“信息魅力”

园区在形象上体现信息产业的内涵，以信息互动体验走廊和互动主题公园充分彰显信息产业园区的特色。

（2）延续“绿色斑底”

依托周边山、水资源，将山水自然景观导入园区内部，形成以绿色为基底的信息产业园区。

（3）营造“学府氛围”

基地东侧为青岛高校群落，具有天然的学府氛围，有利于形成具有科研气息的办公园区。同时，园区导入了研发孵化功能，凸显其良好的创新功能，也可为院校师生提供一个创新创业的环境。

（4）延续“欧洲肌理”

项目延续了青岛市南区原欧洲氛围的城市特征，以小尺度的园区地块分割形成具有围合感的人性化城市肌理。

园区在整体城市空间结构的设计上适应智慧化的需求，将信息智慧设施与生态设计相结合，形成有弹性的规划格局，增加了项目的体验性和适应性。项目整体打造“三园一廊、四心联动”的空间结构，通过设计创意主题公园、信息互动主题公园和生态科技公园，连接“信息互动体验走廊”，形成信息创意核心、信息服务核心、信息互动核心、信息技术核心四大核心。

三、智能生态策略

1. 智能服务模式

青岛信息谷将打造信息产业高端化发展载体，提供生态、创新型的园区环境，互动型的信息交流平台，同时践行数字化的园区管理模式，为智慧青岛的

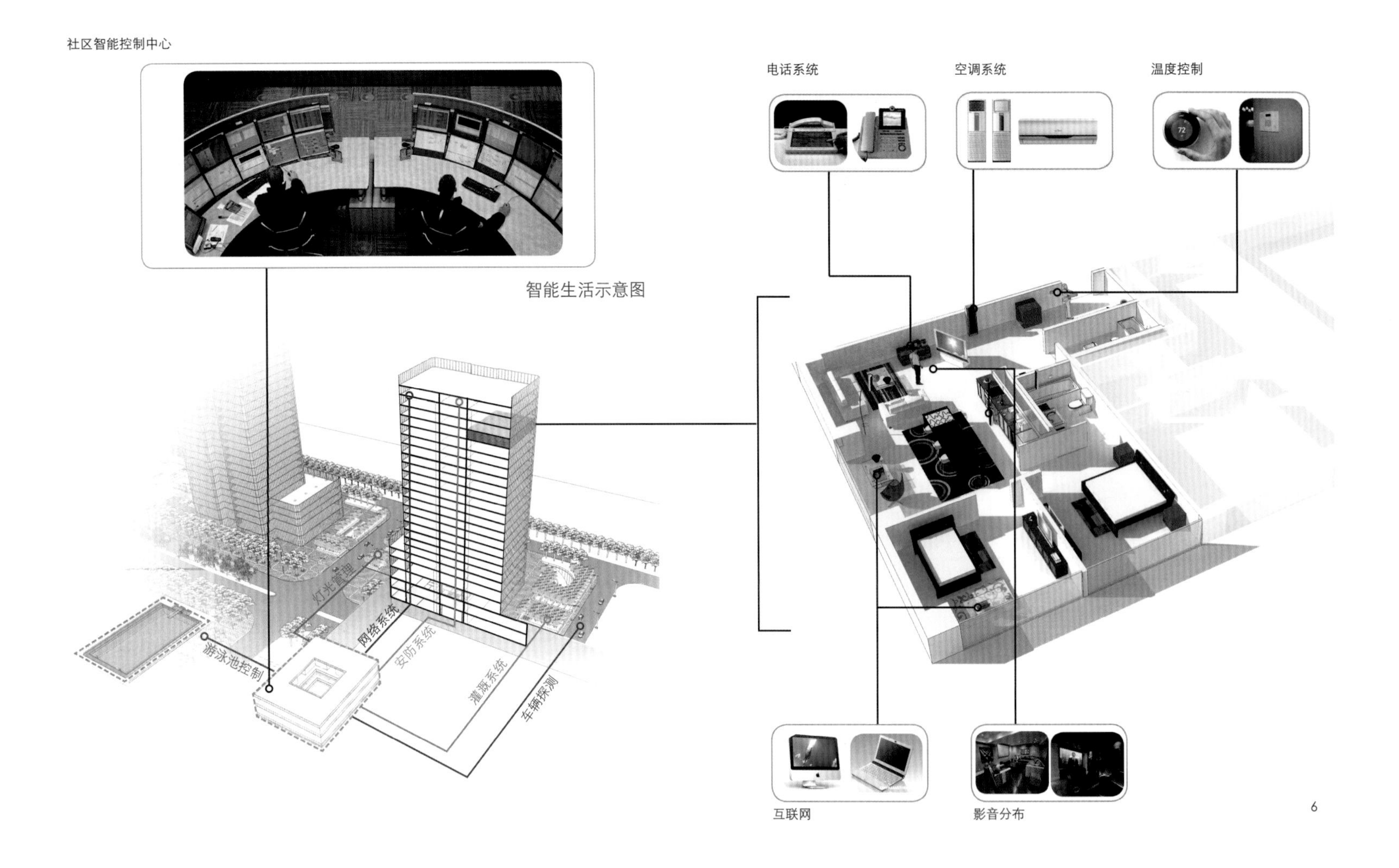

6

建设注入新的发展动力。

（1）智能办公

涵盖了智能会议、智能管理、智能通讯、智能消防、移动办公等领域。拟利用高端智能技术，提供高度智能化的办公服务。如人脸识别系统，融合计算机图像处理技术与生物统计学原理，采集人像特征，应用于人脸识别出入、门禁考勤系统、人脸识别监控、人脸识别电脑安全防范、人脸识别来访登记等方面。

（2）智能生活

涵盖智能购物、智能家居、智能教育、智能安全等领域。可进行安防保障、影音播放、空调系统控制、车辆探测等。如安防系统上的应用，通过红外探测器、门窗探测器、卷闸门磁探测器等，与公安部门、个人手机等相连，第一时间了解到安全信息，保障生活安全。

（3）智能交通

通过交通信息号、夜视灯、车载电子标签、车辆监控等，保障青岛信息谷内交通体系的智能化和安全。

2. 智能节能措施

青岛信息谷通过多个级别环境控制中心的建立，构建一个智能化的基础设施系统，形成联动节能的电力、水和燃气体系，通过监测能量的运行和使用情况，优化园区的整体运作效率，以保证园区的可持续运营。

除人工化的智能基础设施体系外，设计还整合了园区的多层次的生态系统，将地面、屋面、道路、建筑、景观及其他自然生态资源整合为一个循环体系，使青岛信息谷成为一个“智能生态型的综合型园区”，这样的园区能够实现降低、再利用、转化及共享能源，从而明显减少对环境产生的影响。

（1）智能能效管理

建筑排碳量占了人类排碳量的70%，这其中有很大的一部分是跟能源消耗有关，提高能效是当今最重要的节能方式。从每栋建筑开始能源节约，扩展到城市与基础设施网络，建筑节能优化，可以减少基础设施的规模和造价。

（2）智能水管理

青岛信息谷基地自然环境优美，尤其是基地内部的戴戈庄水库是基地的重要景观资源，因此，项目通过一系列措施保护水环境不受开发破坏。高效率用水、水储备和排水再利用的策略，将有可能节约48%以上的建筑用水。主要的措施包括高效节水装置（29%），中水再利用（19%），减少冷却塔使用。通过区别屋顶与地表径流的过滤要求降低运作成本，经处理的雨水可以再利用以补充非饮水的设施，如灌溉、机械用水、洁卫用水以及消防。

（3）智能废弃物与碳排放管理

通过多层次的废弃物管理系统，青岛信息谷可以达到80%的填埋场废弃物转化。这个系统包括废物分类与自动化的废弃物处理系统，在基础设施网络的节点上设置回收与堆肥自动化的垃圾收集系统和收集站。此方法可以减少垃圾车的使用和拥堵，减少环

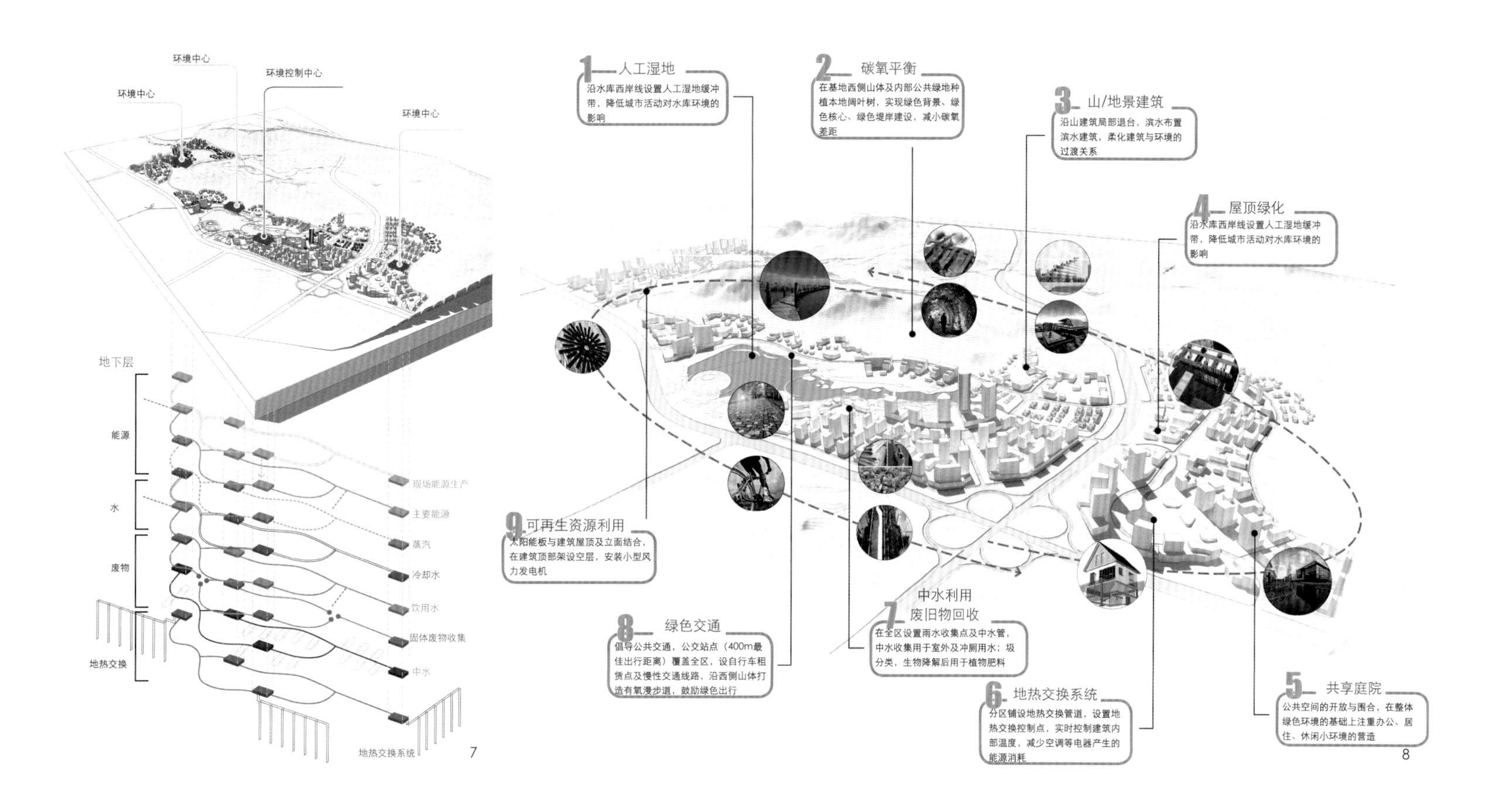

6. 智能生活示意图
7.智慧运作的基础设施系统示意图
8.园区智能化生态循环体系

境噪音和污染，便于回收，有助于保持街道清洁。通过低排碳量能源、可再生能源、热电共生和地热交换系统，将减少办公楼50%的排碳量，相当于每年210t的二氧化碳，或者种植超过1 400万棵成年树。改善公共交通系统的可达性也将降低人们对小汽车的依赖，减少交通拥塞与污染排放。

3. 智能监测体系

（1）安全防范系统

在办公园区周界、重点部位与住户室内安装安全防范的装置，并由居住小区物业管理中心统一管理，形成办公园区整体安全防范。

①电子围栏报警系统

当有人非法翻越围墙或破坏，探测器可将警情传送到管理中心，管理中心对报警信号进行接收和处理；同时，外接的声光报警器开始报警。

②可视对讲系统

办公楼地下一层出入口和地上一层出入口，各安装一台可视对讲主机，主要功能包含门禁刷卡功能、主动监视功能、图像存储功能、免打扰模式、远程开门功能等。

③防盗报警系统

在办公大楼出入口、与外界相连的窗口、贮存库、水泵房及各类重要机房等布置入侵探测器，如在信息中心布置报警按钮。夜间设置唯一通道开放，其他部位都设防。夜间加班人员行走指定的通道，将所有通道门关闭，一旦有人通过设防的通道进入室内，防盗报警系统将启动报警。

④停车库管理系统

在重要的机房处设置红外及紧急按钮报警系统，在值班处、地下车库高压配电间和低压配电间门口处均设置红外探测器及紧急按钮，并在门口处设置布防及撤防键盘，在值班室设置一个紧急按钮。

⑤电子巡更系统

电子巡更管理系统，对园区夜巡逻实行数字化管理，切实强化小区的安全防范，避免只重视园区公共区域的整体管理，而忽视一些边角区域的巡查等问题。该系统能够充分地将人防和技防结合起来。

（2）信息设施系统

园区拟建立网站和APP为服务平台，办公用户可在网上及手机端查询物业管理信息，居住小区布局安全防范子系统，水、电、气、热等表具的自动抄表装置、车辆出入和停车管理装置、设备监控装置等，与居住小区物业管理的计算机系统实现联网。办公园区内采用“一卡通”控制电话交换系统、通信接入系统、有线电视系统、信息引导及发布系统。

（3）火警自动报警系统

园区地下车库及住宅公共区域设置火灾自动报警系统，住宅户内设置火灾燃气泄漏报警探测器。小区内安装有线广播装置，平时可播放背景音乐，在特定分区内可播业务广播、会议广播或通知等，在发生紧急事件时可作为紧急广播强制切入使用。

（4）能耗监测系统

包含三个部分：

①能耗信息现场监测子系统

由各种计量、监测装置所组成，它们构成了建筑内部的监测传输网络，是实现能耗监测工作的首要环节，分项计量技术、方案设计、安装施工等均是在这一环节实现的；

②能耗信息传输子系统

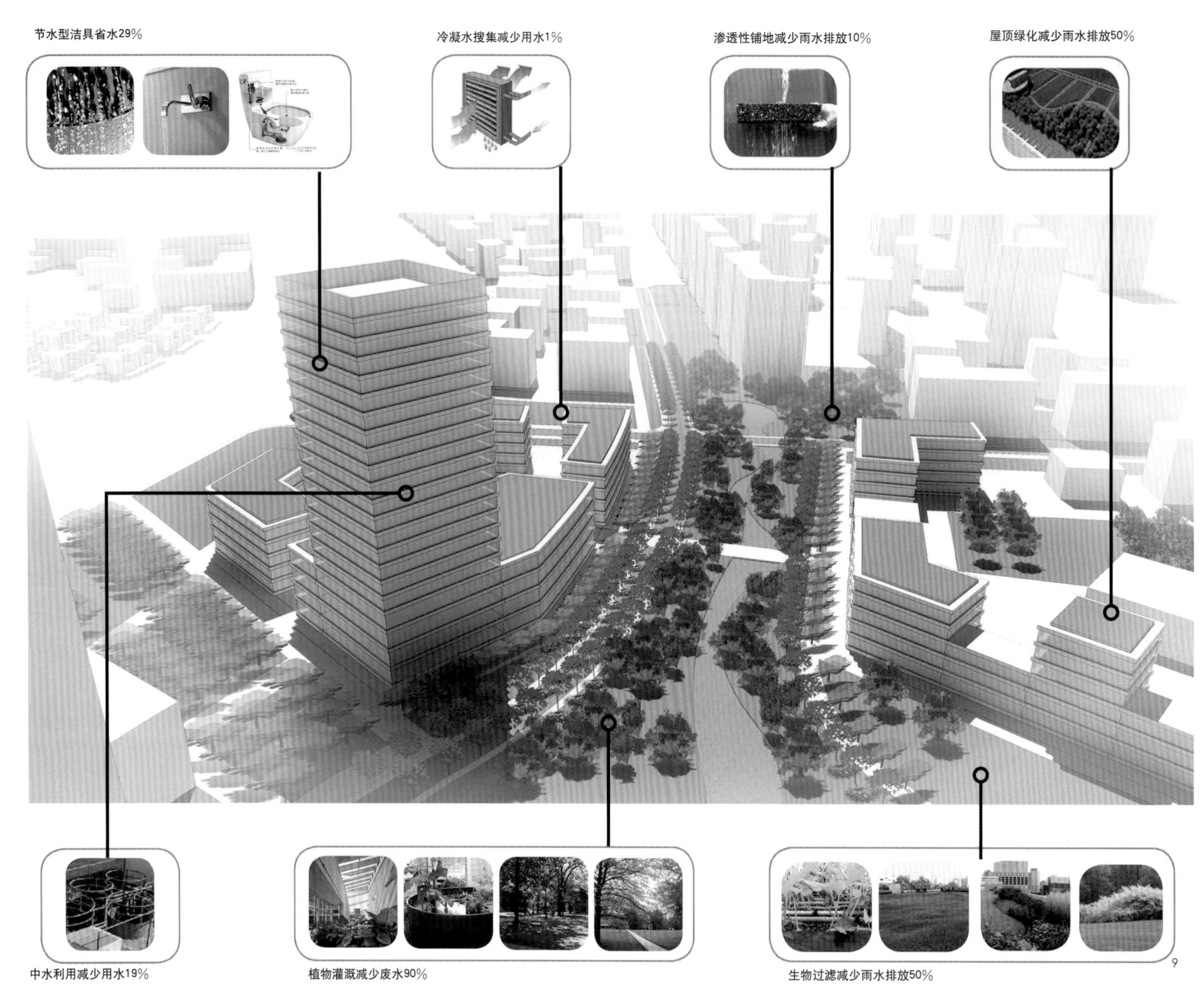

9. 智能水管理示意图

是实现建筑现场计量装置与能耗信息监测平台之间数据通信的网络，包含线传输、无线传输等多种方式；

③能耗信息监测平台

是由数据库服务器、网络服务器大屏幕显示器、网络交换机等组成，主要是实现能耗数据的动态监测和分析、诊断。

四、结语

青岛信息谷目前建设的新进展是引入了海尔集团整体打造653亩的“海尔国际信息谷”，项目将规划建设包括信息技术孵化及国际认证中心、智慧家居资源整合中心、物联技术创新中心的三大智能化信息产业集群。拟规划建设五个模块，即海尔中央研究院模块化研究中心、全球信息技术孵化及国际认证中心、中国U＋联盟产业总部、生态企业总部基地和生态智慧小镇。

青岛信息谷在园区规划中为智能化留出了广阔的发展空间，将生态设计和智能设施相结合，使产业和生活高度结合，实现政府与本地龙头企业的合作，共同推进区域产业落地和智能化发展，形成了一个产城融合型的“智能工作＋智能生活”发展模式。

作者简介

陈静文，德国FTA建筑设计有限公司策划部总监，注册规划师。

生态智慧设计手法的应用
——宁波高新区甬江公园景观设计

The Application of Ecological Wisdom Design Methods —Yong River Park Landscape Design in Ningbo

汤芬芳
Tang Fenfang

[摘　要]　在宁波高新区甬江公园的实际项目实践中，通过运用智慧雨洪与排水管理、植物多样性策略、智慧可再生能源的利用等设计手法，来探讨如何运用生态智慧来与自然协作，构筑可持续的城市空间。

[关键词]　生态智慧；设计手法；智慧雨洪管理；智慧再生能源；甬江公园

[Abstract]　With the integration of ecological wisdom, storm water wisdom management, diversity plant strategy, renewable energy use in Ningbo Yong River Park project, to explore how to use the design of ecological wisdom to collaboration with nature and build sustainable urban space.

[Keywords]　Ecological Wisdom; Design Methods; Storm Water Wisdom Management; Intelligent Renewable Energy; Yong River Park
[文章编号]　2016-73-P-101

我们探讨生态问题的根本，其实就是人与自然的关系问题。严峻的生态问题迫使各行各业更加审视思考各学科在推动人与自然更和谐相处中的角色与定位。生态智慧，提供了一个认识和解决当前生态困境的思路及方法，它是指在复杂多变的生态关系中，尊重并运用自然规律，通过人工设计引导干预生态环境，将来源于自然的雨洪，积存、渗透、消融在生态环境中。

景观设计作为与生态息息相关的领域，如何在城市化发展的进程中有效地整合生态智慧、探索生态的可持续发展道路？究竟什么样的设计才能满足生态文明建设的需求？作为一名景观设计师，就技术和设计层面而言，如何通过宁波高新区甬江公园景观设计，来探讨运用生态智慧的设计与自然协作，构筑可持续的空间场所，提高资源的利用效率，让城市变得更加可持续？

一、项目背景

项目位于浙江省宁波市国家高新科技产业开发区内。宁波市位于余姚江与奉化江、甬江交汇处。宁波的“三江六岸”生态格局规划基于这三条江在城市中的区位、流域的环境特征等，对三条江提出了不同的发展重点。本项目所在的甬江的发展重点为“创新、生态和教育”。

在夏秋季，宁波市经常遭遇台风袭击或热带风暴，强降雨和高水位会导致宁波面临洪水危险。甬江水文因素在物理与视觉方面影响了基地与水的接入。由于基地位于大曲折河道的内侧，水流产生沉积与侵蚀。曲折河段的外侧水流速度快于内侧。因而河水侵蚀主要发生在外侧的凹岸，沉积发生在内侧的凸岸，河道内部的沉积形成了边滩。

景观规划设计的工作范围是整个基地84hm^{2}的景观规划概念框架与一期17.3hm^{2}的方案设计。

二、总体设计概念

由于滨江公园是介于甬江防洪大堤和滨江大道之间的下沉式公园，设计需要将景观设计和洪水管理统一考虑。

总体景观概念是创建一个平台步道。平台构架戏剧性插入防洪堤，与地形结合，融合广场，并在主要节点上升成为空中步道，以获得到甬江与公园的最大范围的视线，以观看标志性桥梁，在视觉与身心上连接到高新区的建筑物。公园一期将运用这个元素作为统一的设计语言，来建立公园的特征。

三、智慧雨洪管理与排水策略

一期景观设计方案配合地形塑造，利用下沉区域创造自然排水系统。平台下方根据与水关系的远近种植了观赏草与湿地水生植物。平台一方面为婴儿车、慢跑路径、快、慢散步者创造不同等级的道路，为居民提供一个健康的生活平台，另一方面也为下方植物创造一个少人工干预的生长环境，并在常水位、洪水位创造不同的景观。低点的地形用来提供生物洼地、前池和沉淀池，并提供智慧雨水管理和改善生态环境。利用雨水智慧管理方式收集、输送、蓄留公园地表径流，创造有趣且富有教育意义的小尺度水景。与传统雨水管网相比，节约投资成本的同时，能获得更多生态服务价值，如滞洪蓄洪、地下水涵养、景观、教育等。设置基地内合理绿地率，构建以点带面的城市绿色网络，可维持基地内生态健康和部分生态踏脚石功能。

1. 生态草沟

沿步道，草坪区，台阶与草坪过渡区设置生态草沟，截留路面及坡面汇水，优化径流水质，涵养水土，实现生态排水功能。生态草沟分为植被层、种植土层、过滤层、渗排水管及砾石层等。结构层根据功能需求的不同而变化。植栽策略：灌木层选用金森女贞、红叶石楠；草本层与藤本选择粉花绣线菊、细叶芒、花叶燕麦草、花叶络石。管理维护策略：应对生态草沟进行周期清理，去除遗留在检查坝或沟内的土块及细小的杂物；在植物生长季节，应根据需要进行草坪修剪，同时去除杂生植物；每年应定期检查植物的生长情况，如有需要，可更换其他合适的植物。

2. 雨水花园

在广场周边及停车场分割带，利用周边绿地构建雨水花园，截留净化硬质铺面区地表径流，减少地

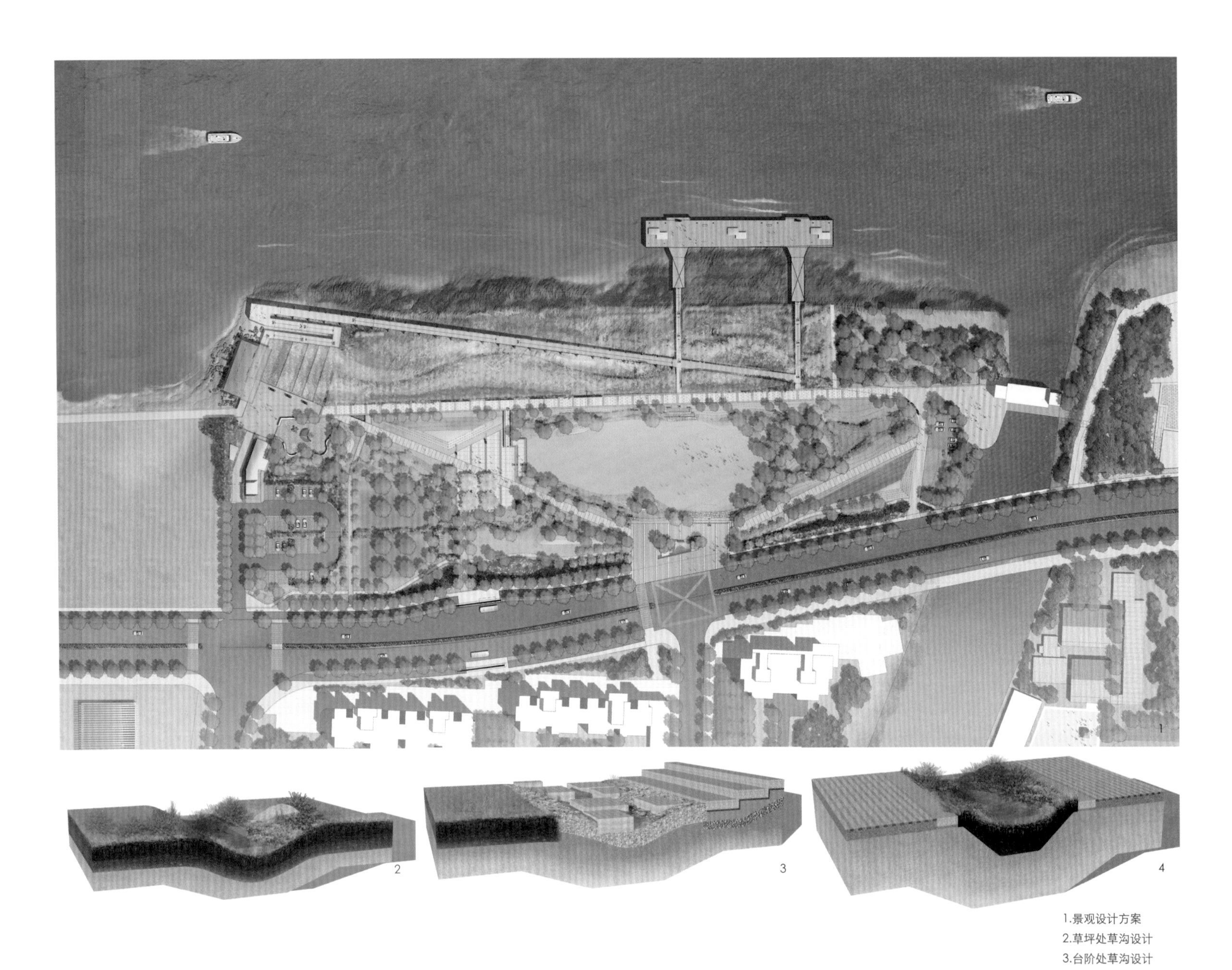

1.景观设计方案
2.草坪处草沟设计
3.台阶处草沟设计
4.停车场处雨水花园
5.草坪处草沟建成
6.蓄水池
7. 停车场雨水花园建成
8.台阶处生态草沟建成
9-10.雨水花园意向图

表径流污染负荷。雨水花园由蓄水层、种植层、过滤层及排水层构成，可在不同程度上削减径流。植栽策略：灌木层选用金森女贞、红花檵木、大花六道木；草本层与藤本选用蛇目菊、花叶燕麦草、狼尾草、花叶络石。管理维护策略：周期地进行清理，去除雨水花园内的杂物；在植物生长季节前，去除坏死的植物，在植物生长季节应根据需要进行修剪，同时去除杂生植物；每年的无水期间应定期将池底淤泥进行清理；每年定期检查植物的生长情况，如有需要，可更换其他合适的植物。

3. 生态滞留池

作为雨水径流终端接收绿地元素，承接并蓄滞上游汇集的雨水资源，缓解城市内涝风险。通过过滤吸附及微生物作用来净化入渗的雨水，将雨水暂时积存，并慢慢渗透到周围土壤。植栽策略：灌木层选用红花檵木、大花六道木、匍枝亮绿忍冬；草本层与藤本：阔叶麦冬、细叶芒、鸢尾、黄菖蒲、千屈菜。管理维护策略：周期地对生态滞留池进行清理，去除停留在入口及出口处格栅上的杂物，并检查入水口与出水口是否通畅；在植物生长季节前，去除坏死的植物，在植物生长季节应根据需要进行草坪修剪，同时去除杂生植物；每年的无水期间应定期将池底污泥进行清理。每年定期检查植物的生长情况，如有需要可更换其他合适的植物。

四、植物多样性策略

保持充足的植被覆盖，保证总体基地绿地覆盖率在30%以上，以便净化水系、改善空气质量、维持生物多样性。提高植被多样性和空间层次性，将近自然林地和景观林地搭配，完善滨江湿地植被储备；提高植物多样性，丰富植物景观的季节多样性。将乔灌草藤、陆生湿生等不同生长型的植物物种搭配，有利于基地内群落更新，同时使总体植被具备更高生态承载力。合理进行植被空间布局，提升基地内、基地与周边生态资源的交流和可持续能力，充分考虑基地的环境条件，采用能耐受轻度盐碱和水涝的植物物种，可增强基地植被的抗灾能力。

基地内林地、水体、基地北岸滨江湿地、甬江将形成整体亲鸟环境。基地北侧滨江湿地植被带将作为基地内鸟类东西向扩散的通廊，基地内联通性较好的植被将提升鸟类在基地内东西向的扩散几率。通过植被和现有水系格局，甬江和基地南侧之间同时也存在一定的鸟类扩散的机会。

五、智慧可再生能源的利用

将太阳能光伏板、风涡轮机应用于公园路灯、小型观光游览车等，这些设施适用于整个公园。光伏双玻璃、太阳能光伏薄片这些适用于城市公园环境的智慧能源新技术，与公园中的小型建筑、景观小品等巧妙结合，可补充能源供给。此外，利用盛行风可创造自然冷却机制或自然能源，利用太阳能可创造高新区公园特性的能源。

能源健身器材运用在生态教育示范区域，设计富有教育意义，能让前来活动的孩子与老人了解能源供应和气候变化问题。产生的能量可通过各种形式进行反馈，如屏幕上显示与产生能量相等的数字，可通过二氧化碳量、植树数量、汽车每千米节省量等来表示。或可通过符号来表示，如灯光强度或喷泉水柱高度可以给出与产生的能量等比例的反馈。

目前公园已建成一期部分，通过将智慧生态设计理念与手法应用到公园设计中，在经过两年的维护与养护后，植被、鸟类等生态环境得到了很大的改善。公园使用者的景观体验，随着时间的变化而变化。生态草沟与雨水花园在实际中的应用，使得整个公园迅速并成为周边市民主要的休闲漫步目的地，并于2015年荣获AIA国际区域城市设计荣誉奖。

5 6 7 8 9

10

作者简介

汤芬芳，AECOM上海办公室，景观设计师。

项目团队：Lee Parks、Jonathan Corbett、汤芬芳、范垂勇、陈家祺、姚芸等。

电子商务经济下苏州三个“淘宝村”社会调查

Social Investigation of the Three Taobao villages of Suzhou under the E-commerce Economy

周 静 孔祥瑞 闫冰倩
Zhou Jing Kong Xiangrui Yan Bingqian

[摘 要] 电子商务经济的崛起正深刻地改变着中国部分地区的农村面貌。通过实地观察、线上调研、问卷及深入访谈等多种调查方法，对电子商务经济下苏州三个“淘宝村”的电商产业链、电商店铺、典型电商一天的行为特征、乡村用地及电商微空间等方面进行了较细致的调查分析。调查发现，由于农产品生产规模的有限性与季节性，消泾村仍然呈现出以本地人为主导的大闸蟹养殖及电商销售的传统乡村聚落的特点，而张庄村和庄基村则集聚了大量从事家具生产、电商销售及配套服务的外来人口，建设用地快速扩张，空间上趋向于小城镇发展的模式。研究认为，在电子商务经济下，“淘宝村”对中国农村多元化发展有着积极的意义。

[关键词] “淘宝村”；农产品电商；家具电商；线上调研；电商微空间

[Abstract] Prosperity of e-commerce economy is profoundly changing the situation of parts of countrysides of China. Based on field research, online investigation, questionnaires, in-depth interviews and other methods, e-commerce industry chain, online stores, one-day behavior of representative business man, rural land use and e-commerce micro-space in three "Tao Bao Villages" of Suzhou are analyzed. It points out that due to the limited production scale and seasonality of agricultural products, Xiao Jing village still presents traditional rural settlements characteristic, while Zhang Zhuang and Zhuang Ji villages which gather lots of migrant populations engaged in furniture production, e-commerce trading and supporting service rapidly expand construction land. It suggests that "Tao Bao Villages" under the e-commerce economy has positive significances for diversified development of Chinese countrysides.

[Keywords] "Tao Bao Villages"; Agricultural E-commerce; Furniture E-commerce; Online Investigation; E-commerce Micro-space

[文章编号] 2016-73-P-104

1.消泾村的电商产业链
2.庄基村与张庄村的电商产业链

一、研究背景与调研对象

1. 研究背景

从晚清江村经济到“苏南模式”，都是根植于传统农村社会、依靠农民自身的动力自发生长起来的草根经济。而今天，随着信息时代的深入发展和电子商务技术的普及应用，江苏农村崛起的“淘宝村”再次开启了农村经济发展的新探索。据阿里研究院统计，截至2015年底，江苏省共有126个“淘宝村”，居全国各省“淘宝村”数量的第三位，仅次于浙江省和广东省。

“淘宝村”的崛起，也折射出我国政府和市场对农村电子商务及农村基础设施建设的高度关注。2015年5月，国务院在《关于大力发展电子商务加快培育经济新动力的意见》中再次明确提出支持大力发展农村电子商务相关政策；7月，财政部和商务部又联合发布《关于开展2015年电子商务进农村综合示范工作的通知》。市场方面，阿里巴巴集团在2014年10月完成美国上市计划之后，就推出了“千县万村计划”的农村战略，预建立一个覆盖1 000个县、10万个行政村的农村电子商务服务体系。此外，京东、苏宁、慧聪等B2C电商平台也都推出了各自的农村电子商务计划。

2. 调研对象

本次调研选取江苏省苏州相城区阳澄湖镇消泾村、北桥镇庄基村和黄桥街道张庄村三个村作为调研对象。

（1）基于农产品电商的消泾村

全村村域面积6.99km^2，户籍人口2 504人，常住人口2 890人。电商产品以大闸蟹为主，电商从业人数1 427人，占常住人口的49.4%。2014年底，电商交易额超过3亿元。

（2）基于家具电商的庄基村和张庄村

两个村都深受原蠡口镇家具城的影响，从2001年开始承接蠡口镇家具生产的扩散，并开始建厂。庄基村村域面积为5.8km^2，户籍人口约5 200人，外来人口1 500多人。张庄村村域面积为2km^2，户籍人口2 143人，外来人口6 000多人。2008年后借助电商平台销售，由于货源充足及依托蠡口品牌等优势，家具电商规模逐渐扩大，交易额快速上升。

二、“淘宝村”电商发展情况

1. 电商产业链基本情况

（1）消泾村的电商产业链

消泾村电商主营产品以大闸蟹为主，产业链主要包括四个环节，即大闸蟹的养殖、供货、电商销售及物流。在养殖环节，消泾村的蟹源主要来自本村或者周边村庄承包的阳澄湖水面及蟹塘，部分养殖已扩展到常熟、无锡等地。供货环节，当大闸蟹需求量超出电商自己的生产能力，就需要从其他蟹农处进货，规模较大的电商一般会和十几甚至几十家蟹农长期保持稳定的合作关系。销售环节，包括网络营销到接单到售后等一整套服务体系，已相对成熟。最后，通过物流送至消费者手中。目前，消费者以江浙沪、北京、广州和四川等地的为主。

（2）庄基村与张庄村的电商产业链

庄基村和张庄村电商的主营产品是家具，主要生产中低档的小型实木家具，产业链也可以分为四个环节：家具原料进货、家具加工、电商销售和物流。家具原料主要来自位于庄基村的北桥国际家居材料交易中心。家具加工厂相对集中在两个村的工业用地区，雇佣大量外来人口进行加工生产。电商销售环节基本成熟，并催生了许多配套服务，如网站制作、宽带电信服务、餐饮业、包装、家具设计（某些电商接受客户的定制服务）等。物流环节，先集中到苏州传化物流基地，再发向全国各地客户。

2. 线上调研——店铺规模、产品、销售情况

实地调研发现，消泾村、庄基村和张庄村在淘宝（含天猫商城）、一号店、京东商城、顺丰优选等电商平台都有销售。为进一步分析线上销售情况，在各电商平台检索关键词“大闸蟹”、“家具”，并核对店铺注册地址，收集了三个村的网上店铺情况。由于销售产品类型差异（阳澄湖大闸蟹地理品牌特色明显），消泾村的电商店铺在各电商平台的比例远远大于庄基村和张庄村电商店铺比例，消泾村的天猫店铺将近占到天猫平台大闸蟹店铺总量的四分之一。

三个村的天猫店铺产品销售除各自的主导产品外，还销售相关的附属产品。消泾村电商经营产品中大闸蟹销售约占82%，此外，还有青虾、鳖、渔需用品及少量礼品办公用品。张庄村与庄基村相似，电商经营产品中家具的数量占比过半，另外还有家具配件、家纺等配套产品。

（1）依托平台

消泾村大闸蟹电商主要依托于天猫平台，较大规模的电商通常不止依托一个平台，还包括京东、一号店等。消泾村共有41家电商注册天猫（截至2015年6月），这些电商店铺综合排名靠前，活跃于天猫购物页面的前几页。

（2）客服数量

客服数量是在线上进行预售、咨询、售后及个性化服务的服务人数，可以部分反映出电商的线上服务水平。消泾村电商的客服数量从2~16人不等，以7人居多。

（3）明星产品销量

统计各个店铺的产品中累计销售量最大产品

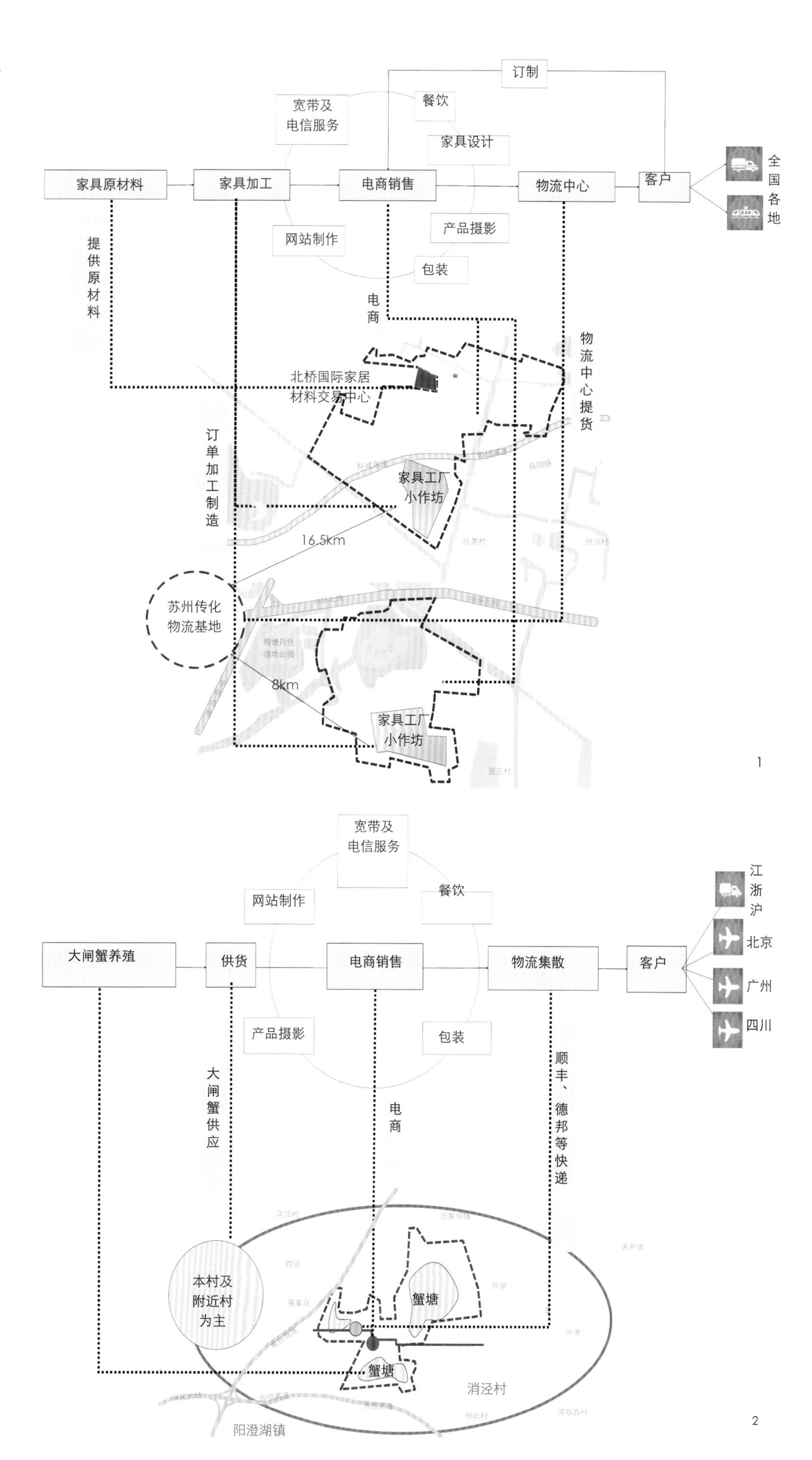

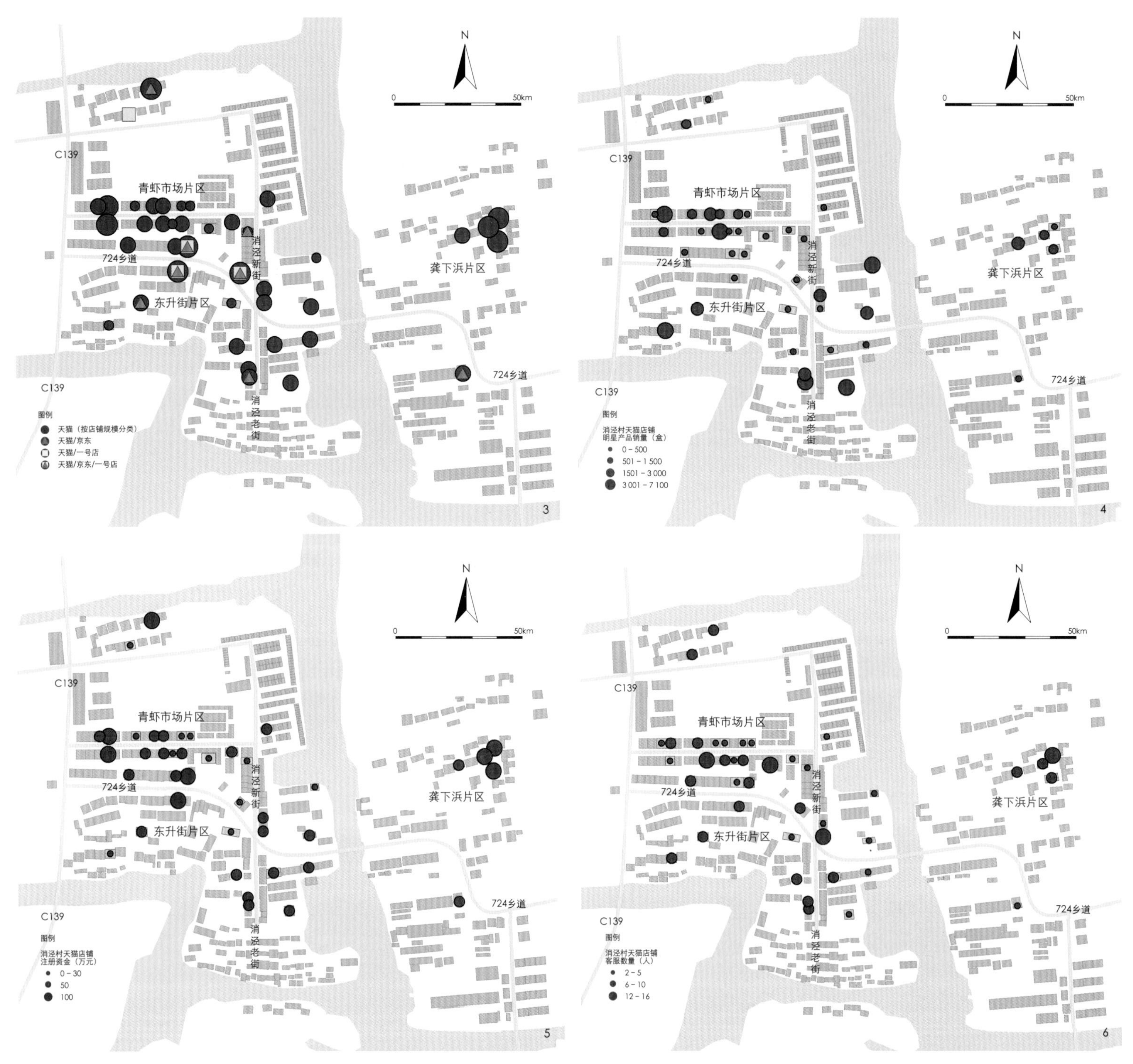

3.消泾村电商多平台分布情况

4-6.消泾村天猫店铺注册资金、客服数量及明星产品销量

7.消泾村大闸蟹电商行为日志

8-9.庄基村、张庄村家具电商行为日志

的销售量，发现较大规模的店铺销量较大，注册时间较早的店铺销量较大。另外，明星产品以中档质量、价格在200元左右的大闸蟹为主。

3. 典型电商一天行为日志

消泾村：Z先生

①养殖季节

Z先生仅上午工作半天，8:00左右到茶馆与其他电商从业人员交流，9:00后进入自己的办公区域，敦促美工等进行网页的装修与维护，并与营销经理协商制定几个月后的销售目标和促销手段。

②销售季节

Z先生6:00在茶馆交流了解其他电商的销售情况。8:00左右Z先生去大闸蟹交易市场提货，10:00进入办公室，询问客服等的销售情况，查看销售反馈，并预估蟹数量是否充足，如果蟹源不足则要通知蟹农供货，或者到本村的大闸蟹交易市场进货。Z先生在11:40和员工们吃午饭然后短暂休息。下午Z先生要联

表1　　农村电子商务相关政策

农村电子商务相关政策	发布	时间
《促进信息消费扩大内需的若干意见》	国务院	2013
《关于开展电子商务与物流快递协同发展试点有关问题的通知》	商务部	2014
《关于开展电子商务进农村综合示范的通知》	财政部	2014
《关于支持农民工返乡创业意见》	国务院	2015
《关于大力发展电子商务，加快经济新动力意见》	国务院	2015
《关于开展2015年电子商务进农村综合示范工作的通知》	商务部 财政部	2015

表2　　三个“淘宝村”的基本情况

村名	村庄范围	区位特征	产业特征	电商产业	人口情况	村域面积
消泾村		地处阳澄湖北畔，东邻昆山巴城镇、北接常熟沙家浜镇、南依阳澄湖中湖西至苏嘉杭高速公路	农产品为主，包括大闸蟹，少量虾、渔业和种植业	大闸蟹	户籍人口：2 504人 外来人口：429人	6.99km^2
庄基村		位于苏州市相城区，地处阳澄湖西北畔，紧挨北渔村，南泾村，丁家村。村内有绕城高速及苏虞张公路出入口	加工印染为主，家具、塑料生产	家具	户籍人口：2 143人 外来人口：6 000多人	5.8km^2
张庄村		位于苏州市相城区，东临蠡口镇。靠近苏虞张公路和地跌二号线	家具加工和制造为主，还有塑料等其他产业	家具	户籍人口：5 200人 外来人口：1 500多人	2km^2

表3　　三个村电商店铺在各电商平台的分布情况

	“大闸蟹”店铺总数量	消泾村店铺		“家具”店铺数量	庄基、张庄村店铺	
		数量	比例		数量	比例
天猫	200多家	41家	20%	1 000多家	20家	2%
京东	69家	10家	14.5%	527家	13家	2.5%
一号店	50家	4家	8%	360家	8家	2.2%
齐家网	—	—	—	39家	2家	5%

系快递公司、批量发货和浏览网页。销售活动一般在18:00结束，但是如果出现爆单的情况，Z先生会和客服等一起加班。

庄基村：W先生，早上9:00进入自己的工厂，查看各类家具的订单量，嘱咐工人加工生产，并查看新的订单。中午12:00~1:30午休，下午W先生参与生产，和员工一起加工家具。另外，W先生通常每三至四天到北桥家具材料中心进一次家具原材料。

张庄村：Y女士是个家具零售商，在蠡口镇有自己的门市店面。早上9:00左右Y女士驾车来到自己的店面打扫卫生、开店营业并查看网上订单，同时，她还需要向实体店的顾客销售。

三、“淘宝村”空间特征

1. 村庄用地及空间特征

消泾村全村村域面积6.99km^2，现有农业生产面积10 190亩，其中，渔业生产面积9 630亩，占比94.5%。消泾村仍保持着典型的江南农

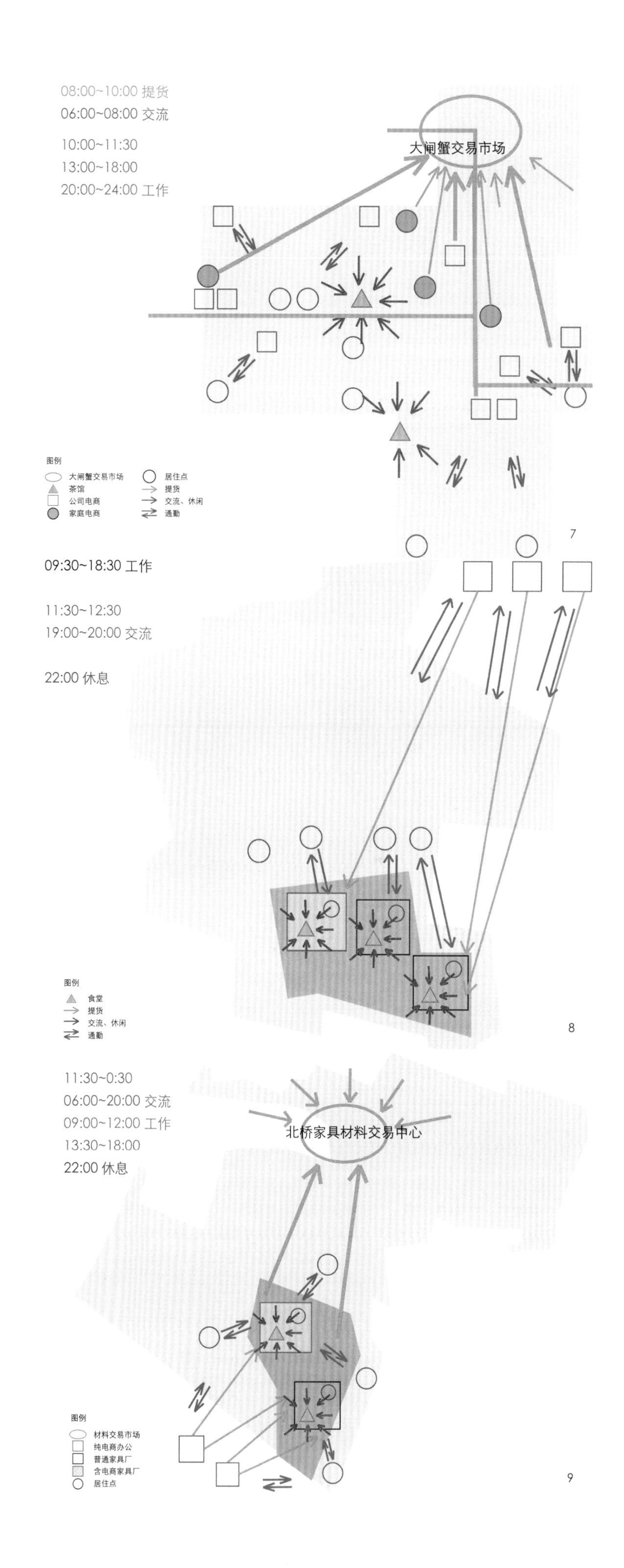

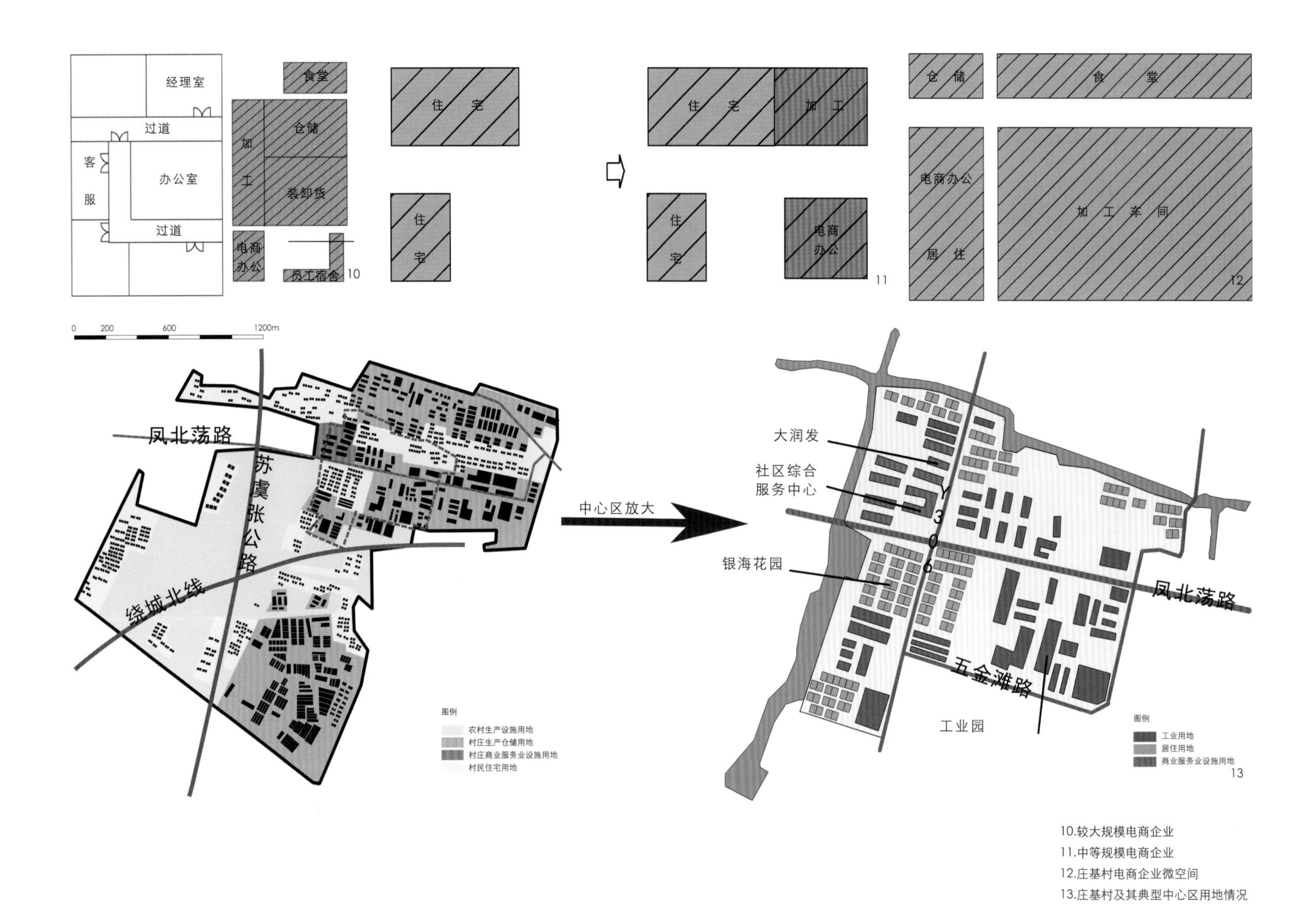

10.较大规模电商企业
11.中等规模电商企业
12.庄基村电商企业微空间
13.庄基村及其典型中心区用地情况

村风貌，民居沿河而建，相关商业服务业分布在村内干道两侧，空间组织较为分散。

庄基村村域面积为5.8km^2，工业用地2.15km^2，约占总面积的37%。张庄村略小，村域面积为2km^2，工业用地0.84km^2，约占总面积42%。两个村类似，家具生产及销售吸引了大量外来人口，工业用地比例较高，集中布置，与居住区相对独立，并拥有相对完善的公共服务设施及较完善的道路、市政、绿化等基础设施。两个村在空间上都呈现出向类似小城镇发展的趋势。

2. 电商微空间

通过调查发现，消泾村的电商企业微空间主要有三种类型：

（1）较大规模的电商企业

有一定占地规模，拥有新建厂房及员工宿舍区，包括电商办公、大闸蟹临时存放、吐沙池、包装储藏、配送场地和食堂等，配套设施相对完善。

（2）中等规模的电商企业

租赁本村较大建筑空间，如原村小学学校（现已搬迁），或者在自家宅院扩建电商办公及加工区域。

（3）小微电商企业

一般由自家农宅一层空间改造而成，如将客厅或卧室配置几台电脑，变成电商办公等。

对张庄村和庄基村而言，电商作为家具工厂一个新生的销售渠道，对工厂布局没有太大的影响。工厂将部分办公室改成客服地点，其他空间和功能基本没有变化。

3. 公共服务设施配置

三个村的公共服务设施配置都较为完善。教育设施方面，庄基和张庄保留有村级小学；医疗方面，三个村都有村级卫生室，张庄村还建有一个养老院；商业设施方面，消泾村和庄基村保留有传统农贸市场，张庄村有1家中型超市，此外，庄基村还拥有华东地区最大的北桥国际家居材料交易市场；生活服务设施方面，三个村都新建有小广场、配备简单的日常锻炼器材，庄基和张庄村由于外来人口较多，建有多家旅馆；交通方面，三个村的道路系统都较为完善，并通有公交。

四、结语

在电商的深刻影响下，基于农产品电商的消泾村，通过村民自发组织发展电商，将更多的水田变成蟹田，走出了一条互联网+时代的传统村落发展新模式，但由于农产品生产规模有限性和季节性的特点，在空间上仍然呈现出传统乡村聚落的特点。

基于家具电商的张庄村和庄基村，在把握蠡口镇家具生产向农村扩散的机会下，集聚了大量外来人口，逐渐形成了以中低档的实木小型家具为主的电商销售发展模式，空间上趋向于类似小城镇发展的趋势，有相对独立的工业区和居住区。

调查认为，电子商务经济下“淘宝村”对中国农村多元化发展有积极的意义。同时，在不同生产方式作用下，“淘宝村”乡土社会变迁存在相当大的差异性，且在这种变迁处于不断持续的动态过程中，带来了新时期权力、机遇和财富在农村地区的分配差异。

参考文献

[1] 阿里研究院．中国淘宝村研究报告（2015）[A]．

[2] 相城区政府工作报告[A]．2013－2015．

[3] 相城区人民政府.江苏省电子商务示范镇创建工作方案[A]．2015．11．

[4] 许轶冰．苏州阳澄湖镇产业发展模式研究——以消泾村、枪堂村为例[J]．中国发展，2015．1．

[5] 阳澄湖镇消泾村2015年度工作总计及明年工作计划[A]．

[6] 吴昕晖，袁振杰，朱竑．全球信息网络与乡村性的社会文化建构[J]．华南师范大学学报（自然科学版），2014．12．

作者简介

周　静，苏州科技大学建筑与城市规划学院，博士，讲师；

孔祥瑞，苏州科技大学建筑与城市规划学院，本科；

闫冰倩，苏州科技大学建筑与城市规划学院，本科。

表4　消泾村天猫店铺数据明细

店铺名称	注册时间	店铺规模	服务水平	销售情况	信誉程度		
		注册资金（万元）	客服数量（人）	明星产品销量（盒）	店铺评分（描述/服务/物流）		
苏州市澄仔蟹业有限公司	2000年12月	50	12	38	4.9	4.9	4.9
苏州市阳澄湖金龙蟹业有限公司	2002年4月	30	5	4 162	4.7	4.7	4.8
苏州市相城区阳澄湖三湖大闸蟹有限公司	2004年2月	50	6	1959	5	5	5
苏州市阳澄湖蟹许氏大闸蟹有限公司	2008年3月	30	12	24	4.8	4.8	4.8
苏州市阳澄湖苏渔水产有限公司	2008年6月	50	4	5 257	4.8	4.8	4.8
苏州阳澄湖畔渔村蟹业有限公司	2009年7月	100	6	4 399	4.9	4.9	4.9
苏州市阳澄湖蟹天堂水产有限公司	2009年11月	50	9	184	4.8	4.8	4.9
苏州市相城区阳澄湖镇老俞记蟹业有限公司	2010年3月	10	8	923	4.7	4.7	4.8
苏州市阳澄湖蟹将军大闸蟹养殖场	2010年4月	—	6	7 016	4.8	4.9	5
苏州市一帆风澄蟹业有限公司	2010年8月	20	6	12 084	4.8	4.8	4.9
苏州市丽芳水产有限公司	2011年1月	30	3	16	5	5	5
苏州市梓杨蟹业有限公司	2011年3月	100	8	745	4.9	4.9	4.9
苏州市宇农蟹业有限公司	2011年4月	20	3	25	4.9	4.9	4.9
苏州市相城区阳澄湖天添蟹业有限公司	2011年4月	20	4	—	4.7	4.7	4.7
苏州湖老大蟹业有限公司	2011年4月	50	3	—	5	5	5
苏州市相城区阳澄湖大闸蟹养殖场	2011年6月	—	7	—	4.9	4.9	4.9
苏州市碧波绿色农产品有限公司	2011年6月	50	8	3 302	4.9	4.9	4.9
苏州市竹�大闸蟹有限公司	2011年6月	50	4	—	4.7	4.7	4.8
苏州碧盛蟹业有限公司（碧升旗舰店）	2011年6月	50	2	21 688	4.9	4.9	4.9
苏州食之鲜水产有限公司（苏鲜旗舰店）	2011年7月	50	4	10 000	4.6	4.6	4.7
苏州金玉水产有限责任公司（紫澄旗舰店）	2011年7月	100	15	—	4.8	4.8	4.9
苏州金玉水产有限责任公司（惠澄旗舰店）	2011年7月	100	8	548	4.9	4.9	4.9
苏州市丽芳水产有限公司（蟹皇上旗舰店）	2011年7月	30	2	10 000	4.8	4.8	4.8
苏州市徐阳大闸蟹有限公司（澄运旗舰店）	2011年8月	50	4	31	5	5	5
苏州一湖倾澄蟹业有限公司	2011年8月	100	2	1 244	4.9	4.9	4.9
苏州市喜阳阳蟹业有限公司	2011年9月	50	4	297	5	4.8	4.7
苏州市吐泡王蟹业有限公司	2011年9月	50	6	5 549	4.6	4.7	4.7
苏州明旺之星蟹业有限公司	2011年11月	50	4	—	5	5	5
苏州市农夫蟹业有限责任公司	2012年2月	10	2	178	5	4.9	4.9
苏州市相城区阳澄湖镇家乡水产有限公司	2012年2月	50	5	28 000	4.6	4.7	4.7
苏州金傲蟹业有限公司	2012年3月	50	4	2 495	4.9	4.9	4.9
苏州市阳澄湖品味江南大闸蟹有限公司	2012年4月	50	16	—	4.6	4.7	4.6
苏州澄澳蟹业有限公司(澄澳旗舰店)	2012年4月	50	6	2 965	4.2	4.4	4.4
苏州蟹乐蟹业有限公司(蟹掰掰旗舰店)	2012年5月	50	6	1 606	4.7	4.5	4.6
苏州市阳澄湖水莲花生态水产有限公司	2012年5月	100	8	73	4.9	4.9	4.9
苏州市相城区阳澄湖镇阿秀嫂蟹业有限公司	2012年7月	50	6	321	4.5	4.5	4.6
苏州市相城区阳澄湖镇荷叶洲贸易有限公司	2013年4月	50	6	115	5	5	5
苏州市碧水盈盈蟹业有限公司	2013年7月	50	8	159	5	4.9	4.9
苏州市阳澄湖志得蟹业有限公司	2013年7月	50	4	298	4.8	4.8	4.9
苏州市相城区阳澄湖渔联蟹业有限公司	2013年7月	100	8	—	4.9	4.9	4.9
苏州市相城区阳澄湖镇蟹大脚蟹业有限公司	2014年5月	100	10	437	4.9	4.9	4.9

表5　三个村公共设施配置一览

服务设施类型	教育、文化		医疗		商业			生活服务		交通设施	
	小学	图书室	门诊	养老院	农贸市场	中型超市	健身场所	旅馆	公厕	公交站点	停车场
消泾村	□	■	■	□	■	□	■	□	■	■	■
庄基村	■	■	■	□	■	□	■	■	□	■	■
张庄村	■	□	■	■	□	■	■	■	□	■	■

智慧社区

Smart Community

智慧社区规划建设探索
——以赣州市章贡区为例

The Preliminary Study of Planning and Building of Smart Community —The Case of Zhanggong District in Ganzhou

李春禹 郑晓军 张 雁

Li Chunyu Zheng Xiaojun Zhang Yan

[摘　要]　智慧社区是借助科技手段、使得社区居民的各类需求能够快速便捷地得到响应及满足的一种社区建设、管理及运营模式。本文通过对章贡区智慧社区发展规划的分析，从建设背景、存在问题、发展思路、体系设计、空间布局规划、运营与实施等方面，积极探索社会管理和社区服务新途径，倡导智慧社区运行新模式，为我国其他城市开展智慧社区规划建设提供示范和借鉴。

[关键词]　智慧社区；新型城镇化；规划建设；赣州

[Abstract]　Smart community is a mode of building, management and operation, which makes all kinds of demand of residents to get quickly response and satisfaction by high-technology means. Base on the analysis of the community development planning, from the construction background, the existing questions, the development ideas, system design, layout planning, operation and implementation, the article actively explores a new way of social management and community service development , and advocates new model on community operation, and provides reference for other smart communities under new-type of urbanization context, and provides reference and instance for other smart communities development.

[Keywords]　Smart Community; New-type of Urbanization; Planning and Building; Ganzhou

[文章编号]　2016-73-P-110

社区作为我国社会发展的基本单元，一直都是城市社会建设和管理的重要组成部分，社区规划建设在维护社会稳定、保障社区居民基本生活权益以及促进便民服务发展等方面，发挥着越来越重要的作用。

智慧社区是智慧城市建设的核心单元，其规划建设不仅通过改善基础设施来为居民提供更加高效的服务，更可以带来社会经济创新能力的提升，并改变社区与区域空间结构。因此，智慧社区规划建设对于提高城镇化发展质量、促进城乡社会经济可持续发展具有重要作用。

一、背景

自2012年住房和城乡建设部开展“国家智慧城市试点”工作以来，国务院发布了《关于促进信息消费扩大内需的若干意见》《推进社区公共服务综合信息平台建设的指导意见》等一系列文件，从促进信息消费扩大内需和推进智慧社区产业与相关产业融合健康发展两大政策方针中提出加快智慧社区建设。随着《国家新型城镇化规划（2014—2020）》正式公布、贯彻“十三五”规划纲要提出的“创新、协调、绿色、开放、共享”五大发展理念，“推进智慧城市建设”，促进城市规划管理信息化、基础设施智能化、公共服务便捷化、产业发展现代化和社会治理精细化等要求的提出，为我国智慧城市建设指明了方向。截至目前，我国智慧城市试点数量近300个，各地规划行业机构都在积极探索智慧城市的规划建设。

《赣州市智慧城市发展规划》中提出，赣州智慧城市建设将直接推动新型城镇化建设，将对拉动内需、刺激居民消费起到积极作用；同时，在城镇化建设伊始便考虑引入智慧元素，将保证社区后续长期健康发展。2013年以来，章贡区人民政府相继出台了《关于进一步加强城市社区建设工作的意见》和《赣州市章贡区智慧社区建设实施意见》，提出充分利用现代先进的信息技术，着力打造章贡区社区综合服务平台，满足政府管理需求及居民社区服务需求，促进社会和谐。为此，本文以赣州市章贡区为例，分析当前智慧社区存在的主要问题，提出在新型城镇化背景下智慧社区发展的思路框架，并从体系设计、空间布局规划、运营与实施等方面提出规划策略，为我国其他城市开展智慧社区规划建设提供示范和借鉴。

二、章贡区智慧社区现状特征及存在的主要问题

1. 现状特征

赣州市是国家首批68个信息消费试点城市之一。赣州市章贡区智慧社区建设首创了“一个门户、两个中心、六大系统”策略；截至2015年底，智慧社区相关网站访问量超59万余人次，已完成服务群众近13万余人次；率先尝试PPP模式建立居家养老服务；通过96333呼叫中心，实现了“群众动嘴、数据跑腿、智能服务”，很大程度上提升社区管理水平；手机APP安装量突破6.5万人次，微信公众号关注量约2.5万人次。

2. 存在的主要问题

（1）数据采集相对单一，“信息孤岛”现象普遍

政府信息数据采集和数据要求与智慧社区服务管理功能有一定差距，未突出智慧社区需要提供的相关问题及数据；其他部门的数据资源未能很好利用，表格繁琐冗长，局部涉及个人隐私。

(2) 平台服务有待提高，用户终端的功能相对单调

线下资源、服务的响应速度不够，后台服务支撑能力不强，接入服务机构、服务范围相对而言较少，缺乏对流动人口的服务支撑、管理完善和保障体系的建立。

（3）推广力度有待增强，缺乏智慧社区管理和服务人才的储备

目前，智慧社区的宣传推广工作力度不足，部分社区居民对智慧社区的内容和形式不了解，接收信息人群有局限，缺乏适应智慧化社区管理与服务的人才。

（4）商业开发模式不够成熟，缺乏对线下的足够支撑

智慧社区目前的运营模式、商业开发模式较为单一，缺乏更多灵活的运营操作手段来保证正常运

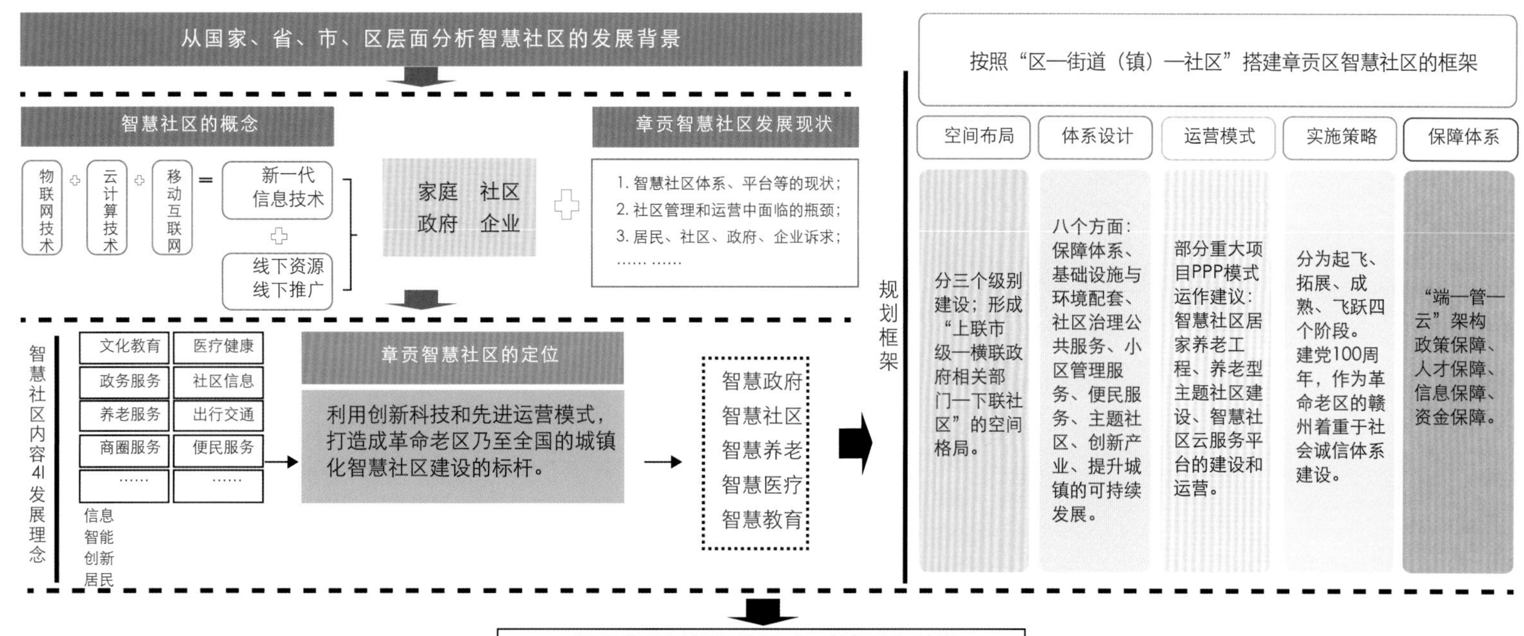

1.章贡区智慧社区发展思路框架及技术路线

转，主要依靠政府投入和强力推进。

此外，智慧社区的发展离不开居民的核心需求。通过对章贡区社区居民的问卷调查，可以发现，在居民的基本生活和工作方面的需求中，对社区医疗、智能停车、社区银行、家庭安防、法律援助、住房保障、劳动就业、流动人口等服务需求较为强烈。

三、章贡区智慧社区发展思路框架

基于以上分析，及对各级政府颁布政策的深入解读，结合章贡区的区域定位，确定章贡区智慧社区规划的各个子项目。通过从国家、省、市、区不同层面分析智慧社区的发展背景，梳理章贡区智慧社区发展的现状，分析其在管理和运营等方面面临的瓶颈，从政府、企业、社区、居民等不同角度提出智慧社区建设的诉求及发展设想，运用信息（IT）、智能（Intelligence）、创新（Innovation）、居民（Inhabitant）的“4I”理念，明确章贡区智慧社区的发展定位和目标，并从体系设计、空间布局规划、运营与实施等方面提出相应的规划策略。

四、章贡区智慧社区推动新型城镇化发展的体系设计

从体系设计结构来看，由线上服务枢纽（智慧社区云服务平台）+线下服务枢纽（智慧社区服务中心）共同构成智慧社区服务的“服务枢纽”核心。

针对线上服务枢纽的架构可归纳为1+x的架构。其中，“1”就是1个线上枢纽——智慧社区云服务平台；“x”是开放式接入的各项服务，平台提供强大的服务集成能力、开放的服务接口和机制，集成接入其他各系统的多样化服务。

针对线下服务枢纽，可构成“1 To 3”的架构。其中，“1”就是“智慧社区服务中心”，其承担着主要管理职能；“3”是三类终端，即智慧社区服务中心面对智慧社区的三个终端：社区终端、家庭终端、个人移动终端及提供最后1km服务。

从体系设计内容来看，主要分为以下八大体系。

1. 构建智慧社区整体保障体系

规划采用政府引导、科技支撑、企业运营的三层保障体系达到项目落实。通过政府引导，保障政策法规出台，撬动金融杠杆支撑，重视人才保障机制，动员社区居民参与；通过科技支撑，使社区信息畅达、沟通及时、反馈真实、决策有出处和依据；通过企业运营，建设可持续发展的各类经济运营模型。

2. 建设基础设施与环境配套体系

结合章贡区发展实际，主要涉及信息基础设施、综合信息服务平台、综合服务设施、智能绿色建筑、智能家庭、室内外环境等六个方面。

3. 建设社区治理公共服务体系

将先进的社区管理和建设理念应用到章贡区社区改革的过程中，确立街道职能，确立社区职能定位，建立和完善相关的法律制度，启动社区工作者专业化工程，建立一套社区建设的评估体系。

4. 建设小区管理服务体系

依托互联网，运用物联网技术将小区的物联系统和服务、家庭中的智慧家居系统整合，使小区管理者、居民和各种智慧系统形成各种形式的信息交互，给居民带来更加方便、快捷和舒适的“数字化”生活体验。

5. 建设便民服务体系

主要以便民利民为目的，以规范化建设达标社区为重点，大力推进和落实各项便民服务子项目，并根据每年规范化建设达标社区的完成情况，有计划、有步骤、分批次地滚动推进，逐步实现社区便民服务全覆盖。

6. 建设主题社区服务

结合章贡区本身的经济、自然和文化环境等因素，对应《智慧社区建设指南（试行）》内容，规划建设适合章贡区发展的智慧养老、智慧农业、智慧旅游三类主题社区的试点工程。可采取先期试点，总结经验，待时机成熟后进行大力推广。

7. 建设创新产业服务

章贡区建设创新产业依托现有产业链为基础，以企业为主体、市场为导向建立企业内部、企业之间

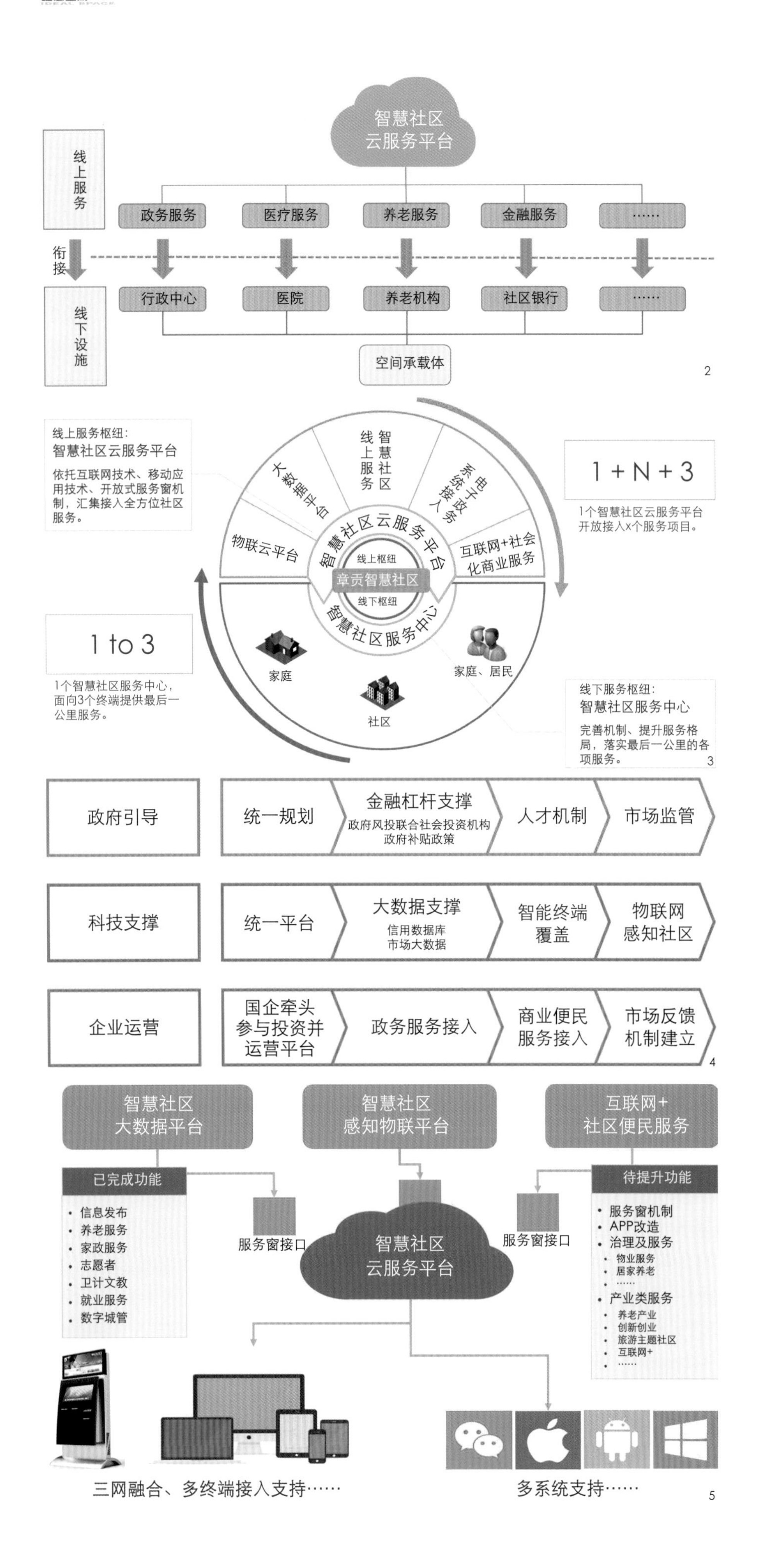

及企业和政府部门、社会的联系网络。主要考虑未来创新产业体系的产业结构、产业区域位置、产业服务平台等一系列因素。

8. 提升城镇可持续发展能力

通过技术手段革新，促进城市交通、环境、医疗、公共安全、电子政务、社交网络等各个领域的智慧应用发展，在很大程度上提升能源资源利用效率、优化城市管理服务、促进城市经济发展转型，从而推动新型城镇化与可持续发展能力的提高。

五、章贡区智慧社区空间布局规划

1. 总体空间布局策略

智慧社区空间布局按照统一规划、分级控制、重点建设、逐步推进的原则，在结合相关法定性规划的基础上，将部分法定规划内容适当纳入其中，合理设点布局，并预留市级层面的平台接口。同时，必须结合线上智慧社区云服务平台的服务功能与线下智慧设施服务点进行有效衔接，使智慧社区能够充分实现线上和线下的互动，形成完善的总体空间布局体系。章贡区智慧社区的总体空间布局按照“区—街道（镇）—社区”的空间等级结构进行统筹布置，有重点地进行智慧社区的建设和智慧服务的覆盖，形成“上联市级—横联政府相关部门—下联社区”的空间格局，从而将空间规划方案贯穿项目始终。

2. 区级智慧设施布局

建立统一的综合云服务平台、数据处理中心、便民热线中心、智能监控中心等功能设施，通过平台接入手段，整合章贡区内现有的医疗、教育、养老、文娱、旅游、商业服务等各类资源，实现智慧社区平台功能的多样化。其中，设施的布局可考虑与章贡区城市规划展示馆、章贡区行政服务中心等公共设施的功能融合；数据处理中心的布局应结合城市现有数据中心合并，并留有拓展空间；便民热线中心由原96333语音系统提升为全媒体服务中心，与智慧社区服务中心结合设置；智能监控中心宜结合章贡区现有的城市监控体系和监控工作中心进行合理设置，从而实现节约利用各类资源。

3. 街道级智慧设施布局

主要对接上一级综合云服务平台，服务下一级各类设施，整合街道（镇）内部医疗卫生、文体设施、社区治理、公共服务等资源，以达到统筹安排、统一管理、反应迅捷、惠及大众的要求。

目前，结合各个街道办（镇政府）的办公场所，章

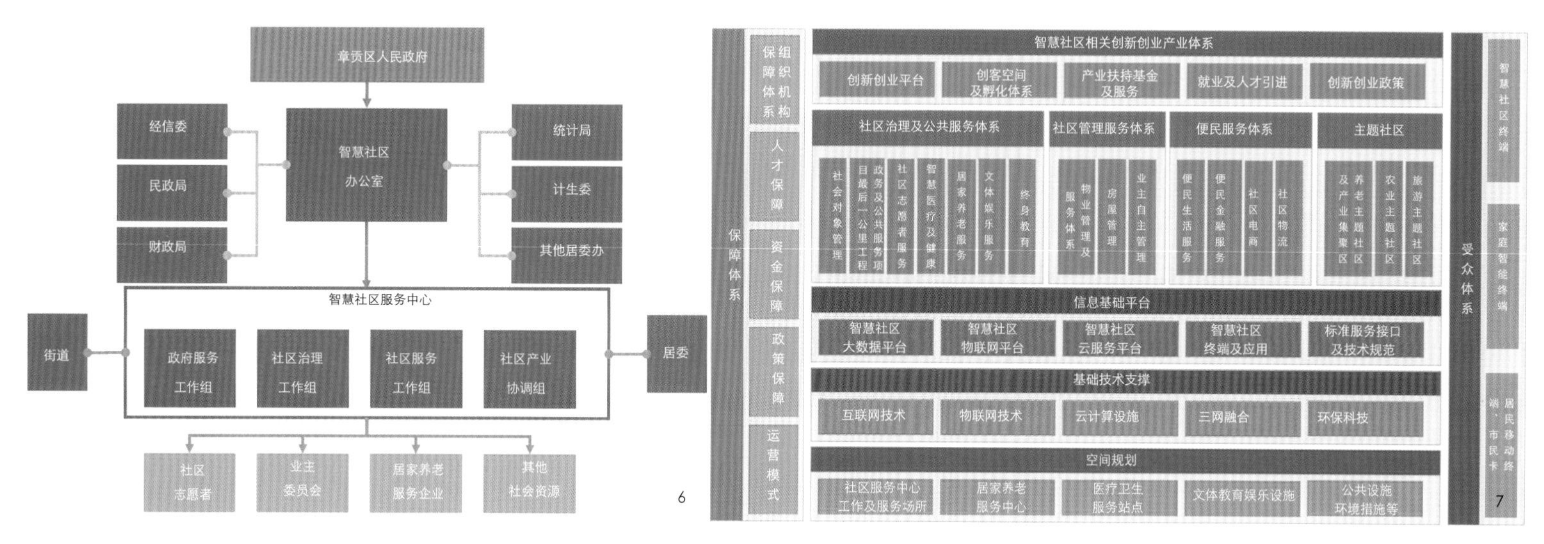

2.总体空间布局思路
3.智慧社区的核心驱动枢纽
4.智慧社区三层保障体系图
5.智慧社区线上枢纽
6.智慧社区线下枢纽
7.章贡区智慧社区体系设计架构

贡区计划设立9处街道（镇）级别的智慧社区服务中心，每处服务中心的建设规模建议在600~700m^{2}之间，主要建立政务服务、医疗服务、养老服务、生活服务、家政服务、教育服务、创业就业服务、智慧物业服务、社区金融服务等街道（镇）级别的智慧服务功能。同时，在智慧社区建设发展先行的街道（镇）成立智慧社区体验中心，用于展示智慧社区的各类功能及智慧服务。

4. 社区级智慧设施布局

因需要与居民产生良好的互动，社区级智慧设施布局处于整个城市的智慧社区系统的最前端。目前，章贡区共计75个社区，所有社区的智慧社区服务中心规划布置均与其居家养老服务中心及社区服务中心相结合。根据各个社区建设规模的大小，分别建设成三个不同层级的智慧社区，明确每个社区在“Ⅰ、Ⅱ、Ⅲ”三级服务功能分类中各自所对应的建设类型和具体建设内容，同时依据不同社区的基础设施建设情况，将75个社区划分成“老社区智慧化改造、智慧社区标杆打造、主题社区特色化发展”三种不同类型的目标社区。

六、运营与实施

1. 运营模式

目前阶段，章贡区智慧社区规划运作将采用PPP模式。主要由社会资本承担设计、建设、运营、维护基础设施的大部分工作，通过“使用者付费”及必要的“政府付费”获得合理投资回报，同时由政府部门负责基础设施及公共服务价格和质量监管，以保证公共利益最大化。

2. 实施策略

依托章贡区既有的实施策略，以居民诉求为导向，将章贡区智慧社区规划建设分为起飞、拓展、成熟、飞跃四个阶段。按照“边覆盖、边融合、边运行、边完善”的原则，在各个阶段进行有重点的建设。同时推行“三年行动计划”，将智慧社区实施导则指标体系在起飞阶段（3年）内的建设目标，具体转化为八大发展行动，30个重点任务，将章贡区建设成为一个有特色、定位明确的智慧社区生态城区。

七、结语

智慧社区的规划建设是“智”的技术和“慧”的社区活动的结合，在强调智能技术对基础设施融合、产业转型升级、城市运行效率提升的同时，要更加关注智能技术与居民活动、人文要素的互动。因此，智慧社区的规划建设应充分考虑不同城市和地域城镇化发展的阶段要求和现实需求，以推动市民化和改善居民生活品质为核心，通过智慧社区建设规划来提升城市的生态宜居、健康发展水平；同时，在新型城镇化发展过程中，通过不同地域的“智慧社区”、“绿色社区”和“人文社区”建设特点，来寻求可持续的城镇化和社区发展方向。本文通过对赣州市章贡区智慧社区探索，以期对其他城市智慧社区规划建设有所启发。

参考文献

[1] 住房和城乡建设部办公厅. 智慧社区建设指南（试行）[R]. 2014.

[2] 中共中央、国务院. 国家新型城镇化规划（2014—2020）[R]. 2014.

[3] 国家发展改革委、工业和信息化部、住房和城乡建设部等部门. 关于促进智慧城市健康发展的指导意见[R]. 2014.

[4] 席广亮，甄峰. 基于可持续发展目标的智慧城市空间组织和规划思考[J]. 城市发展研究，2014（5）：106－113.

[5] 上海经纬建筑规划设计研究院股份有限公司. 《江西省赣州市章贡区智慧社区发展规划纲要（2015—2030）》[R]. 2015.

作者简介：

李春禹，上海经纬建筑规划设计研究院股份有限公司，工程师；

郑晓军，上海经纬建筑规划设计研究院股份有限公司，规划总院总工程师、高级规划师、注册规划师；

张　雁，上海经纬建筑规划设计研究院股份有限公司，规划总院常务副院长、高级工程师、注册咨询专家。

家庭、社区中远程慢病管理运用和研究

Research on Long—Distance Slow Sickness Management of Family and Community

王骏珊
Wang Junshan

[摘　要]　我们发现加强社区医院、家庭之间的联系是有好处的。“家庭” 在智慧医疗工作中充当的角色甚至比医生、医院要重得多，很多慢性病有着家族性的遗传，以“家庭”为单元不仅能够有效控制诸如“生活习性遗传” “饮食遗传”之类的事件发生，还可以充分利用好现有的医疗资源，使其合理配比。

[关键词]　智慧医疗；家庭健康；移动互联网医疗；iHealth

[Abstract]　We found that strengthen the links between community and family is beneficial. In wisdom medical system Family as a role even more important than doctors and hospitals. On the one hand, many chronic diseases have a familial inheritance like “life style”, “food habits” and so on, that could be controlled effectively and made medical resources reasonable.

[Keywords]　Wisdom Medical; Familial Health; Mobile Internet Medical; IHealth

[文章编号]　2016-73-P-114

1.患者到某医院治疗需要经过的所有流程
2.世界卫生组织2000—2015年高血压调查
3.世界卫生组织2000—2015年糖尿病调查

一、我国医疗资源分布

在日常生活中，一些疾病蛰伏在我们身体里，悄无声息地摧残我们的健康。

由于国内目前公共医疗卫生体系的不完善，存在着医疗资源区域分配不均匀、医疗成本高、高水平可信赖的医疗渠道少、医疗资源覆盖面窄等问题，导致大医院人满为患，社区诊所等小型诊疗机构无人问津。大医院看病一号难求、小型诊疗机构医疗水平欠佳等现象屡见不鲜。

医疗资源两极分化整体上是趋于减小，但在实际生活中仍然分化严重。虽然从2014年来国家出台了多项政策要求各医院医生采用流动制，鼓励大医院医生和社区医院医生相互轮流交替以改善医疗资源分配不均的问题，但从本质上来说仍没有满足“看病难”的需求。

所以，从根本上解决“看病难、看病贵”等问题，实际上就是让患者能够自己对自身的健康状况有所了解，减轻现有医疗机构的看病负担，让医生诊治那些真正需要帮助的人。

二、探讨智慧医疗（WIT120）

1. 智慧医疗WIT120，正在做的事情

通过互联网打造个人数字健康病例档案云平台，利用物联网技术将医务人员、医疗机构、医疗设备之间联动起来，将所有内容信息化。将各类诊疗器械以物联网的方式加入移动互联网中，再分别通过两个不同的端口将双方所需的健康内容以信息化的方式分别传递到医生、社区、诊疗机构等端口和用户端，为从事医疗健康工作的医护人员与普通居民搭建起数字诊疗的桥梁。

但是，并非所有疾病都试用于WIT120。

2. 传统就诊过程互联网化

去医院：挂号—就诊—取药—配药—等待—输液（治疗）。

每个人都经历过这个冗长的就医过程，仅在输液环节，就需要经过护士配药、人工填写输液单、呼叫病人、核对病人姓名等繁琐的流程，在输液过程中如果输液瓶里的药马上完了你还可能需要高声呼喊护士给你换药，这个过程至少需要花费20~30min。

其实，大可以这样：你生病了，刚到医院取了号，就会响起“请某某号，王某某，到某号注射台”的声音，直接就去治病，省去中间的流程。

3. 并非所有疾病都适用于互联网

疾病分很多种，即使再小的感冒，也会因个体产生很多差异。一类病人，会拖到病情严重时才去就医；另一类注重健康的人，刚有异常就会去医院；还有一类，就是他可能在得病的同时还有其他并发症。

如果用互联网的方式解决，一来，由于个体的耐受性不同、身体状况不同、发病原因不同，没法通过数字判断突发疾病的轻重，所以治疗方法也不会是千篇一律的；二来，对于感冒、发烧、咳嗽一类疾病，从患病至痊愈时间短，持续跟踪治疗无意义。

4. 五类适用于移动医疗的疾病类型

我们对自己现有技术进行研究分析，总结出了5点适用于移动互联网的疾病类型：

（1）持续性疾病

治疗通常需要一个很长的过程，甚至是终身。

（2）易判断的疾病

可以通过某一两项身体体征数据对病情进行预判。

（3）发展慢的疾病

病情不会在短时间内突然恶化，需通过一定时间的累积才会变严重。

（4）能平和看待的疾病

患者对于该疾病有一定认识和了解，不会过于恐惧。

（5）患者可自测

患病期间患者可以自己测量自己的某一项数值来知晓自己的病情。

基于以上5条，我们选取了多数中老年人易患的糖尿病、高血压等心血管慢性病作为实验研究的突破口。

三、高血压、糖尿病的十五年

从2000年至2015年，中国的高血压城市人口发病率五年环比增长了3倍、农村人口发病率增长了8倍、高血压全国平均发病率增长了6倍。此外，我们还发现18岁以上的患者患病率已高达33.5%，每3个人就有一人患有高血压；成年人发病率高达40%，每10个成年人中就有4个人患病，患病总人数已经突破了4个亿。其患病致死的死亡人数占国民总死亡人数的41%。

从2000年至2015年，糖尿病的城市人口发病率环比增长了3倍，农村人口发病率增长了10倍，全国平均发病率增长了7倍之多。成年糖尿病患者达11.6%，患病人数高达1.14个亿。

数据显示，中国2005年至今的死亡人数中，将近27%与高血压、糖尿病等慢性病有直接关系，16%（233万人）则是由高血压诱发的心血管疾病。但真正可怕的是，致死病例如此之多的高血压，知晓率却仅有42.6%，而影响人们正常生活的糖尿病至今尚无有效途径控制病情。

1. 慢病还需在家管理

高血压、糖尿病不仅仅会导致人们过早死亡，还会附带加重家庭负担。有研究表明，在中国农村，平均每户家庭需要多

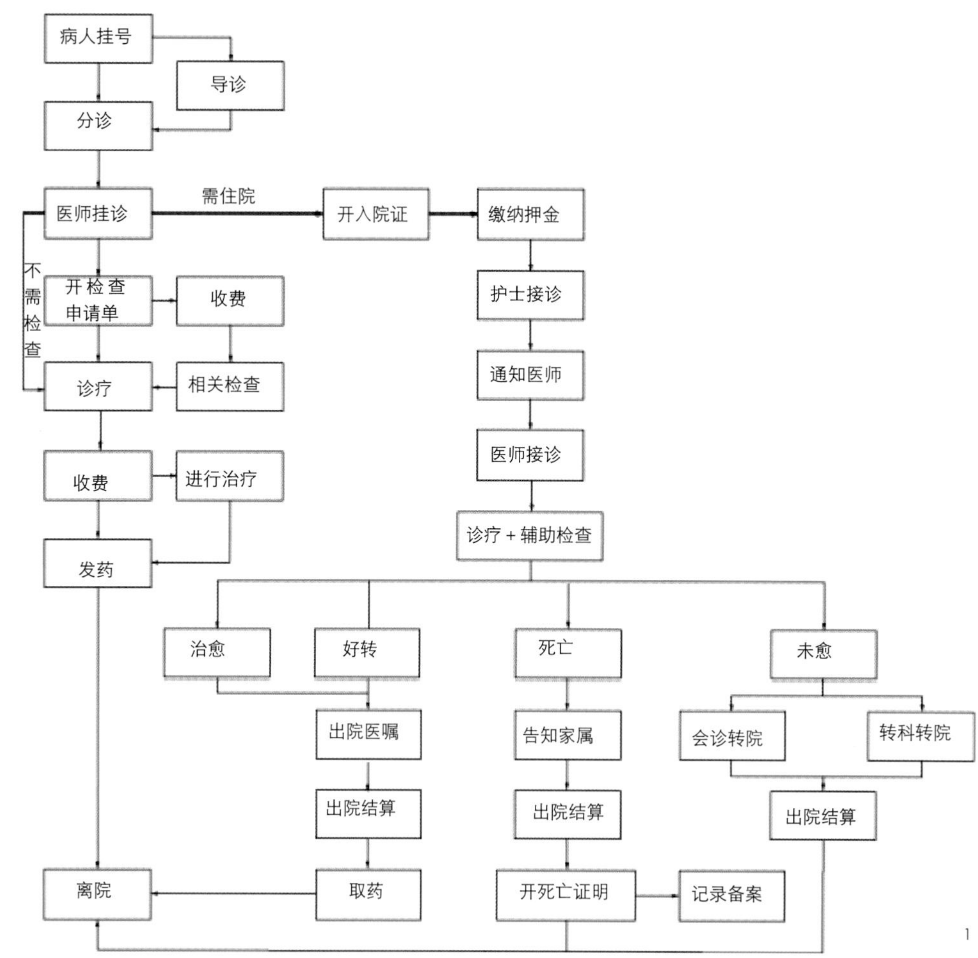

1

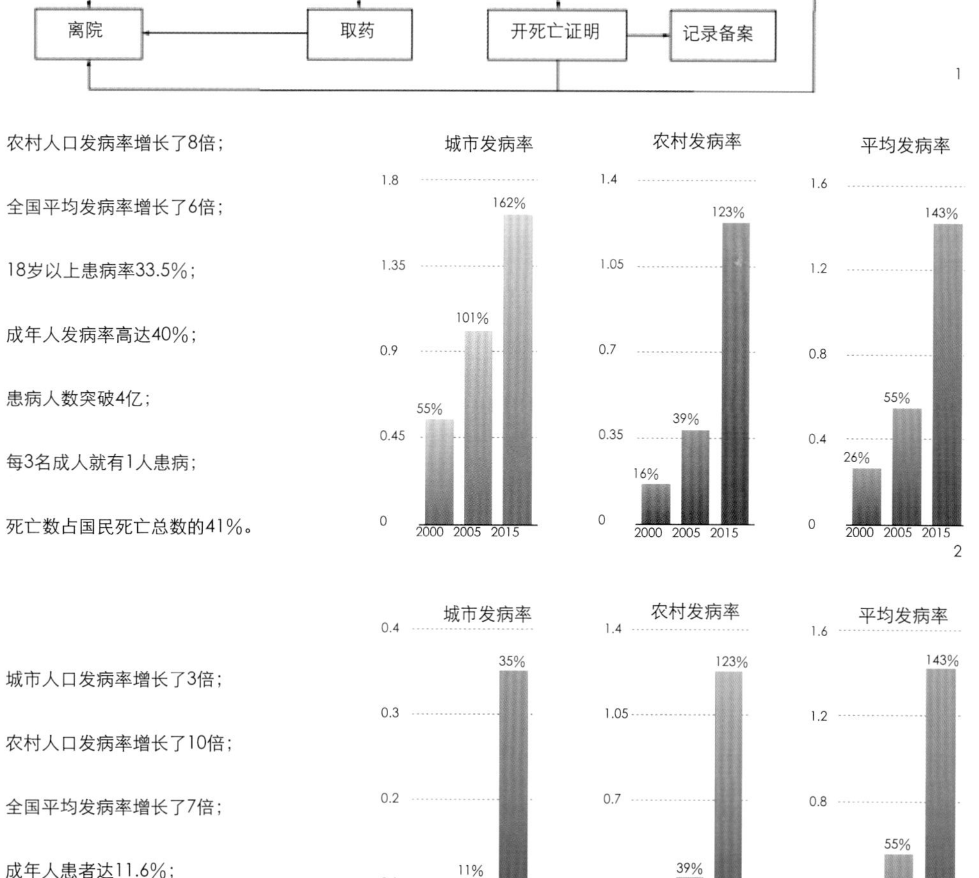

2

3

互联网模式下慢病管理如何有效?

有专业的团队
提供医学诊疗与生活管理
智能健康助手

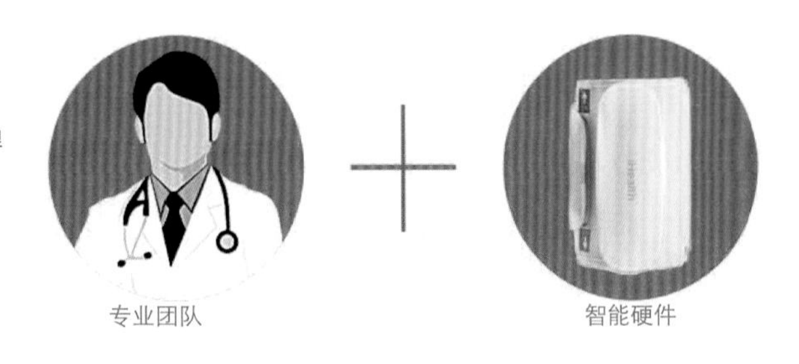

4

为老年人订制的iHealth 白盒子

5

6

导致三高等慢性病的重要因素就是不良生活习惯；

慢病管理实际包括慢病治疗和健康改善两个重要环节；

全方位的生活干预；

长时间的监测跟踪、提醒管理、教育沟通

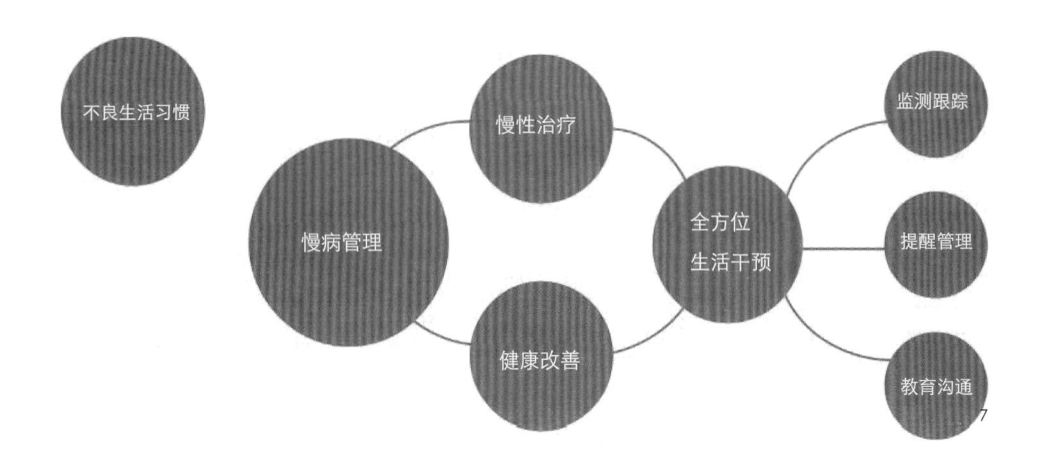

7

承担4.1%的家庭支出，用于治疗高血压、糖尿病及其引发的相关疾病。以糖尿病为例，坚持做血糖监测的病友，血糖不至于太高，也不会发生严重的低血糖。做好监测，一是可以减少住院次数，二是可以避免发生糖尿病并发症，最终结果是提高疗效和节省医疗费用。

对此，iHealth研发了一系列家用的医疗测量设备，涵盖血压计、血糖仪、血氧仪、心电、体脂测量等一系列功能。通过这些设备，我们可以采集到患者的各项生命体征数据，并记录患者每次发病前后的变化，这样一来在患者每次使用完产品后，我们就会根据其自身的数据变化提供相应的健康解读，患者也可以通过解读来更好地控制自身的健康。

2. 慢病管理最终是管人，并非治病

慢病管理管的其实不是“病”，是人。患者需要改掉其不良的生活习惯并进行长期的监测，这就需要有可以参与全方位生活干预的医护工作者出现。由于大多数医院医生资源相对紧缺，所以我们就有针对性地来发展社区医生资源。

为了开展进一步探究，iHealth向部分医生赞助了一批智能诊疗器械，社区医生可以和经常看病问诊的患者结成家庭医生的关系，经常性地展开照护等工作，并通过手机App将用户的数据上传至iHealth健康云。

半年时间下来，我们发现这不仅对患者的慢性病控制有着积极的效果，也使得医生的工作相对轻松了一些，以往都是有病就医，而结成家庭医生关系的家庭则可以对各类疾病及并发症提前预知和控制，这不仅降低了并发症的发病率，高血压、糖尿病等慢性病的控制也稳定了许多。

3. 以家、社区为主的慢病管理，有四点好处

通过实验，我们发现加强社区医院、家庭之间的联系是有好处的：

（1）加强了常见病、多发病的预防

家庭与社区医院建立的契约服务关系可以拉近医患之间的距离，医生可以通过对签约居民的定期走访了解居民的健康状况并有针对性地提供健康指导，而居民也可以随时

iHealth 家庭健康管家

8

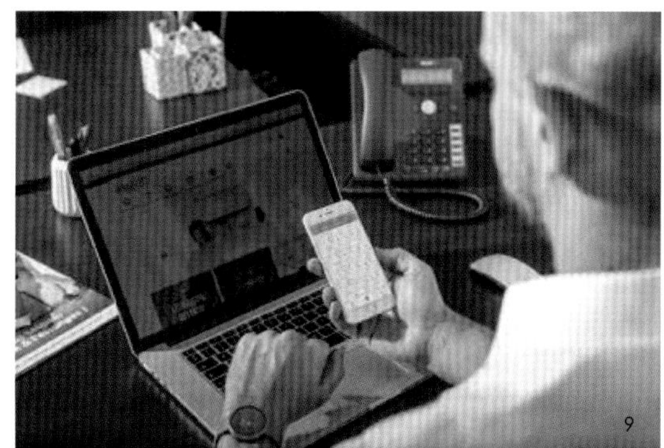

9

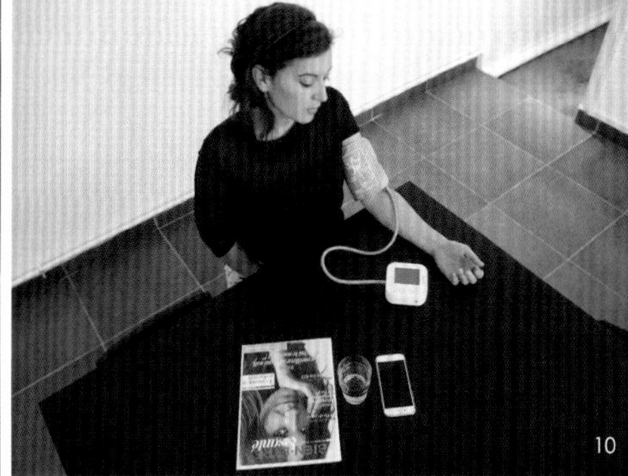

10

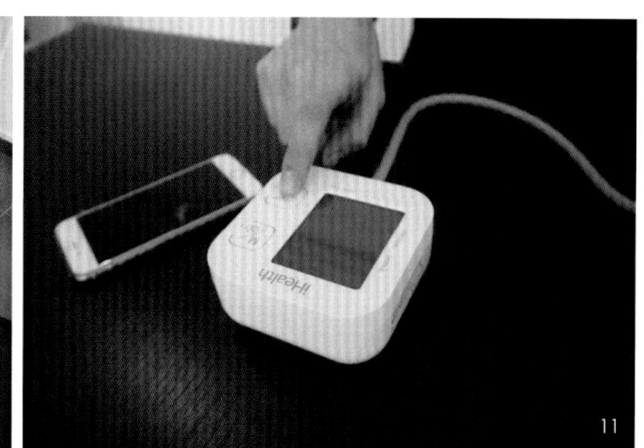

11

4.互联网模式下慢病管理
5.iHealth白盒子
6.移动互联网健康管理云平台
7.导致三高等慢性病的因素图
8.iHealth 家庭健康管家
9-11.意向图

与自己的医生进行健康咨询，及时应对可能出现的健康问题，将病症控制在初发阶段。

(2) 加快了实现社区健康教育功能的进程

医生利用与签约居民之间的融洽关系这一有利条件，不仅可以了解辖区居民日常生活中不健康的生活方式，同时也有利于健康教育活动的开展，从而提高居民的健康素质。

(3) 合理地分流了患者

家庭医生式服务主要依托社区卫生服务资源，对辖区居民进行签约服务可以促进社区首诊工作的开展，也促使慢性病患者的康复工作向社区医院转移，优化了医疗卫生资源配置，减轻了患者的医疗支出负担，有助于“首诊在社区，康复在社区”合理医疗格局的形成。

(4) 促进了社区居民健康档案的建立健全

通过医生与群众建立的签约服务关系，将群众的健康档案管理工作落实到个人，对签约居民的档案进行及时更新管理，实现医疗信息的共享，可以有效提高社区卫生服务机构的医疗水平和工作效率，为居民健康保驾护航。

四、对慢病来说“家庭 > 社区 > 医院”

总结来说，我认为“家庭”在智慧医疗工作中充当的角色甚至比医生、医院要重得多。例如，很多慢性病有着家族性的遗传，以“家庭”为单元不仅能够有效控制“生活习性遗传”“饮食遗传”之类的事件发生，还可以充分利用好现有的医疗资源，使其达到合理配比。

我相信，在未来，“专业医生团队 + 医疗智能硬件”将会融入更多人工智慧、传感技术等高科技，使医疗服务走向真正意义上的智能化，推动医疗事业的繁荣发展。在中国新医改的大背景下，智慧医疗正在走进寻常百姓的生活。

作者简介

王骏珊，iHealth中国，市场经理。

他山之石
Voice from Abroad

新加坡智慧城市建设经验与启示

Experience and Enlightenment of Smart City Construction from Singapore

汪鸣鸣 胡秀媚 任 栋
Wang Mingming Hu Xiumei Ren Dong

[摘 要] 新加坡的智慧城市建设走在世界前列，尤其在应用信息通信技术发展电子政府、建设智能交通系统等方面表现突出。通过梳理新加坡智慧城市的建设历程，介绍和分析其管理体制及其在主要建设领域的应用，并总结新加坡智慧城市的建设策略和经验，为我国智慧城市建设提供相应的借鉴与启示。

[关键词] 新加坡经验；智慧城市建设；电子政府；智能交通

[Abstract] Singapore's is leading the world in construction of smart city, especially making great achievements in applying ICT to develop the electronic government and to establish an intelligent transportation system. By tracing the course of Singapore's smart city construction, as well as introducing and analyzing its management system and main application fields, the article attempts to summarize the strategy and experience of Singapore's smart city construction, so as to offer some references for smart city construction in China.

[Keywords] Singapore Experience; Smart City Construction; Electronic Government; Intelligent Transportation Systems

[文章编号] 2016-73-C-118

一、引言

新加坡位于马来半岛南端，毗邻马六甲海峡南口。国土面积为716.1km²[①]，总人口547万[②]。从1965年孤立无援的第三世界岛国到如今享誉世界的智慧国家，新加坡仅用30多年的时间，便将信息化、智能化的理念和实践深入到政府政务、居民出行、医疗卫生、文化教育、产业发展等国家发展的各个层面之中。87%的家庭接入互联网，72%的国民是互联网用户，86%的企业接入宽带网络，其中，50人以上的大中型企业联网率达到100%。

作为一个城市国家，新加坡把智慧城市建设和发展上升到国家战略层面，提出了建设“智慧国”的发展目标，制定并实施了一系列的行动计划，特别在“电子政府”[③]（电子政务）、智能交通、公共健康、公共安全、反腐败等智慧城市管理层面，对于中国的智慧城市建设具有重要的借鉴意义。

二、建设历程

1. 发展历程

按照时间维度划分，新加坡智慧城市的建设分为五个阶段：

第一阶段，1980—1990年，政府通过实施“国家电脑化计划”来推广政府、企业、商业、工厂的电脑化应用，从而实现全社会的电脑化。

第二个阶段，1991—2000年，为防止各自独立的智慧型个体出现信息系统互不兼容的“信息孤岛”问题，新加坡提出“国家科技计划”，从行政和技术层面上实现城市信息的互联互通和数据共享。

第三个阶段，2001—2010年，这一阶段主要目的是通过实施“信息与应用整合平台——ICT”计划实现信息与应用的整合，该计划成为新加坡在经济领域、现代服务业、资讯社会的重要推动力。

第四阶段，2006—2014年，以2006年新加坡政府提出“智能城市2015”计划为标志，并将“ICT计划”整合入“智能城市2015”计划，该计划以创新（Innovation）、整合（Integration）和国际化（Internationalization）为原则，制定四项战略[④]，其规划目标是创建新型商业模式和解决方案上的创新能力，核心在于提升跨地区和跨行业的资源整合能力。

第五阶段，2015—2025年，在“智能城市2015”计划基本实现之际，新加坡提出了“智慧国2025”计划，作为前一计划的升级版本，其核心理念为连接（Connect）、收集（Collect）、理解（Comprehend），重点在于信息的整合以及在此基础上的执行，使政府的政策更具备前瞻性和科学性，从而更好地服务于人民。

2. 管理体制

作为政府的“首席信息官”，国家信息与通讯发展管理局（Infocomm Development Authority，IDA）是新加坡信息化和资讯管理的领导部门，主管资讯通信方面的总体规划、项目管理、系统执行与应用。IDA的使命是利用信息化与资讯通信技术，助力政府和公共机构创建全民共享的信息化资讯社会。IDA通过其统一领导下的21个专业委员会、ICT委员会、公共领域ICT指导委员会、公共领域ICT审查委员会四个层次，分别履行决策、协调、管理、执行等职能。其职责包括：①制定新加坡信息化建设与发展规划，涉及国家层面及各行各领域信息化建设和发展政策的制定；②监督与管理新加坡信息化系统工程建设，包括对信息化系统工程项目的规划设计、招投标、项目管理、工程验收进行统一的规范化和专业的监督管理；③推行新加坡信息化特派员制度，IDA向政府部门和国企派出信息化特派员，推导信息化建设与发展[⑤]。

三、主要建设领域

1. 电子政府

新加坡的电子政府建设大致经历了三个阶段：第一阶段是1980—1999年，该阶段实现了政府办公的电脑化，政府之间、政府企业之间的数据交换与共享，政府开始提供基于互联网的服务；第二个阶段是2000—2006年，该阶段政府所有部门完成了业务系统的建设，争取为政府和企业提供“一站式”和“直通式”服务；第三阶段是2006年至今，该阶段要实现从“政府为你”向“政府与你一起”的重大转变，提出3C战略（Co-creating，Connecting，Catalyzing），建立一个与国民互动、共同创新的合作型政府。

在每一阶段，新加坡为推进电子政府计划推出不同的项目，包括TradeNet、CORENET、SingPass、OBLS、SOEasy、数据中心项目、移动政

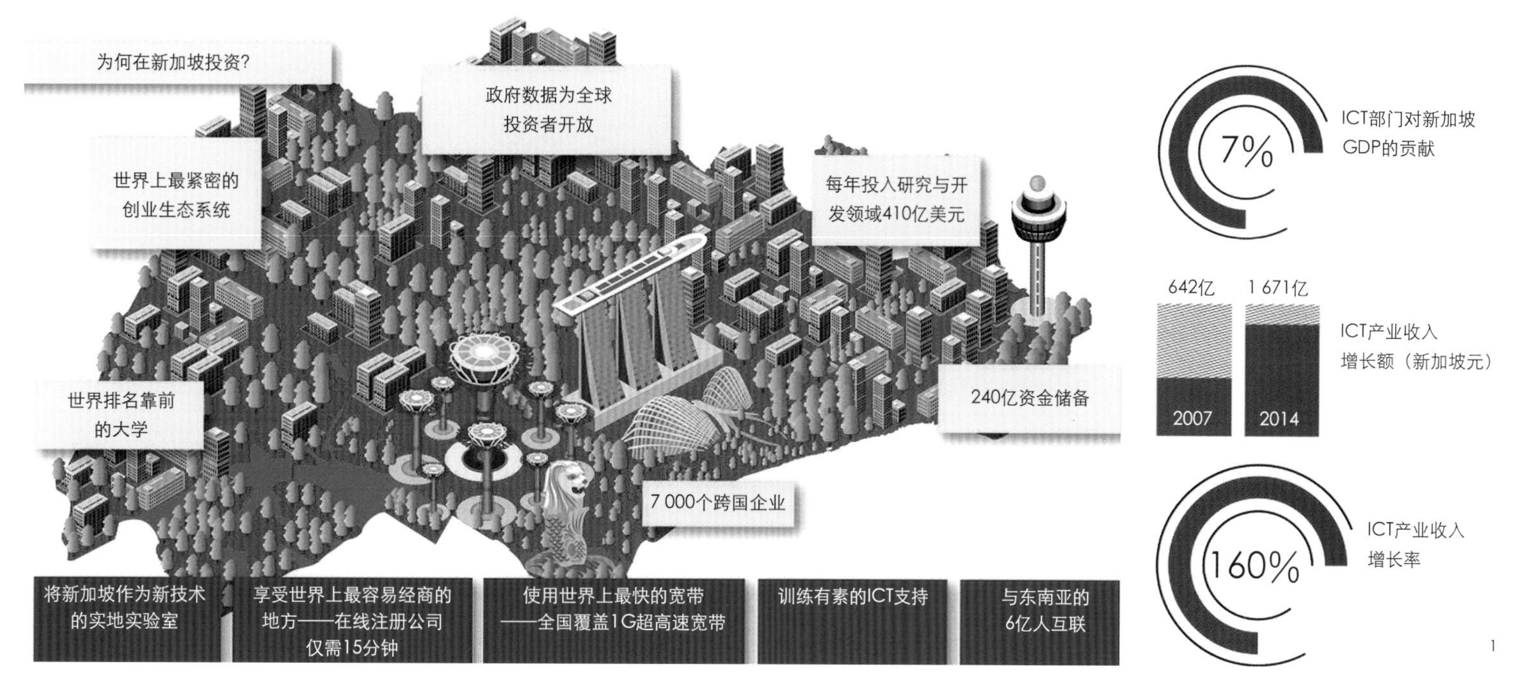

1.新加坡投资环境

务项目等七大类。实际上，新加坡的电子政府服务分为政府对企业（G2B）、政府对公民（G2C）、政府对公务员（G2E）三类。对企业提供各种网上申请服务，搭建电子采购与招投标平台等；对公民有门户网络（e-Citizen Portal），提供住房、医疗保健、就业、交通、安全、旅游、娱乐等众多在线服务；对雇员有人力资源管理系统（People Matters Management System），提供人力资源策划、员工调查、申请休假、薪酬福利等一站式管理服务。当然，新加坡电子政府的建设离不开其“一部、一局、四委员会”的机制保障。

电子政府是新加坡实现从传统城市国家迈向智慧城市国家的核心内容之一。截至2014年，新加坡政府近98%的公共服务通过在线方式提供，民众可享受一站式服务；新加坡公民对目前电子政务的满意度为96%，企业的满意度为93%。在“多个部门，一个政府”的建设理念下，市民、企业、政府三者合作，市民和企业有权随时随地的参与政府事务，与政府互动，通过轻松、方便的电子服务，提升社会管理的精细化与便捷性。

2. 智能交通

新加坡智能交通建设最突出的特点，是通过强大的智能交通管理信息平台将各类交通控制和管理系统连接在一起，实现数据采集、道路控制和交通管理的一体化，使得道路、使用者、交通系统之间紧密、实时和稳定的相互间信息传递与智能管理成为可能，从而使用户可根据及时准确的交通信息对出行的交通方式、路线、时间做出最优决策。即智能交通管理信息平台是一个综合性的集成系统，连接和集成公共BAS（公交）系统、出租车系统、城市轨道交通系统、城市高速路监控信息系统、道路信息管理系统、电子收费系统、交通信号灯系统、道路交通通讯指挥系统、车辆GPS定位系统等。

交通管理信息平台利用基于多个系统的大数据分析，在智慧交通出行的各方面推出相应的应用，包括道路电子收费（ERP）、易捷通卡、早鸟免费乘车计划、巴士等候服务标准、的士预召服务、体温红外线监测、的士排队等候、道路步行适宜度等。其中，电子收费（ERP）是为了缓解中央商务区的拥堵而推行的在不同路段和时段通过“电子眼”从车内智能卡自动扣费的系统；易捷通卡（EZ-Link）通过上下车刷卡记录收集海量的公交数据从而为公共交通决策优化提供可能，使用率高达97%；早鸟计划通过在早峰期前推行免费乘车缓解高峰时段的交通拥堵问题；巴士等候服务标准是新加坡路交局利用基准数据设定巴士等候时间，据此对巴士运营商予以奖惩；的士预召服务基于出租车GPS自动定位和高度系统，充分利用GPS系统、计算机辅助调度、交互语音对讲、公共移动数据网等技术，让使用者可以通过手机短信、电话、网上预订等多种方式预定的士服务。

3. 公共健康

新加坡已基本实现医疗病例的数字化和共享，医生可以跨部门获得患者的医疗记录和体检结果，帮助快速准确地诊断病情。另外，针对老年人和行动不便的社区或患者，政府和企业提供居家保健服务或远程诊疗护理，通过远程诊疗和给药，减少通勤和医疗成本。作为热带国家，新加坡饱受骨痛热或登革热的困扰，为强化这类疾病的监测与预测，政府通过GPS技术来检测各个地域的疾病发病情况，并构建数学模型，预测不同区域疾病的爆发率。南洋理工大学的科研人员开发了Mo-Buzz应用程序，可基于社交媒体和其他数据来预测骨痛热的发生率。

4. 公共安全

新加坡建立了一个覆盖整个城市的综合安全防范与治安监控的公共安全信息平台，通过集合城市公共安全各个单一业务和监控系统，借助新加坡高度信息化、网络化、智能化的科技支撑，实现自动化、多功能的协同联动响应能力。通过遍布全国的分布传感器网络和整合的公共安全移动网络，为公共安全管理部门提供数据，经过数据处理、分析，不仅可以快速高效的方式感知、响应并解决突发事件，同时可以将历史数据进行分析，预测事件和潜在的威胁，有效地提高警力部署的效率。

5. 反腐败

新加坡从贪污腐败盛行到近几年一直是“全球十大最廉洁国家”之一，除了反贪机构上的大力打击、高薪严管等措施之外，还有一系列的数据技术支持。政府掌握了每个人的求学和从政的经历，从其家庭背景、奖学金、考试、心理测验等数据中，可以预测其从政后的贪腐概率。另外政府采用电子采购系统，所

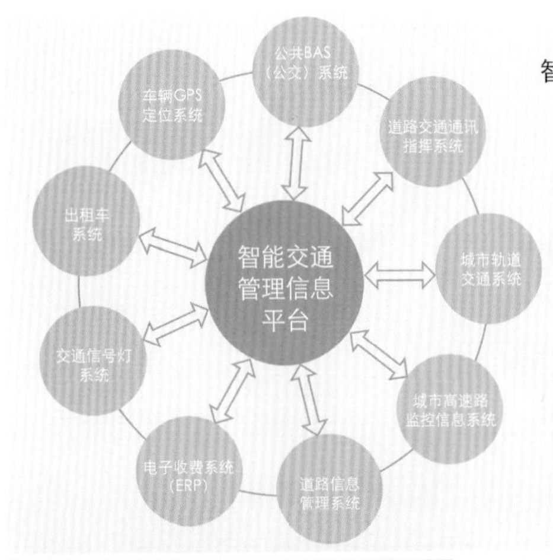

智能交通科技应用

ERP系统（智能电子道路收费系统）
My transport 手机APP
易捷通卡
早鸟免费乘车计划
巴士等候服务
的士预召服务
出租车运行信息网络查询
电台出租车运行信息发布
的士排队等候服务
EMAS系统（智能事故监控管理系统）
交通信号灯优化系统
…… ……

2

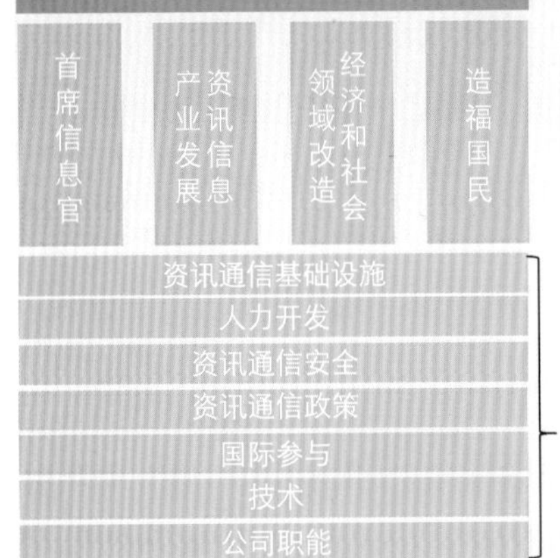

首席信息官：为政府开展资讯通信方面的总体规划、项目管理、系统执行与应用。
资讯信息产业发展：打造一个充满竞争活力的资讯通信产业。
经济和社会领域改造：通过更先进、更创新的资讯通信系统，引领主要经济领域、政府部门乃至整个社会实行改革。
造福国民，提高人们对资讯通信的认识水平。

具体职责：对新加坡ICT发展蓝图、基础设施建设、人才发展、资讯通信安全和技术开发进行规划等。

3

民事服务电脑化
Civil Service Computerization Programme

实现政府办公电脑化
实现政府之间、政府企业之间数据交换与共享
构建公共服务的网络体系，使公众方便快捷获得政府服务

电子政府行动计划
e-Government Action Plan

为政府和企业提供"一站式"和"直通式"服务；愉悦客户、连接大众、构建网络政府。

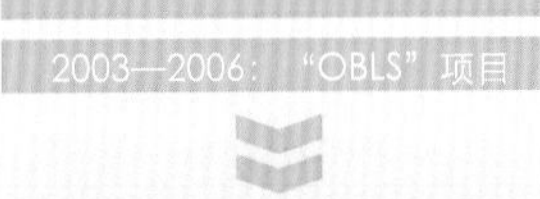

整合政府2010、电子政府2015
IGov2010、eGov2015

应用信息通信技术整合政府服务。
建立一个与国民互动、共同创新的合作型政府。

4

实现全社会电脑化
1st 10 YEARS（1980—1990）

国家电脑化计划
National Computerized Program

包括国家计算机化计划、国家IT计划。
在新加坡推广政府、企业、商业、工厂电脑化应用。

实现信息与数据交换和共享
2nd 10 YEARS（1991—2000）

国家科技计划
National Science and Technology Plan

包括国家科技计划、IT2000计划。
在行政和技术层面解决城市信息和数据共享的问题，消除"信息孤岛"。

实现信息与应用的整合
3rd 10 YEARS（2001—2010）

"信息与应用整合平台-ICT"计划
Information and application integration platform-ICT（Information Communication Technology）Plan

包括信息通信21、全联新加坡，并在2006年整合入"智能城市2015"计划。
推进信息、通讯、科技在新加坡经济和现代服务业领域内的快速成长；
建设信息与应用整合平台ICT为重要经济平台；
各行业通过数字化应用和电子商务成为知识型经济；
通过信息化提高人们的生活素质。

实现创新、整合国际化
4rd 10 YEARS（2006—2015）

"智能城市2015"计划
Intelligent Nation（2015）

构建新一代信息通信基础设施；
发展具有全球竞争力的资讯通信产业；
开发精通资讯通信并具有国际竞争力的资讯通信人力资源；
开拓主要经济领域、政府和社会的产业改造。

实现连接、收集与理解
5rd 10 YEARS（2015—2025）

"智慧国2025"计划
Smart Nation（2025）

"智能城市2015"升级版本。
强调信息技术的广泛应用，更加注重以数据共享的方式，发挥人的主观能动性，实现更为科学的决策。

5

有公共部门的采购都需要通过在线系统招投标，每一次采购的资金流动都在政府部门的监管之下，一旦发生异常，就可以发出预警。

四、经验借鉴

1. 政府主导，规划先行

新加坡政府在信息化发展战略上一直有清晰的愿景和战略眼光，从国家层面对智慧城市建设进行前瞻性和系统性的部署，30多年来根据智慧城市建设的不同发展阶段制定相应的发展计划，明确阶段性的目标和定位，并通过具体的项目作为抓手来落实战略与构想。政府身体力行，引导信息化在社会各个领域的发展和应用，并确定了"国家、企业和国民"共同参与的模式。政府是主导者，制定宏观的发展规划和政策及法律法规等，以强化智慧城市的顶层规划与设计；企业是信息化基础设施建设的重要力量；市民对建设过程积极参与和反馈，共同推进新加坡智慧城市建设。

2. 机构与制度保障

IDA是新加坡智慧城市建设的核心领导机构，通过信息员特派制度（GCIO制度）对各政府部门的信息化建设工作起到至关重要的作用。这种管理体制有利于自上而下地贯彻规划和计划，保证组织壁垒最小化，促进跨部门的业务协同，统一建设思路和发展目标，形成"合力"共建的良好局面。在IDA的统筹之下，新加坡政府在推动不同发展计划和项目的过程中，一般会成立相应的组织机构来具体推进和保障建设与发展，如：为建设电子政府，形成"一部、一局、四委员会"的机构设置；为实施"iGov2010"计划，成立了整合政府理事会（iGov Council）；为实施"智慧城市2015"计划，新加坡政府牵头成立了"iN2015"推进委员会。正是有了相应的机构和制度保障，新加坡智慧城市建设才得以有序、快速而持续地发展。

3. 市场导向，公众参与

新加坡在智慧城市建设过程中，以一种"为客户提供最好的服务"的理念贯穿始终，这是一种市场思维。在对项目的投资和资助的前期，以市场化的理念对项目的商业模式进行评估，尤其是对项目潜在服务对象（公众）的需求和应用意愿的评估，并在项目实施阶段加以融合，是项目可持续发展的关键。以"iN2015"为例，iN2015推进委员会由IDA担任主席，下辖10个专业委员会，聘请涵盖教育、医疗、娱乐、旅游、基础设施、制造、物流、运输、政府服务及家庭应用等公共机构和私营企业的资深人士担任委员会成员，IDA则成立由ICT专业人员组成的秘书处，负责配合各委员会工作，为他们提供ICT方面的咨询和建议。这种机制确保广泛的公众参与，可以很好地反映各行各业的需求，从而实现信息通信科技向社会各个领域的渗透。

4. 基础设施保障

新加坡一向注重加强基础设施建设来推动信息化的发展和消

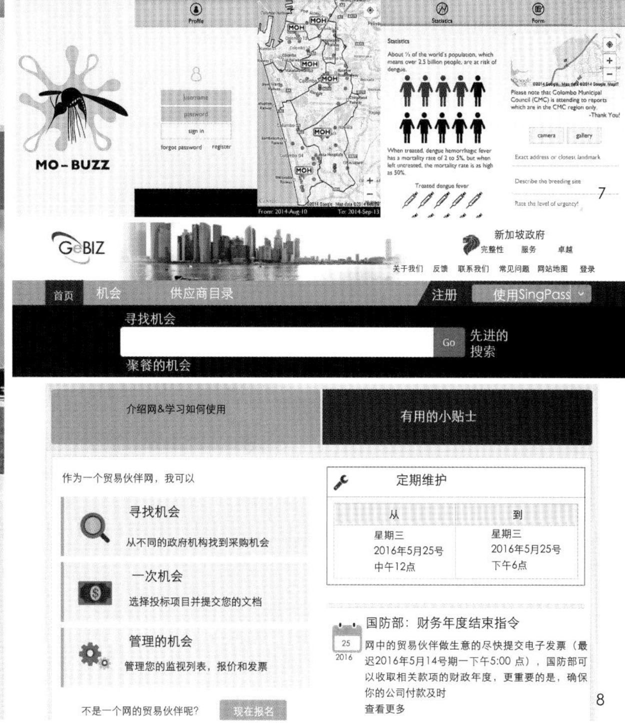

2.智能交通
3.IDA职责
4.新加坡电子政府建设历程
5.新加坡智慧城市建设5个阶段
6.新加坡电子政务市民频道
7.Mo-Buzz 手机App
8.新加坡电子采购系统

除数字鸿沟，建立起超高速、广覆盖、智能化、安全可靠的信息通信基础是新加坡建设智慧城市的重要保障。在“iN2015”计划的四大策略中，搭建新一代全国资讯通信基础设施，包括建设超高速全国有线宽带网络和全覆盖的无线宽带网络，以提供良好环境实现新应用和服务的创新和商业化。目前，新加坡已成为世界上网络连接能力首屈一指的国家之一。此外，新加坡在硬件基础设施建设之余也重视信息安全，通过全国互信框架（NTF）、全国认证框架（NAF）、国家网络威胁监控中心（NCMC）等来确保下一代全国信息通信基础设施在一个安全可依赖的环境中运营。

注释

① 2013年数据，数据来源：新加坡统计局。

② 由新加坡人口与人才署发布，截至2014年6月的人口数据。

③ 2009—2011年，新加坡连续3年蝉联早稻田大学电子政府世界排名首位；2014年埃森哲咨询公司研究的排名中，新加坡在“电子政务”方面排名世界第一，世界经济论坛发布的《2014全球信息技术报告》中，新加坡在“最佳互联国家”方面排名世界第二。

④ “智能城市2015”4项战略：a.构建新一代信息通信基础设施；b.发展具有全球竞争力的资讯通信产业；c.开发精通资讯通信并具有国际竞争力的资讯通信人力资源；d.开拓主要经济领域、政府和社会的产业改造，主要是强化信息通信技术的尖端、创新应用，领导包括主要经济领域、政府和社会的改造，提升数字媒体与娱乐、教育、金融服务、电子政府、医疗与生物医药科学、制造与物流、旅游零售等7大经济领域的发展水平。

⑤ IDA有1 200名员工，除400多名常驻本部外，其余大多数被分派至各政府部门的信息中心，有些部门的CIO（Chief Information Officer）直接由IDA派驻人员担任，并实行定期轮岗制度。派驻在各政府部门的IDA员工业务上直接向提供服务的部门领导汇报，技术路线及技术方案的选择由IDA统一协调和制定。分布在不同部门的IDA员工定期交流，以确保国家的战略发展方向，解决跨部门IT建设协调问题，并有效避免重复建设。

参考文献

[1] 马亮．大数据技术何以创新公共治理——新加坡智慧国案例研究[J]．电子政务，2015，（5）：2－9．

[2] 何流．新加坡：从智慧城市“迈向”智慧国[J]．中国信息界，2014（12）：20－25．

[3] 李林．新加坡“智慧岛”建设经验与启示（连载一）[J]．中国信息界，2013（21）：70－77．

[4] 徐代鸿．新加坡智慧国建设的经验及启示[J]．科学观察，2012（4）：57－59．

[5] 何流．智慧政府：打通信息脉络，社会共同参与[J]．中国信息界，2014（12）：26－29．

[6] 庄庆维．新加坡“智慧国2015”进行时[J]．上海信息化，2013（1）：78－83．

[7] 王元放．新加坡电子政务成功经验及对我国的启示[J]．信息化建设，2007（10）：89－93．

[8] 姚国章，胥家鸣．新加坡电子政务发展规划与典型项目解析[J]．电子政务，2009（12）：34－51．

[9] 李林．新加坡“智慧岛”建设经验与启示（连载二）[J]．中国信息界，2013（4）：58－63．

[10] 盛立．新加坡智慧城市建设经验探讨[J]．信息化建设，2014（8）：16－17．

作者简介

汪鸣鸣，理想空间（上海）创意设计有限公司，主任规划师；

胡秀媚，广东省城乡规划设计研究院；

任　栋，广东省城乡规划设计研究院。

美国智慧型旅游目的地理论与实践的启示

The Inspiration of American Smart Destination The Oretical and Practical Development

章弘平
Zhang Hongping

[摘　要]　本文从旅游目的地理论角度出发，结合新兴的“智慧城市”及“智慧旅游”理念，从个人、企业、公共管理三个层面对智慧型旅游目的地的理论进行讨论。并从这三个角度，对美国智慧旅游目的地产品进行案例分析，总结讨论其值得借鉴的技术和发展思路。最后，提出关于技术对旅游地发展的反思。

[关键词]　智慧旅游；智慧型旅游目的地；美国

[Abstract]　Based on the theory of tourism destination and the new concept of “smart city” and “smart tourism”, this research discussed the theoretical development of “smart destination” from three levels: individual, industry, and public management. This research also provide case analyses on American smart destination products, and the inspiration from these cases. Finally, this research critiques the influence of technology on destination development.

[Keywords]　Smart Tourism; Smart Destination; America
[文章编号]　2016-73-C-122

一、引言

电影《超体》中的女主角因为药物，意外地成为全知全能的女超人，超越了时间与空间的束缚，她能以更接近上帝的视角去反观我们的世界。在现实中，日新月异的信息技术正在越来越接近这个目标。借助新科技，个体与世界的关系发生了微妙的改变。以前需要大量时间精力来收集信息和处理信息的过程，如今已经被在网络上几秒钟的搜索时间所取代。社交平台、大数据，让每个人都在有意无意地反馈数据。把人类活动的空间变成了一个像神经系统一样有机的整体。在这个背景下，IBM提出了“智慧地球”并衍生出“智慧城市”这一概念，迅速得到学界和业界的认可及广泛讨论。旅游目的地作为城市的重要机能之一，也正在融入智慧城市发展之中，所以，智慧型旅游目的地（Smart Destination）这一概念应运而生。本文侧重从旅游目的地建设的角度出发，总结相关理论实践经验，及美国案例，给旅游目的地智慧化、提高自身竞争力以启示。

二、智慧型旅游目的地理论背景

1. 旅游目的地

科特勒（Kotler）把旅游目的地的产品分为四个层次。核心是旅游吸引物，如某个特定景点；第二层是用于支持旅游的行业，如酒店和交通；第三层是支持性的产品，但不一定是针对旅游设置的，如餐厅、购物区等；最外层是其他所有辅助性的产品。这个定义也反映出，作为一个旅游目的地，并不仅仅是某些特定景点在发挥着提供旅游服务的作用，而是整个地区的许多行业都在从不同角度满足着游客的需求。这个理论和近年来国内逐渐兴起的“全域旅游”概念不谋而合。全域旅游也强调了景点与它所在的地区不是割裂的。对于我国越来越多的自驾游游客而言，他们可以自由的选择自己的旅游路线、交通方式，去什么地方，关注什么景点。他们有自己对一个地方感知的节奏和视角，而从他们眼中看到的城市，则更难以被“舞台化”。所以，对于城市及景区规划而言，它们的建设、运营和推广，也应该成为一个整体。

2. 旅游目的地与智慧城市

正如上文所言，旅游目的地的发展正在向整体化、全域化迈进，而信息技术作为把一个城市有机联系起来的最主要技术支持，也将自然而然地和当地旅游发展联系在一起。主要达到三个层面的目标。

第一个层面为个人服务，让游客获得更好的个性化、人性化旅游体验。俗话说“众口难调”，所以，经典的市场营销理论强调准确定位、细分市场，要了解顾客的特点，针对某个群体进行有效的沟通，提供相应的产品和服务。而技术的发展可以更好地满足个体差异的需求。比如，一些航班让游客在预订机票的同时表明自己对饮食的要求，是否需要无糖食品，是否需要素食等。再如，邮件营销中，可以对应上每个顾客的名字，而不是冰冷的群发邮件。

第二个层面为企业服务，通过获得游客信息与反馈，预测市场需求。在网络技术不足够支持大量游客反馈平台之前，口碑（word of mouth）一直是游客之间相互影响、游客对旅游地的再塑造的最主要渠道。但随着技术的发展，游客对自己经历的回顾不再局限于口口相传。例如，游客在网上对旅游地的评分、游客上传的旅游博客和照片，都可以被所有其他的网络用户接触到。如今，游客对旅游地的再塑造改变了游客与旅游地的关系，也改变了旅游地增强自身竞争力的方式。

第三是公共服务与管理层面，主要负责整合与沟通，加强信息公开和分享。能为智慧城市和智慧旅游提供支持的技术很多，主要包含物联网、云计算、移动终端、人工智能等。但这些先进的科技都只是工具，如何运用他们发挥出传统技术所不具备的功能，才是更重要的。智慧城市技术的一大前提就是信息的综合与共享，所以，在管理上，首先要考虑如何做到无缝整合。下文将从这三个层面，进行案例分析。

三、案例分析

1. 游客个体层面——移动客户端的信息互动与整合

俗话说“在家千日好，出门一时难”。即使是再有经验的旅行家，出门前做好充分的准备，旅行途中还是不免有困惑的时候。尤其是对于自由行的游客

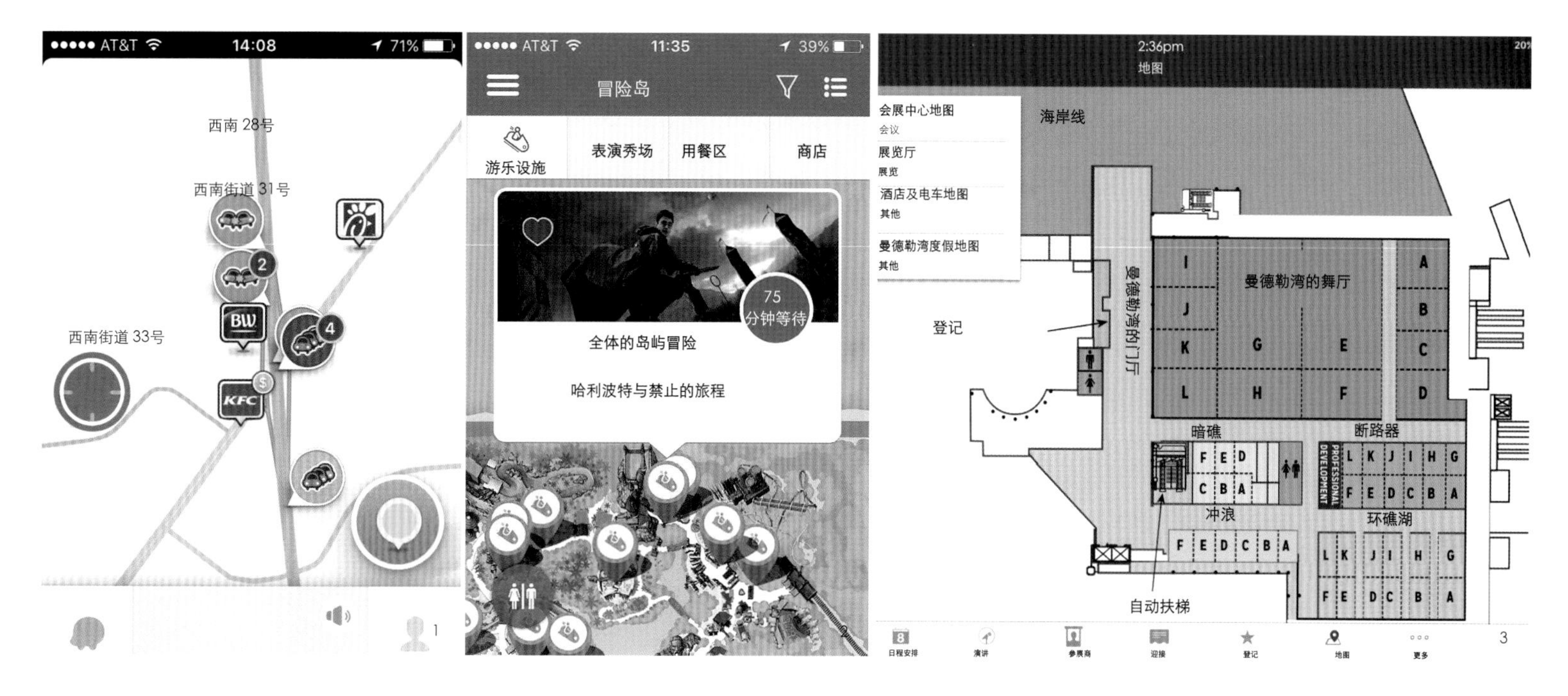

1.Waze 路况反馈地图
2.环球影城排队时间
3.NRPA 会场地图

而言，需要同时处理非常多的信息。再加上突发状况，如公路塞车、航班晚点、景区排队之类，都是常见却恼人的旅行问题。而越来越先进和普及的智能手机，作为连接每个个体的移动终端，可以很好地解决这个问题。下文列举几个相关手机应用，希望能对解决类似问题予以启发。

（1）Waze 社区化地图应用

Waze除了具有基本的导航功能之外，可以让每个人上传最新的路况消息。这个概念其实很简单，就是人人为我，我为人人。例如，在高速公路上堵车了，你很想知道前面发生了什么，在多远的地方，还要多久可以通过。那么在这个应用上，马上就可以发现，前面1km的地方有人报告了交通事故。同时还能看到其他同在等待通过的人，顺便聊聊天，好比自己等了多久了、怎么在等待过程中消遣。这些简单的信息交流，在特定的时间和空间里营造了一个小小的虚拟社区，给焦躁的等待的人们提供了信息和娱乐，缓解了路怒情绪。

（2）主题公园应用

除了交通上的互动应用，类似的设计也被广泛使用在主题公园里，如迪士尼和环球影城。虽说只是一个游乐场，但由于规模庞大、游客众多，也容易令游客迷失方向。而应用里精致贴心的设计化解了许多问题：停好车后，可以及时记录下停车的位置，防止玩了一天下来筋疲力尽的时候，无法在这个能容纳两万辆车的停车场里找到自己的车；地图上的过滤机制，可以帮你显示出过山车的位置、表演的场所、卫生间的分布，每点进一个游乐项目，还有图片、介绍、排队时间。相比起进门时拿的那一张花花绿绿的地图，这些互动性的指示要清晰高效得多。

（3）NRPA会议议程应用

旅游目的地除了固定景点是常见的吸引物之外，节事活动（Event）也在成为吸引游客的主要原因之一。节事旅游（Event tourism）近年来受到越来越多的关注，它的优势是受季节性影响较小，可以补充旅游目的地在淡季时的市场，并有利于塑造旅游地形象（image）。而节事或会展往往人流量大，时间紧凑，令人应接不暇，如果指引信息不明确，很容易让游客觉得混乱。美国游憩与公园协会年度会议（National Recreation and Park Association Annual Conference）就设计了专门的应用。它整合会议时间表、演讲人信息、展览信息、酒店预订、地图、社交平台，且可让参会人员直接在里面记笔记，设置自己的行程表，随时接收新的通知。有了这样的信息整合和互动，可以提高人们的满意度，降低会场服务人员的压力。

2. 服务业层面——信息共享与回收

（1）信息共享与回收

与旅游相关的服务业企业，如旅行社、酒店、餐厅、航空公司等，既可以通过使用信息技术共享信息，为游客提供更好的信息平台，又可以通过大数据分析游客的行为。可以说，支持智慧城市的技术和支持全域旅游的开发理念，都使得成熟并可以推动旅游的服务企业朝着智慧型旅游地的方向发展。例如美国CRG（Civic Resource Group）公司，就专为智慧城市提供技术平台支持。在城市旅游信息整合上，他们列出了以下服务领域：实时商业信息分享；视觉信息分享；旅游技巧和提示；整合社交媒体；分析地图数据；云技术；平台设计。这些也是我们的技术公司可以考虑的角度，为城市旅游信息平台的整合提供综合的数据服务。

（2）企业回复消费者自助创造内容（User Generated Content）

通过网络信息技术，服务业企业与顾客之间的互动变得越发密切。从早期的博客，到如今的社交平台（Social Media），消费者自主创造内容（User Generated Content）已不是新鲜产物。在旅游业中消费者自主创造内容主要可以分为三个类别：游客在自己的社交网站账户上分享旅游经历（如微博、微信、博客），游客在第三方平台上搜索、分享和评价旅游产品（如TripAdvisor、Yelp、大众点评网、网上论坛等），及旅游企业（如酒店航空公司等自身的官方网站）也设有与顾客交流的平台。如今，人们安排旅游计划时，也已习惯于搜索他人在网上留下的攻略和点评。

如上所述，消费者自助创造内容（UGC）事实上建立起了一个三方的关系，包括发表评论的游客、被评论的企业和阅读评论的潜在游客。这些互动关系中，企业通过总结网上评论，了解游客的意见集中在哪些方面，甚至可以进一步了解不同类别的游客关注的服务侧重点。但是，让游客在网上留下评论，往往被看作一次企业与顾客对话的结束。企业进一步的回复却被大部分旅游企业忽视。研究表明，正是因为游客发表的评价是非常自主的行为，可褒可贬甚至夸大或情绪化，这些留在网上的文字很难被控制。在这种情况下，旅游企业对游客评论，尤其是对负面评论的进一步回复，将起到重要的形象控制作用。不出所料的，回复评论的企业比不回复的企业收到了更正面的评价，尤其是信任度的提高，游客认为这样的企业更负责任。此外，对于由谁来回复，使用什么口吻，回复速度，及解决方案的测试，分别有以下结论：

①我们通常认为，高层给出的回复，如经理给出的回复要比前台客服给出的回复更受欢迎。事实上，测试结果是相反的。

②相比听到自己提出的问题已经被解决，游客事实上更喜欢听到回复表明未来如何解决这个问题。

③亲切自然的交流口吻比职业化的语言更好。

④快速回复（一天）比中期（一周）甚至长期（一个月）回复收到的效果好，游客并不认为更晚的回复更可信。

这些结论是通过实验得出的，那么在实际操作中，大小酒店都是如何应对的呢？在对华盛顿地区（Washington D.C.）的酒店对网上负面评价的调查中发现，排名高的酒店更多地回复游客评价，且会进一步地与这些评论的作者沟通。在回复中，排名高的酒店主要会感谢顾客的反馈，对具体问题作出道歉，解释出问题的原因。以上的实验和调查结果，也许并不出人所料，也许会因为我国市场和游客特征的不同而有争议。重要的是旅游企业，不仅是酒店，包括其他行业，都需要重视网上评论平台。除了从中了解顾客行为特征，自身服务水平，还要合理的参与到沟通中去。

3. 管理层面——反思技术更新

技术的进步为城市和旅游的发展带来新鲜血液的同时，也会带来新的挑战。例如，越来越多的电子信息、网上服务减少了人和人之间的沟通，游客始终处在自己给自己营造出的属于游客小空间里，与真正的游客和旅游文化隔离得越来越远。这个问题在美国体育旅游（Sport Tourism）的发展过程中可见一斑。美国的体育文化在过去的一百年中，经历了一个从传统走向现代化、自动化（McDonaldization），再到去现代化、追求人性化体验（de-McDonaldization）的过程。可以非常好地投射到未来的智慧旅游发展趋势上，值得我们思考。

在美国，体育旅游（Sport Tourism）是许多地方吸引游客的重要方法之一。除了球迷对球队、球员及教练的关注外，球场作为整个赛事的依托和背景，却很容易被忽视。而事实上，球场本身既承载了运动员和观众对地方的依恋（place attachment），即触景生情，同时也要满足赛事功能上的一切需求。所以，当有新科技出现，也会很快被注入球场的设计中去。乔治·瑞泽尔和托德·斯蒂尔曼把美国现代球场发展历程分为三个阶段：早期现代球场，如波士顿芬威球场（Boston's Fenway Park，1912）、芝加哥瑞格利球场（Chicago's Wrigley Field，1914），保留下的为数不多的球场，如今已成为经典，它们依然在举行着比赛，承载着许多人的记忆。晚期现代球场，从1960年到1980年，新建的球场追求更多的技术控制，从而达到理性化和高效化，但这些改变让人觉得过于商业化，冰冷且千篇一律。没有了特殊的环境刺激，人与场所失去了情感联系（placelessness），也直接导致了年轻观众无法与球场建立起情感，从而削弱了他们的忠诚度。后现代化球场，在技术支持的基础上，新建的球场重新加入了生动的特色元素、复古元素，在选址上也强调周边环境对人的刺激，如自然风景或城市风景，让人觉得每个地方的球场都具有自己的特色。

如果我们看一看导致晚期现代球场失败的麦当劳化（McDonaldization）过程，其实可以发现，各个时代对技术的追求可谓异曲同工：“麦当劳化强调高效化、可预测性、可计算性和用技术取代人工。”虽然今天可以支持智慧城市的信息技术已经远胜于几十年前，但一个旅游目的地的发展过程，就像一代又一代的人成长过程一样，只是在不同的技术支持下，经历着一个相同的生命周期。所以，在我们可以越来越多地使用信息技术来增加游客与机器的互动的同时，也要考虑到，他们是否体会到了当地本真（authenticity）的风貌和人与人间直接的沟通。

四、结语

本文讨论了智慧型旅游目的地（Smart Destination）概念的理论发展背景，强调了旅游地产品的整合，同时应获得智慧型技术的支持。并且从个人、企业和公共服务管理三个层面举例说明了信息技术在旅游目的地中可能扮演的角色。更重要的是，笔者希望通过回顾20世纪美国休闲产业的发展历程来提醒人们，技术只是工具。成功的旅游目的地发展需要在利用新技术的同时，综合考虑旅游的本质和游客对旅游地独特的人性化需求，从而真正做到有智慧地发展一个旅游地。

参考文献

[1] Kotler, P.D. H. Haider, I. Rein. Marketing places: Attracting investment, industry, and tourism to cities, states, and nations[M]. New York: Free Press. 1993.

[2] Neuhofer, B., D. Buhalis, & A. Ladkin, Conceptualising technology enhanced destination experiences[J]. Journal of Destination Marketing & Management, 2012, 1 (1): 36-46.

[3] 张凌云，黎巎，刘敏．智慧旅游的基本概念与理论体系[J]．旅游学刊，2012（5）：66－73.

[4] Getz, D. Event tourism: Definition, evolution, and research. [J] Tourism management, 2008, 29（3），403-428.

[5] Wei, W., L. Miao, & Z. J. Huang, Customer engagement behaviors and hotel responses[J]. International Journal of Hospitality Management, 2012, 33: 316-330.

[6] Sparks, B. A., K. K. F. So, & G. L. Bradley, Responding to negative online reviews: The effects of hotel responses on customer inferences of trust and concern[J]. Tourism Management, 2016, 53: 74-85.

[7] Ritzer, G., & T. Stillman, The postmodern ballpark as a leisure setting: Enchantment and simulated de-McDonaldization[J]. Leisure Sciences, 2001, 23: 99-113.

[8] Gordon, K. O. Emotion and memory in nostalgia sport tourism: examining the attraction to postmodern ballparks through an interdisciplinary lens[J]. Journal of Sport & Tourism, 2013, 18（3），217-239.

[9] MacCannell, D. Staged authenticity: Arrangements of social space in tourist settings[J]. American journal of Sociology, 1973: 589-603.

作者简介

章弘平，佛罗里达大学 旅游休闲运动管理系，博士研究生。

欧洲智慧交通技术应用与思考

Application and Thinking on Technology of European Smart Transportation

吴逸思
Wu Yisi

[摘　要]　智慧交通将ICT、物联网、云计算、大数据等技术手段综合运用于交通建设管理的全过程中，是智能交通更为人本化、智慧化的表现。本文以欧盟、英国、法国、德国、丹麦等的智慧交通建设为案例，主要介绍欧洲智慧交通建设中的交通信息服务系统、交通管理系统、绿色交通系统、车辆控制系统、货运管理系统、电子收费系统、紧急救援系统等内容。可以发现，欧洲的智慧交通项目渗透在居民城市生活的各个方面，更是智慧移动、智慧生活、智慧技术、智慧设施、智慧环境、智慧经济、智慧制度相互走向融合的集中体现。作为智慧城市的核心内容之一，智慧交通也体现了欧洲国家在智慧城市规划中强调永续发展的人本理念、政府介入与公众创新的发展模式及积极探索智慧技术突破等特点，这也是我国智慧城市建设中需要借鉴学习的方向。

[关键词]　智慧交通；智慧城市规划；永续发展；政府介入；大数据；欧洲

[Abstract]　Smart Transportation comprehensive applied the technologies of ICT, the Internet of Things, Cloud Computing, big data and etc. in traffic construction in the whole management process, which promote the intelligent transportation more humanistic and smart. In this chapter, it is introduced the cases of smart transportation in EU, Britain, France, Germany, Denmark, including the projects of traffic information service system, traffic management system, the green transport system, vehicle control system, freight management systems, electronic toll collection system and emergency rescue system. It turns out that the projects penetrate in all areas of urban life and embody the integration of smart mobility, smart living, smart technology, smart infrastructure, smart environment, smart economy and smart governance, smart living and smart people. As one of the main topics in smart city planning, smart transportation shows the humanistic ideas of sustainable development, the developing modes of government intervention as well as public innovation, and the technological breakthroughs, as a reference for the development of smart cities in China.

[Keywords]　Smart Transportation; Smart City Planning; Sustainable Development; Big Data; Europe
[文章编号]　2016-73-C-125

国内所熟知的智慧城市（smart city）概念，来自于2009年IBM公司首次提出的“智慧地球”理念，但智慧城市的概念可以追溯到20世纪90年代美国提出的智慧增长（smart growth）理论，提倡通过紧凑集约型用地、鼓励公交与非机动车出行等一系列措施解决城市蔓延对小汽车高度依赖所导致的城市、社会问题，促进城市的可持续和公平发展。除此以外，智能和信息城市（intelligent informational cities）研究对强调信息与通信技术在城市发展中的作用，也作为一个推动力孕育了智慧城市这一概念。

2007年，欧盟在《欧盟智慧城市报告》中就已提出智慧城市建设设想，以绿色、低碳为理念，围绕智慧环境、智慧交通、智慧生活、智慧经济等多方面内容制定了智慧城市建设的目标和任务。在全球如火如荼的智慧城市建设浪潮中，由于各个国家、地区基础与条件的不同，智慧城市的应用实践也各有侧重，欧洲的智慧城市建设一直走在全球前沿，尤以智慧交通最为突出。

正如智慧增长理论所关注的，城市蔓延所导致的城市交通拥堵、城市交通污染、停车供需矛盾、交通管理低效等问题，都逐渐成为城市发展质量提升的制约因素。

智慧交通系统是智能交通系统的智慧化，即在智能交通系统的基础上更广泛、更深刻地运用ICT、物联网、人工智能、云计算、大数据等技术手段，通过处理海量、多元、实时信息，构建一套广泛互联的交通系统，对交通管理、交通运输、公众出行等交通领域全方面以及交通建设管理全过程进行管控支撑，使交通系统在区域、城市甚至更大的时空范围具备感知、互联、分析、预测、控制等能力，充分保障交通安全，发挥交通基础设施效能，提升交通系统运行效率和管理水平，实现更加丰富 更加准确、更加人性化的公众信息服务，形成一个智慧和谐的交通出行环境。以下就各个智慧交通系统进行详细阐述。

一、智慧交通信息服务系统

智慧交通信息服务系统建立在完善的信息网络基础上，主要应用ICT、传感器、传输设备等信息技术，并利用大数据分析，为交通参与者、出行者提供多元、个性化的交通信息。

英国伦敦在交通信息服务方面做了大量的工作。伯明翰城郊的国家交通控制中心（NTCC）利用700台CCTV摄像机，4 000个道路传感器以及1 000台自动数字识别摄像机等先进的交通监控设备收集路况信息，同时通过各地区政府和数千名交通执法人员，完成数据的采集、分析，以及交通信息的发布，为英国的道路使用者提供高质量的实时交通信息，目前已有超过30项资讯应用。ICT技术与智能手机APP应用开发对智慧出行影响巨大，尤其为实时信息发布提供了支撑。

随着自行车租赁对实时数据需求的增长，伦敦一项自行车租赁应用软件通过交通局网站的共享系统为用户提供实时库存与停车位信息、行程规划服务，并将最新信息保持实时更新，从而协助提醒用户可以在哪里租借、停放自行车。自行车租赁系统与交通运输局网站联合发布了基础数据，增加了许多相关APP

1.英国伦敦自行车租赁应用软件平台
2.英国伦敦自行车租赁车辆意向图
3.哥本哈根自行车高速公路
4.尼龙材料打印的自行车
5.德国car2go电动车辆
6.英国混合动力公交车无线充电技术示意图
7.伦敦希斯洛机场无人驾驶车
8.柏林-勃兰登堡公用充电桩

的开发，为用户提供分站信息，并映射到用户的自行车租用计划之中。

在公交方面，伦敦巴士创造了“倒计时”服务，通过固定和移动网络、手机短信服务和2 500个道路标志，为伦敦交通网络的19 000个巴士站提供了巴士到达信息。与自行车租赁一样，巴士的实时数据都对外开源，软件开发商目前已开发了超过60个交通相关的应用。此外，伦敦针对行人及旅游者推出了目的地查询服务系统——“可读的伦敦（Legible London）”，由伦敦交通运输局和Canary Wharf地产公司合作开发，目前已在公交站点附近安装了1 250个该系统，便于刚出地铁或下公交车的人快速查找到他们目的地的步行路线；触屏和电子地图的设计便于人们查找指定地点以及附近的餐厅、商店和公司，并为之提供最佳步行路线。

德国近期测试了欧洲CVIS（Cooperative Vehicle Infrastructure Systems）项目，它通过创建一个车辆信息平台，借由红绿灯、十字路口或其他基础设施上的接受器模块，直接获取最新路况信息，实现车辆与路况的直接“对话”。

西班牙巴塞罗那通信研究所在纺织产业老工业区试验的传感器项目，通过在地面设置停车传感器，与司机的手机应用软件相互感知，凭借传感器发送的信息获知附近的空余车位。目前，巴塞罗那家族大教堂建立了完善的停车传感器系统，引导客车有序停车。巴塞罗那的智慧交通信息服务更加关注弱势群体，试验区的红绿灯均配置了传感器，可以向盲人手中的接收器发送信号，从而引发接收器震动来提醒其已临近路口。

二、智慧交通管理系统

智慧交通管理系统主要服务于交通管理者，采用车辆监测技术与计算机信息处理技术，对道路系统中的交通状况、交通事故、气象状况和交通环境进行实时监视，并根据获取信息对城市交通进行管控，有效地减少交通堵塞、交通污染以及交通安全隐患。

欧盟的生态型智能交通项目——EasyWay、EcoMove等项目在生态交通管理和控制方面，从整个路网的角度出发，采用可靠、高质量的交通信息和交通管理系统提高道路网的有效性，减少车辆的停车次数，并通过广泛优化道路设施减少CO_2排放。

伦敦交通运输局建立的智能交通指挥系统（SCOOT），可以根据交通状况改变红绿灯的转灯时间，从而有效地分散车流。在这基础上，伦敦市引进了全新的智能交通信号灯系统，该智能信号灯根据摄像头所监测的行人数量自动调整延长绿灯的时间，让行人拥有充足的时间安全穿过马路；未来还将增加逆向监测功能，在当前路口没有行人时，延长那红灯时间以确保机动车流量最大化，同时提高行人和机动车的移动效率。

此外，自2003年以来，伦敦通过引入车牌自动识别系统（ANPR）对拥挤费定价，并开始实施拥挤费征收政策。与之相似的是，瑞典斯德哥尔摩市借助在通往市中心的道路上设置了18个路边监视器，利用射频识别、激光扫描和自动拍照等技术，实现了对一切车辆的自动识别，并在周一至周五6:30~18:30这段时间内对进出市中心的车辆收取拥堵税，使交通拥堵水平降低了25%，温室气体排放量减少了40%。

三、绿色交通系统

绿色交通系统旨在采用物联网、实时数据等智慧技术，辅以智慧设施、智慧服务，促进绿色交通系统发展更加安全、便捷、经济，使公众出行更倾向于选择绿色交通。

德国柏林于2011年3月启动了“2020年电动汽车行动计划”，其中，智慧奔驰的car2go项目为注册用户提供在大约250km^{2}的区域内配备了智能熄火和启动系统、空调和导航系统的可租用的智慧电动汽车，并在IOS移动客户端推出一款car2go应用程序，用户可以通过应用查询附近可用的car2go车辆信息，根据意愿决定驾驶电动车辆的时间，且可以在运营区域内的任何公共停车场归还汽车。柏林—勃兰登堡首都地区作为德国最大的电动汽车“实验室”，还拥有满足用户及时充电需求的220个公用充电桩。目前，这所城市的可持续交通项目将逐步从私人和家庭用车发展至电动汽车共享、企业车队、卡车货运、电动自行车等领域。

法国巴黎的绿色电动汽车租赁项目（Autolib）通过投入3 000辆电动车，设置1 120个充电站和停车场，实现逐步替代2万辆私家车的潜在购买需求，并与轨道交通、地面公交等公共交通系统完美结合，目前该系统已经拥有37 000名使用者， 3 000辆电动车平均每天被使用2 500次。

英国伦敦交通局在伦敦东部建立四座内置充电设备的公交站台，在Enviro400H E400混合动力公交车等待乘客上下车的过程中，对其进行无线充电，使公交车能尽可能长时间依靠电池运行，将绿色环保做到极致。

英国布里斯托是英国首座单车城市，通过政府规划与资助，拥有完善的脚踏车道和停车位，并提供淋浴梳洗和附锁停车等服务，每年都在这里举行一场盛大的自行车赛事。布里斯托科学家更是借助3D技术“打印”出可供真人骑乘的自行车——“Airbike”，不仅坚固实用，重量更比钢铝材料轻了65%。

丹麦哥本哈根以“自行车之城”著称，目前正推广市民在1km内使用一种智能型自行车。这种自行车的车轮装有可以存储能量的电池，并在车把手上安装了射频识别技术（RFID）或是全球定位系统（GPS），可汇聚成“自行车流”，通过信号系统保障出行畅通。同时，哥本哈根注重通过建设自行车高速公路，完善沿途服务、修理等配套设施建设，为自行车出行提供便利，实现绿色交通的智慧化。另一方面，也通过统筹规划，实现市民家门口1km范围内使用轨道交通的目标，使轨道交通与慢行交通同步发展，完善城市的绿色交通体系。可见，智慧交通既体现为技术创新，也同样注重城市细节与交通参与者直接的互动。

四、智慧车辆控制系统

智慧车辆控制系统通过物联网、自动控制、人工智能等技术开发，协助驾驶员实现车辆控制，通过对驾驶员的警告、帮助及障碍物避免等自动驾驶技术，使汽车行驶更加安全、高效。

欧盟EcoMove项目生态智能驾驶功能正是面向小汽车驾驶员而开发的生态驾驶车辆控制的典型案例。生态智能驾驶系统通过整合车载系统的导航信息、交通管理信息，可在出行全过程中向小汽车驾驶员提供低能耗的驾驶方案和驾驶路径，并收集驾驶员出行后的反馈信息。通过开发该功能，EcoMove项目为驾驶员提供低能耗的驾驶方案，培养驾驶员的绿色驾驶行为和驾驶意识，减少由于缺乏足够信息判断导致的不合理驾驶行为对增加汽车油耗的影响。

除了协助驾驶员的智能车辆控制技术，无人驾驶技术也逐步开始从实验走向应用。由英国智慧出行公司（Transport System Catapult）主导的无人车实验计划，该项目的无人车LUTZ Pathfinder pod模型配备两人座椅，并有19个传感器和光学雷达以侦测道路和行人，最高车速可达24km/h，续航时间8h，并将实现手机APP叫车功能。可承载6人的无人车pods（豆荚）也陆续通过在格林威治区、米尔顿凯恩斯、布里斯托、伦敦等地的测试，应用于一般道路。此外，伦敦希斯洛机场在第五航站楼和停车场间，使用无人驾驶车Ultra Pods作为接驳工具运输乘客，承载四名乘客和行李，时速25km，平均每年运送30万人次旅客，总里程达到300万km。预计2025年，无人车引领的产业将达到9 000亿英镑，英国的战略官托比·海尔思（Toby Hiles）也提到，无人车不仅改变了人们的生活模式，更将创造产业变革。

五、货运管理系统、电子收费系统、紧急救援系统

目前，货运管理系统、电子收费系统、紧急救援系统等智慧交通技术正在不断提升，如欧盟的EcoMove项目中开发了生态货运和物流功能，实现了生态驾驶教练、生态物流规划等功能；伦敦智能电子收费为客户提供非接触式付款选项，在伦敦的8 500个巴士上推广使用牡蛎卡、借记卡、信用卡或其他充值卡支付单程票价；伦敦对紧急救援车队使用计算机辅助调度系统，优化紧急车辆路线，不断地提高指挥和控制急救反应系统的智能水平。

从上述的案例可以发现，智慧交通的建设不是独立于城市其他活动之外的，它需要来自城市中各个组成部分的协助与配合，并在部门之间实现利益共享。相比起智能交通专注于技术提升，智慧交通更加强调智慧生活、智慧移动、智慧设施、智慧技术、智慧经济、智慧制度等，相互融合。智慧交通带来出行效率提高的同时，也将注重绿色出行、交通安全及个性化定制服务等理念融入人们出行意识与习惯中。ICT与移动APP的广泛使用，使城市可达性提升，极大地转变了人们的生活方式。世界市场智慧城市公共

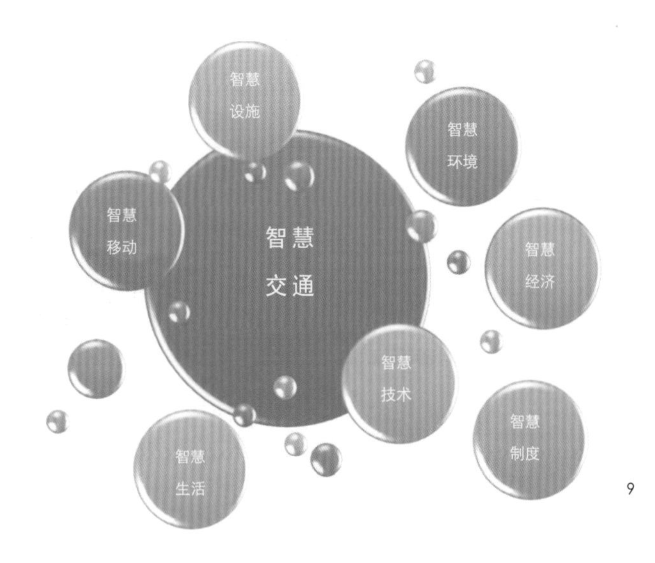

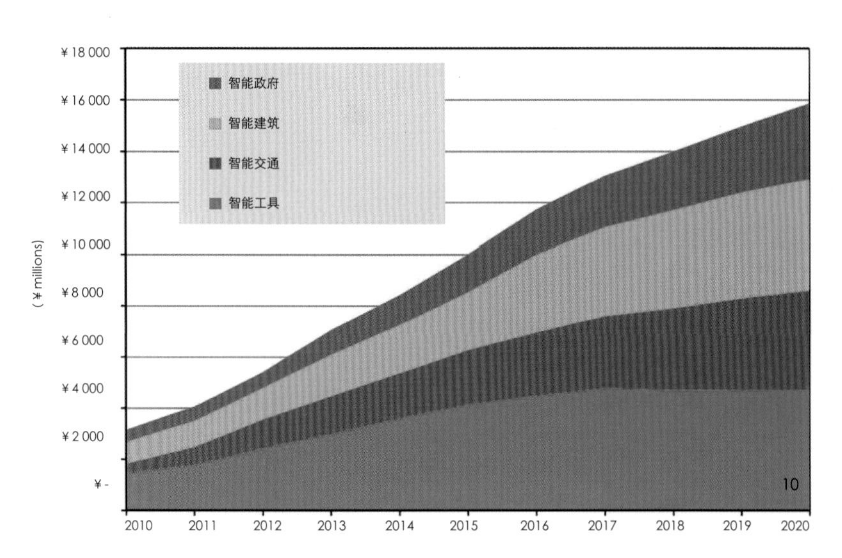

9.智慧交通与其它智慧应用的关系

10.世界市场智慧城市公共建设投资额预测（2010—2020年）

建设投资（2010—2020年）指出，智慧交通建设年均开销将达到近40亿美元，很大程度上映射了欧洲的智慧城市建设。上述案例为我国智慧城市和智慧交通建设提供了经验和借鉴。

首先，智慧城市建设应强调“以人为本”的理念，智慧城市与以人为本的理念应该渗透进城市的骨髓，走在城市的街道上，处处可见智慧项目的踪迹。智慧城市所区别于数字城市、智能城市的地方，不仅仅在于谋求技术突破，更要关注人们实际的需求，为提高运行效率、改善城市生活品质做出的更为深刻的变革。智慧城市通过技术创新实现人文关怀。

其次，智慧城市建设应注重政府的有效介入，令智慧城市建设更加透明，也使得公众参与在过程中发挥更大作用。

如何将官方所拥有的大量数据、信息、资源有效地利用起来，借助企业、市民的力量，在技术上帮助政府开发工具，提高循证决策，推动城市质变，应当是智慧城市建设中所需要被严肃对待的重要议题。

最后，智慧技术也在不断发展，关于技术的“智慧”也引发很多思考。智慧交通技术从初步的数据采集、运算、决策、执行等基础“智慧”，向更高水平的情景预测、监测、治愈、预防等进阶“智慧”靠拢，智慧城市所要求的技术和机器本身也将拥有类似人一样的智慧，尽管哲学层面仍存在相关的悖论，但城市的智慧化进程应当以其运作系统的生物化程度为基础。二十多年前，美国作家凯文·凯利预言式般将现下热门的大众智慧、云计算、物联网、敏捷开发、协作、双赢、共生、共同进化、网络经济等概念融入《失控》这一作品中。正如书中所提及的那般：理想的失控，并非城市的发展不受控制，而是它无须控制，而我们目前在思考的智慧城市，也许在未来的许多年后，就会进化成生物智慧化的活系统。

参考文献

[1] Caragliu, A. & Chiara. D.B, etc. Smart Cities in Europe [J]. Journal of Urban Technology, 2011, 18（2）：65-82.

[2] Vanolo, A. Smart mentality: The Smart City as Disciplinary Strategy[J]. Urban Studies, 2013：1-16.

[3] Debnath, A.K & H. Chor Hin etc., A methodological framework for benchmarking smart transport cities[J]. Cities, 2014,（37）：47-56.

[4] Schwanen,T. Beyond instrument: smartphone app and sustainable mobility[J]. EJTIR, 2015,15（4）：675-690.

[5] Gann, D. & R. Burdett , etc. Smart London Planning[R]. March 2013.

[6] Walravens†, N. Case Study Validation of a Business Model Framework for Smart City Services: FixMyStreet and London Bike App[J]. IT CoNvergence PRActice (INPRA), 2013, 1（3）：22-38.

[7] Debnath, A.K & H. Chor Hin etc., A methodological framework for benchmarking smart transport cities[J]. Cities, 2014,（37）：47-56.

[8] Neirotti, P. & Alberto. D.M, etc. Current trends in Smart City initiatives: Some stylised facts[J], Cities, 2014,（38）：25-36.

[9] Sheltona, T.& M. Zookb, etc. The ‘actually existing smart city’ [J] Cambridge Journal of Regions, Economy and Society, doi:10.1093/cjres/rsu026.

[10] Chourabi, H.& T. Nam, etc. Understanding Smart Cities: An Integrative Framework. 2012 45th Hawaii International Conference on System Sciences, 2012：2290-2297.

[11] Angelidou, M. Smart cities: A conjuncture of four forces[J]. Cities, 2015, 47：95－106.

[12] Kelly, K. Out of Control: The New Biology of Machines, Social Systems, & the Economic World (M). Acute injuries of the head: E. & S. Livingstone, 1964：239－242.

[13] 董宏伟，寇永霞．智慧城市的批判与实践——国外文献综述[J]．城市规划，2014（11）：52－58．

[14] 边明远，陈思忠，罗汉军．智能交通系统（ITS）及其发展[J]．武汉理工大学学报·信息与管理工程版，2001（1）：67－70．

[15] 王少华，卢浩，黄骞，曹嘉．智慧交通系统关键技术研究[J]．测绘与空间地理信息，2013（增刊）：88－91．

[16] 范光．英国的智能交通[J]．全球科技经济瞭望，2001（3）：61－62．

[17] 朱昊，陶晨亮，赵方．生态型智能交通的国际视野及启示——以上海为例[J]．上海城市管理，2013（2）：20－26．

[18] 解析国外智慧城市建设经典案例[J]．信息系统工程，2014（11）：8－9．

[19] 互联网之家，看英国如何“玩转”智慧城市［EB/OL］，http://www.cbdio.com/BigData/2016-04/26/content_4852730.htm.

[20] 曹小曙，杨文越，黄晓燕．基于智慧交通的可达性与交通出行碳排放——理论与实证[J]．地理科学进展，2015（4）：418－429．

作者简介

吴逸思，北京大学城市与区域规划专业硕士，广东省城乡规划设计研究院，助理规划师。

IDEAL

SPACE

理想空间

编辑部

2008 都江堰灾后重建

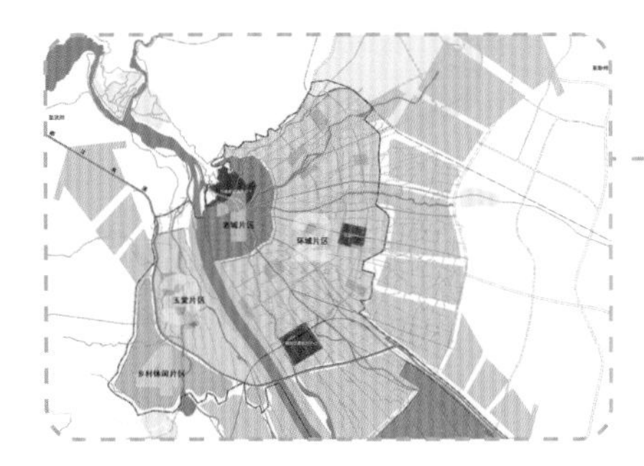

2010 中法国际论坛

大事件介绍

——奋力拼搏，每一步都朝着更好迈进

《理想空间》坚持着一本丛书的使命，一个规划媒体的责任。我们见证了上海世博会规划方案的诞生，目睹了中法建筑与城市发展论坛的顺利召开，记录了都江堰灾后重建概念规划的成型、中国规划创意大奖赛的评选……

每一个事件都是《理想空间》作为媒体人传播行业动态、展示行业先进的责任。

如今，我们正向一流的城市规划媒体迈进，也将面临更多的挑战，而我们走过的每一步都将成为坚实的基石，引领我们走向更加辉煌的明天。

上海世博会特辑

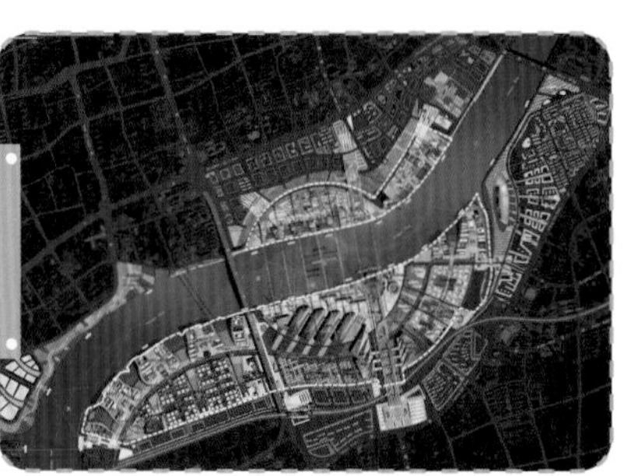

中国规划创意大奖赛

专题研讨会

《理想空间》十周年展览

六大优势全面助力

1 团队优势

丛书编辑隶属于同济规划院规划设计团队，团队工作范围承接丛书编辑工作、城市规划设计工作（包括城市总体规划、详细规划、城市设计、特色研究及房产策划等），因此，丛书的编排及稿件的评定即是最专业的，走在城市建设专业前沿的。

《理想空间》依托同济大学，有最前沿的行业资讯及行业动态，并具有广泛的号召力和影响力。

2 经验优势

编辑部逐渐在图书选题策划与制作出版领域积累了丰富的经验。

系列一，自 2003 年底创始至今，《理想空间》系列丛书已累计出版七十四辑，取得了优秀的的社会口碑。

系列二，除每年六辑的《理想空间》系列丛书外，迄今为止，《理想空间》策划丛书已出版至十四册。

3 氛围优势

我们的氛围来自于同济大学。同济大学建筑与城市规划学院七大专业拥有极强的教学和科研队伍，分别涵盖建筑、规划、景观旅游、艺术设计等领域，是中国设计领域的佼佼者。《理想空间》依托同济大学，拥有最前沿的行业资讯及行业动态，并具有广泛的号召力和影响力。

4 发行优势

《理想空间》系列丛书和策划丛书发行遍布全国及海内外，拥有专业的发行渠道（出版社发行，新华书店、建筑书店等发行，淘宝、当当等网上书店，QQ 群出售等），并拥有规划专业近百个专业 QQ 群，成员数量高达十万，在全国范围内已有一定的地位与知名度，也得到了业内人士的肯定与好评 。

5 母体优势

我们的母体是上海同济城市规划设计研究院。 上海同济城市规划设计研究院是中国数一数二的规划设计机构，业务遍及全中国更扩展到欧洲、非洲、南亚，又有一批卓越的设计团队，是中国规划设计界的中坚力量。

6 基地优势

我们的基地是“中国设计之都”——国家级设计产业集聚区。同济大学周边已聚集了规划设计院、建筑设计院、邮电设计院、市政设计院等大院，“中国设计之都”俨然成型，它在中国独树一帜。我们身在其中，与之水乳交融、休戚与共。

传播企业文化

企业年鉴

将企业一年的项目成果进行编辑汇总，可深化企业形象，具有较强的展示作用。

IDEAL SPACE 理想空间 18

文化·街区与城市更新

Culture Community and Urban Revitalisation

同济大学出版社

IDEAL SPACE 理想空间 36

设计城市

——阿特金斯城市设计十年中国路

企业宣传册

为企业量身打造的企业宣传册，印刷精美，内容夯实，在介绍企业文化的同时，可通过多样化的形式体现企业实力，是立体展示企业形象的优秀选择。

会议学术论文

将会议、论坛等学术活动的内容进行记录，并加工整理、总结成书，对学术成果起到了一定的保留与传承作用。

助力企业腾飞

专题研讨会

凭借敏锐的专业眼光，紧抓行业脉搏，选取新颖、独到、有价值的主题，举办专题研讨会，对相关话题热度的提高起到了一定的推动作用。

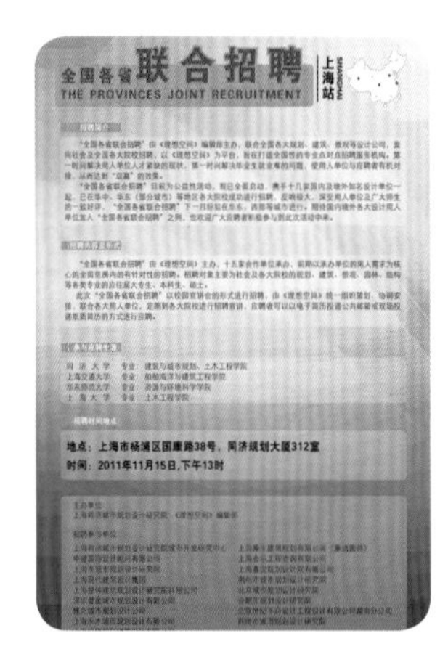

联合招聘会

联手各大规划研究院，举办校园招聘会，在学生与企业间搭建起良好的就业平台。

企业宣传活动

通过组织周年展等企业宣传活动，弘扬企业文化，展示企业风采，是向外宣传企业优势、表现的有效手段。